Guido Marc Pruys

Die Rhetorik der Filmsynchronisation

Wie ausländische Spielfilme in Deutschland zensiert, verändert und gesehen werden

ISBN 978-1-4452-1979-0

Inhalt

I. Einleitung

1. Das Verschwinden des Major Strasser

„Immer noch herrschen weithin irrige Auffassungen von der Arbeit eines Synchronautors und -regisseurs," klagte Enno Patalas 1963 in der Zeitschrift 'Filmkritik'. „Immer noch dominiert die Ansicht, die Aufgabe eines solchen bestehe in nichts anderem als darin, die Dialoge des Originals so getreu wie möglich [...] in die eigene Sprache zu übertragen. Weit gefehlt! Die Arbeit eines Synchronisierers ist durchaus schöpferisch!"[1] Bestes Beispiel für eine solche 'schöpferische' Synchronisation ist die erste deutsche Fassung des von Michael Curtiz inszenierten Films „Casablanca". Als das Melodrama 1952 in die deutschen Kinos kam, mußte kein tschechischer Widerstandskämpfer mehr vor deutschen Soldaten fliehen, wie dies auf amerikanischen Leinwänden zu sehen war. Aus Victor Laszlo wurde durch die schöpferische Leistung des Synchronautors ein „skandinavischer Professor, der aus dem Gefängnis entflohen ist, in dem er saß, weil er eine von ihm selbst entwickelte zerstörerische Waffe eigenmächtig vernichtet hat."[2] Die deutschen 'Besatzer' in Casablanca, allen voran SS-Major Strasser, waren verschwunden und der ganze Film 23 Minuten kürzer.

Fünf Minuten länger als in der ursprünglich in den USA gezeigten Fassung kämpfte dagegen Charlie Chaplin in „Die trunkenen Kurgäste" gegen das Alkoholverbot in einem Kurhotel. Der 1917 entstandene 'Stummfilm' „The Cure" wurde außerdem in dieser deutschen Fassung von 1973 um Geräusche, Musik und einen von Hanns Dieter Hüsch gesprochenen Kommentar

---

[1]   Patalas, Enno: Schöpferische Synchronisation. In: Filmkritik.11/63. S.510.
[2]   Garncarz, Joseph: Filmfassungen. Eine Theorie signifikanter Filmvariation. Diss. Köln 1990. Frankfurt a.M., Bern, New York, Paris 1992. S.95.

bereichert. So kracht und quietscht es nun bei Chaplins Ringkampf mit dem Kurmasseur „Ambrosius Schmeisser", und auch Edna Purviances liebevolle Warnungen vor den Gefahren des Alkohols sind nun zu hören. Der schöpferische Beitrag der deutschen Autoren machte es möglich.

Deutsche Fassungen sind oft keine äquivalenten Übertragungen der Ursprungsfilme. Sie unterscheiden sich in der Form und im Inhalt von den jeweiligen Ursprungsfassungen. Durch die Bearbeitung ausländischer Spielfilme für das deutsche Publikum können Personen verschwinden, andere auftauchen, werden Stumme Sprechende und aus Widerstandskämpfern Naturwissenschaftler. Das Phänomen, das Enno Patalas in seiner Glosse ironisch verurteilte, ist Gegenstand dieser Arbeit.

Mit neuer theoretischer Grundlage sollen in dieser Arbeit alle Arten der Bearbeitung ausländischer Spielfilme von 1895 bis 1997 dargestellt werden. Der Begriff Synchronisation soll dabei als Oberbegriff für alle Arten der Bearbeitung ausländischer Spielfilme verwandt werden, seien es die Kommentare der Erklärer im Stummfilmkino, Untertitel oder neue lippensynchrone Dialoge. Bei den meisten Bearbeitungsformen handelt es sich nämlich um bewußt in oder zu den Bildern und Tönen eines ausländischen Films gesetzte neue Töne, Bilder oder Bildausschnitte, für die die Wahl des Zeitpunktes im Ablauf des Films entscheidend ist. Anders formuliert mußte schon der Pianospieler oder Kinoerklärer der Stummfilmzeit wie der Autor der Untertitel seine Beiträge synchron zu Bildern oder Tönen des Ursprungsfilms einbringen.

Nichts zu tun hat dieser Begriff von Synchronisation mit der Kategorie des Synchronismus, die Kracauer[3] für die Analyse des Ton-Bild-Verhältnisses reservierte oder dem Begriff Synchronisation innerhalb der Computertechnik.

---

[3] Kracauer, Siegfried: Theorie des Films. Die Errettung der äußeren Wirklichkeit.
6 Frankfurt 1964.

Obwohl ein Großteil der Bevölkerung täglich bearbeitete ausländische Filme und Fernsehserien 'zu sich nimmt', kennen wenige die Problematik dieser Bearbeitungen. Denn nicht immer sind die Unterschiede zwischen den Ursprungsfilmen und den deutschen Fassungen so gravierend wie in den oben angeführten Beispielen „Casablanca" (BRD 1952) und „Die trunkenen Kurgäste" (BRD 1973). Die meisten synchronisierten Filme folgen inhaltlich weitgehend den Ursprungsfassungen. Die Unterschiede sind meist subtil.

Kenntnisse über Art und Umfang der jeweiligen Unterschiede sind rar. Im Nachspann von Filmen, auf Filmplakaten wie in Film- und Fernsehzeitschriften findet man oft noch nicht einmal die Namen der bei der Synchronisation beteiligten Autoren, Sprecher und Regisseure. Syn-chronisation ist eine gewohnte Selbstverständlichkeit, die überwiegend ignoriert wird. Synchronisierte Filme kann dabei wohl niemand gänzlich ignorieren. Über mittlerweile 24 deutschsprachige Fernsehsender, in rund 3700 Kinos und 6600 Videotheken[4] erreichen Jahr für Jahr über 1000 neue ausländische Filme die deutschen Zuschauer.[5] Das Publikum hat sich so sehr an Filme mit deutschen Sprechern oder deutschen Untertiteln gewöhnt, daß von der Kindersendung über die Literaturverfilmung bis zum Pornofilm fast alle Importe synchronisiert werden. 'Originalfassungen' sind nur noch in Programmkinos oder auf Filmfestivals zu sehen und in außergewöhnlichen Videotheken zu leihen. Die Synchronbranche in Deutschland ist auf diese Weise zur größten der Welt gewachsen und wie eine Studie des

---

[4] Laut dem Filmstatistischen Taschenbuch 1994. Hrsg. von der Spitzenorganisation der Filmwirtschaft e.V. Wiesbaden 1990. S.17 und S.63 gab es Ende 1993 in der Bundesrepublik Deutschland 3709 ortsfeste Filmtheater und 6600 Videoprogramm-, Verleih- und Verkaufsstellen.
[5] vgl. Just, Lothar R. (Hg.): Filmjahrbuch 1987ff. Alle Erstaufführungen im Kino, Fernsehen, Video in Deutschland, Schweiz, Österreich. München 1987ff.

European Institute for the Media behauptet, ist sie auch die beste in Europa.[6]

Doch trotz der enormen Bedeutung der Synchronisation für die Filmindustrie und für die Bedingungen, unter denen ausländische Filme wahrgenommen werden können, wird das Thema kaum öffentlich diskutiert. Der Streit um Filmsynchronisation, wie er im 2. Kapitel zusammengefaßt wird, besteht zumeist aus vereinzelten Polemiken gegen bestimmte Auswüchse. Auch die wissenschaftliche Beschäftigung mit dem Thema ist erst seit 1990 richtig in Gang gekommen. Die wenigen bisher angestellten Untersuchungen werden im 3. Kapitel vorgestellt, wobei insbesondere die methodischen Probleme im Vordergrund stehen.

Systematisch betrachtet lassen sich drei Fragenkomplexe unterscheiden, die nacheinander behandelt werden müssen:

1. Was kann Filmsynchronisation potentiell leisten, wie und in welchen Grenzen funktioniert sie?

2. Was leistet sie tatsächlich und

3. wie sind diese Leistungen im Einzelfall und auch in ihrer Gesamtbedeutung für die Kultur einer bestimmten Zeit einzuschätzen?

Die Kapitel 5 bis 13 beschäftigen sich mit den wichtigsten Aspekten der ersten beiden Fragen, die Kapitel 14 bis 18 mit der Bewertung von Synchronfassungen in ihrem jeweiligen historischen Kontext.

Ziel dieser Arbeit ist es, eine neue Methode zur Analyse und vor allem zur Bewertung von deutschen Fassungen vorzustellen. Dabei soll auf das aus der Antike stammende System der Rhetorik zurückgegriffen werden, wie es sich bei Quintilian findet.[7] Die Lehre des Redens wird dabei so auf die Bedürfnisse der modernen Medienanalyse zugeschnitten, daß ein Analysemodell für

---

[6] Luyken, Georg-Michael: Overcoming language barriers in television. Dubbing and subtitling for the European audience. Manchester 1991. S.34.

[7] Quintilianus, Marcus Fabius: Ausbildung des Redners. 12 Bücher. Lat. u. dt. Übers.

8 u. hrsg. von Helmut Rahn. Darmstadt 1988. 2 Bde.

Einzeluntersuchungen von Synchronisationen wie für eine Gesamtdarstellung des Systems und der Geschichte der Bearbeitung ausländischer Filme gewonnen wird. Das System soll in den Kapiteln 4-13 dargestellt werden, wobei der Begriff 'System' sowohl die Theorie als auch die Praxis der Branche umfaßt.

Der Beobachtungszeitraum wird dabei erstmals auf die gesamte Filmgeschichte ausgeweitet, schließt also Aspekte der Bearbeitung von Stummfilmen ebenso ein wie die Zeit der Nazidiktatur und die Bearbeitung ausländischer Spielfilme in der DDR. Als Beispiele werden 108 Filme und Serien mit Spielhandlungen herangezogen. Dokumentar- und Nachrichtenfilme werden ebenso ausgeklammert wie das zu den Filmen gehörige Werbematerial. Etwa ein Drittel der erwähnten Filme ist schon einmal Gegenstand der publizistischen oder wissenschaftlichen Betrachtung gewesen. Auch wenn frühere Bewertungen dieser Fälle meist nicht übernommen werden konnten, waren diese Beispiele hilfreich bei dem Versuch einer Geschichtsschreibung der Filmsynchronisation in den Kapiteln 14-18, der ohne die Vorarbeiten anderer unmöglich gewesen wäre.

Eine Unterscheidung zwischen Kino-, Fernseh- und Videofilmen wird nur in den Kapiteln über die actio und das Publikum vorgenommen. Im übrigen wird der Tatsache Rechnung getragen, daß meist die gleiche deutsche Fassung in allen drei Sparten dem Publikum vorgestellt wird. Auf Anmerkungen zu den einzelnen Filmbeispielen wird im Text jeweils verzichtet. Zur Identifizierung der Beispiele dient statt dessen ein Filmregister im Anhang. Filmzitate werden durch Angabe des Zeitpunkts auf einem Videoband angegeben.[8] Auf neue Formen der Vermarktung von Filmen wird im Schlußkapitel kurz

---

[8] Eine Art Timecode (TC) läßt sich auf jedem modernen Videoabspielgerät in Stunden, Minuten, Sekunden ablesen. Anfangspunkt 0.00.00 ist das erste Bild nach dem Verleiherlogo.

eingegangen. Grundsätzliche Veränderungen für die Synchronisation sind allerdings durch die neuen Technologien nicht zu sehen.

Überhaupt fällt bei einer geschichtlichen Betrachtung der Synchronisation die große Kontinuität der Bearbeitung ausländischer Filme auf. Als ähnlich kontinuierlich erweist sich leider auch die Geschichte der Verachtung der Synchronisation. Aufgrund der zunehmenden Forschung der letzten Jahre bleibt aber zu hoffen, daß nicht nur Enno Patalas bald weniger Grund zur Klage hat über die weithin herrschenden 'irrigen Auffassungen' zum Thema. Die folgende Arbeit soll zum hundertjährigen Jubiläum des ausländischen Films in Deutschland dazu beitragen.

2. Der Streit um Filmsynchronisation

Von der wissenschaftlichen Auseinandersetzung mit Phänomenen der Bearbeitung ausländischer Spielfilme ist der publizistische Streit um Filmsynchronisation zu unterscheiden, wie er sich vor allem in Zeitschriften findet.

Voraussetzung für die Einschätzung einer Bearbeitung ist oft die Kenntnis der Ursprungsfassung. Da letztere nur selten in deutschen Kinos zu sehen sind, Volker Gunske sprach sogar von einem „Originalfassungsnotstand" in Berlin,[9] bieten Filmfestivals im Ausland fast die einzige Gelegenheit, Filme vor ihrer Bearbeitung in Deutschland kennenzulernen. Filmkritiker, die Wochen oder Monate nach dem Besuch eines Festivals einen Film auch in der synchronisierten Fassung sehen, bilden so die kleine Minderheit derjenigen, die überhaupt zwischen der Qualität des Films und der Bearbeitung differenzieren können. Kennzeichnend für diese Exklusivität der Urteilsfähigkeit ist das einem „Verleihermund" zugesprochene Zitat, das Enno Patalas seinem Kommentar „Schneiden für Deutschland" in der 'Filmkritik' vorausschickte: „Haben Sie denn gemerkt, was fehlte? Ja? Na, da sind sie aber der einzige!"[10]

Eine nachlässige Synchronisation, bei der nicht lippensynchron gesprochen wird, die Dialoge unverständlich bleiben, hölzern klingen oder die Untertitel unangemessen erscheinen, kann zwar von jedem Zuschauer direkt wahrgenommen werden. Ohne genaue Kenntnis der Ursprungsfassung bzw. der Ausgangssprache bleibt aber die Unsicherheit, ob die Originaldialoge nicht noch unverständlicher oder hölzerner sind. Ohne die Hinweise der Filmkritiker auf tatsächliche

---

[9]   Gunske, Volker: Ausser Betrieb. In: tip. Berlin Magazin. 21/91. S.54.
[10]   Patalas, Enno: Schneiden für Deutschland. In: Filmkritik. 6/61. S.273.

Unstimmigkeiten gäbe es dementsprechend auch keinen öffentlichen und somit nachweisbaren Streit um Filmsynchronisation. Strittig ist dabei, ob Filmsynchronisation überhaupt sinnvoll oder wünschenswert ist, und wenn ja, in welcher Form sie akzeptabel wird.

Die Frage, ob das Original einer deutschen Fassung vorzuziehen sei, ist recht einfach zu entscheiden. Es ist ein klarer Vorteil, Aristoteles, Dante, Shakespeare oder Dostojewskij in der Sprache zu lesen, in der sie gedacht und geschrieben haben. Genauso unstrittig sollte es sein, daß ein Film von Eisenstein, Griffith, Godard oder Buñuel in der ursprünglichen Fassung einen authentischeren Eindruck vermitteln kann. Nur eine Elite kann allerdings Aristoteles oder Dostojewskij, Eisenstein oder Buñuel in ihren Muttersprachen verstehen. Ohne Übersetzung und Synchronisation hätte nur ein Bruchteil der bisherigen Rezipienten von ihren Werken profitieren können. Originalfassungen zu rühmen und Synchronfassungen generell zu tadeln, setzt einen gebildeten Zuschauer voraus.

Dabei beschränkt sich der Unterschied von Ursprungs- und Synchronfassungen im Gegensatz zur Literatur nicht auf den Sprachcode. Der Schnitt, die Musik, die Geräusche, die Stimmqualitäten können in der deutschen Fassung ganz andere sein. Auch ist es beim Film oftmals schwieriger, das Original als Maßstab eines Vergleichs zu benennen. Bei Stummfilmen etwa gibt es „in der Regel keine überlieferte autorisierte Fassung [...], sondern nur verschieden lange und oft auch andersartig montierte Fassungen."[11]

---

[11] Sudendorf, Werner: Rekonstruktion oder Restauration? Zur Problematik des filmischen Originals. In: Ledig, Elfriede (Hg.): Der Stummfilm. Konstruktion und Rekonstruktion. München 1988. (diskurs film; Münchner Beiträge zur Filmphilologie; Bd.2) S.211.

In Zweifelsfällen hat man, in Anlehnung an die von Sudendorf getroffenen Unterscheidungen, drei Möglichkeiten, das Original zu definieren.[12] Das juristische Original ist die der Zensur vorgelegte Fassung. Hierbei ist zu bedenken, daß die Selbstzensur der Produzenten und Verleiher oft dem Konzept der Künstler widerspricht. Auch die Fassung, die bei der Premiere lief, kann nicht uneingeschränkt als Original gelten. Berücksichtigt man die jeweilige Aufführungssituation bei der Premiere gerade in Ländern mit strengen staatlichen Zensurvorschriften können spätere Änderungen durchaus legitim sein.

Auch die vom Regisseur ohne Zwang durch Zensur oder kommerzielle Vorgaben autorisierte Fassung läßt sich nicht immer klar definieren. David Wark Griffith etwa schnitt viele seiner Filme von Woche zu Woche um, je nachdem wie das Publikum reagierte. Der WDR gab deshalb im Nachspann von Griffiths „Was sollen wir tun mit unseren Alten?" auch an, daß die deutsche Fassung auf der Rekonstruktion des Museum of Modern Art in New York basiert. Ein „Original" gibt es in diesem Fall nicht.

Auch bei aktuellen Filmen kann es strittig sein, welche Fassung eines Films das „Original" darstellt. Immer häufiger legen Regisseure nämlich dem Publikum zwei Fassungen ihres Films vor, zunächst meist eine kurze, dann noch eine lange Version. Kevin Costner etwa brachte 1992 eine um 55 Minuten verlängerte „Special Edition" von „Dances with wolves" heraus, nachdem schon die 180 Minuten lange Fassung recht erfolgreich gelaufen war. Auch bei Filmen, die durch den Vorverkauf der Rechte

---

[12] Werner Sudendorf unterscheidet in seinem Aufsatz "Rekonstruktion oder Restauration? Zur Problematik des filmischen Originals" zwischen dem juristischen, dem vom Regisseur autorisierten und dem nicht autorisierten Original d.h. Fälschungen. Da es sich bei den 'nicht autorisierten Originalen' meist um Bearbeitungen außerhalb des Ursprungslandes handelt, wurde auf diese Unterscheidung verzichtet.

finanziert wurden, läßt sich kaum von einem Original sprechen. Terry Gilliams „Brazil" war ein typisches „Negative Pick up" bzw. „Pre-Sale". Vor Drehbeginn hatte Universal die Rechte für den nordamerikanischen Markt, 20th Century Fox die Verleihrechte für den Rest der Welt zu einem Fixbetrag von 9 bzw. 6 Millionen Dollar erworben. Universal brachte schließlich eine 11 Minuten kürzere Fassung heraus als Fox in Europa. Trotzdem enthielt die USA-Fassung aber Dialogteile, die in der längeren Fox-Fassung nicht enthalten waren. Beide Firmen konnten mit Recht von „Originalfassungen" sprechen, Terry Gilliam war, nach langem Streit, auch an beiden Schnittfassungen beteiligt.[13] Noch schwieriger fällt die Entscheidung bei internationalen Koproduktionen wie „Der Name der Rose". Die italienische, französische und deutsche Fassung stehen sich als gleichberechtigte „Originale" gegenüber, obwohl es sich in allen drei Fällen um Synchronisationen aus dem Englischen handelt. Auf englisch wurde nämlich das Drehbuch geschrieben und der Film gedreht. Die Sprache, in der ein Film produziert wurde, ist also nicht immer ein Indiz für das jeweilige Original, noch weniger für einen ausländischen oder deutschen Film.

Alle diese Einschränkungen dürfen aber nicht darüber hinwegtäuschen, daß es in vielen Fällen unproblematisch ist, ein sogenanntes „Original" zu definieren und klar von den jeweiligen Synchronfassungen abzugrenzen. Da anzunehmen ist, daß es in Zukunft aber eher mehr als weniger internationale Koproduktionen geben wird, wie auch mehr deutsche Filme auf englisch gedreht werden, ist es wichtig, die Vergleichsfassung genau zu definieren. Der Begriff „Original" wird in dieser Arbeit dabei so weit wie möglich vermieden. Im Filmregister ist statt dessen die jeweils relevante 'Ursprungsfassung' definiert.

---

[13] vgl. die Darstellung der Produktionsgeschichte und des Streits um die verschiedenen Schnittfassungen in Mathews, Jack: The battle of Brazil. New York 1987.

Abseits der elitären Forderung nach Originalfassungen konzentriert sich der Streit um Filmsynchronisation auf drei Punkte. Gestritten wird um Kürzungen und Zensureingriffe, über die Frage, ob Untertitel den Fassungen mit deutschen Sprechern vorzuziehen sind, und schließlich über die jeweilige Qualität einer Bearbeitung.

„Gewiß wird man eher eine Mars-Rakete entwickelt haben als ein Mittel, deutschen Verleihern Respekt vor der Filmkunst beizubringen,"[14] prognostizierte Enno Patalas 1961. Seitdem hat immer noch kein Mensch den Mars betreten. Der 'Respekt vor Filmkunst' ist zwar durch Artikel 5 des Grundgesetzes quasi staatlich verordnet, Verstümmlungen von Filmen konnten aber damit nicht verhindert werden. Die Filmfreiheit schützt nämlich nicht nur die Künstler, sondern auch Produzenten und Verleiher. Bei ausländischen Filmen kommt hinzu, daß die Künstler oft gar keine Kenntnis vom Schicksal ihrer Werke in Deutschland besitzen. Michelangelo Antonioni etwa hatte keine Ahnung, daß in der deutschen Fassung von „L'avventura" 43 Minuten fehlten.[15] So sind engagierte Filmkritiker oftmals die einzigen Verteidiger der Filme, doch ihre Klagen hatten und haben meist zu wenig Gewicht. Dies vor allen Dingen, da einige Filmkritiker Kürzungen sogar ausdrücklich guthießen. So schrieb Manfred Delling in „Die Welt" über die gekürzte deutsche Fassung von „L'avventura", nachdem auch die längere Ursprungsfassung schon besprochen worden war: „Die vorliegende Fassung [...] währt nur gut eineinhalb Stunden. Damit ist ein anderer, ein neuer

---

[14] Patalas, Enno: Schneiden für Deutschland. In: Filmkritik. 6/61. S.273.
[15] vgl. Berghahn, Wilfried: Gekürzt und gelogen. In: Filmkritik. 2/62. S.50. Dort heißt es: "Wir haben Antonioni in Rom gefragt. Die Tatsache, daß sein Film in Deutschland gekürzt worden ist, war ihm vollkommen unbekannt. Sie überraschte ihn auf unangenehmste."

Film zu besprechen - und ein besserer! Er scheint eine wunderbare Wandlung durchgemacht zu haben."[16]

Radikale Kürzungen, wie sie bei den deutschen Fassungen von „Casablanca" oder „L'avventura" vorgenommen wurden, sind 1997 nur schlecht vorstellbar. Die Problematik von Schnitten und Zensur ist subtiler geworden und der öffentliche Streit weniger spektakulär. Geringfügige Kürzungen zur Einhaltung des Programmschemas sind beim Fernsehen zur täglichen Routine geworden. Nur selten wird öffentlich Notiz von zensurähnlichen Schnitten genommen, etwa als das ZDF 1978 bei Franco Zeffirellis „Jesus von Nazareth" in „geschmacklich fragwürdigen Szenen"[17] Kürzungen vornahm.

Immer weniger aktuell ist auch der Streit, ob Untertitelungen generell den Fassungen mit deutschen Sprechern vorzuziehen seien. Dies nicht, weil gute Argumente die Diskussion entschieden hätten, sondern weil sich die Publikumsgunst so eindeutig gegen die Untertitel gerichtet hat, daß sie in Deutschland praktisch keine ökonomisch vertretbare Alternative darstellen. Laut einer Umfrage sprechen sich 78% der deutschen Zuschauer für lippensynchrone Fassungen und nur 4% für Untertitelungen aus.[18] Die Tatsache, daß in Deutschland nur 10% des fremdsprachlichen Filmmaterials untertitelt wird,[19] entspricht dieser Präferenz der Zuschauer, die sicherlich eher aus Gewohnheit, denn aus ästhetischen Vorlieben heraus entwickelt wurde. Daß Zuschauerpräferenzen für bestimmte Bearbeitungsformen erlernt sind, läßt sich daraus ersehen, daß schon im Nachbarland Holland umgekehrte Vorlieben genannt

---

[16] zitiert nach: Nennst du mich Schiller, nenn ich dich Goethe. Pressespiegel. In: Filmkritik. 4/61. S.223.
[17] Lexikon des Internationalen Films. Das komplette Angebot im Kino und Fernsehen seit 1945. S.1882.
[18] Luyken: Overcoming language barriers in television. S.113.
[19] Luyken: Overcoming language barriers in television. S.30.

werden. 82% der niederländischen Zuschauer bevorzugen nämlich UT-Fassungen und nur 12% lippensynchrone Fassungen.[20] Daß in den Niederlanden meist untertitelt und nicht lippensynchron bearbeitet wird, hat dabei kommerzielle Gründe. Der Markt ist zu klein, um die enormen Kosten für lippensynchrone Fassungen zu tragen.

Das deutsche Feuilleton möchte interessanterweise in der Regel genau diese gewohnte Praxis umkehren. Trotz oder gerade wegen der eindeutigen Präferenz der deutschen Zuschauer argumentieren viele deutsche Filmkritiker selbstgerecht im Namen der Ästhetik gegen lippensynchrone Fassungen. Ein gutes Beispiel für eine solch praxisferne Argumentation ist der als Bericht getarnte Kommentar von Ralf Hünninghaus „Schall + Rauch = Atmo".[21] Hier wird behauptet, daß auf der „Haßskala" der „Cineasten" das „Thema Synchronisation noch einige Punkte vor den Kartoffelchips rangiert."[22] Abgesehen davon, daß es niemandem gut zu Gesichte steht, ganze Themen zu hassen und nicht etwa einzelne Positionen abzulehnen, so einfach ist der schlechte rhetorische Trick zu durchschauen, sich selbst zum Sprecher einer elitären Clique, hier der Cineasten zu machen, um seiner eigenen Meinung mehr Gewicht zu verleihen. Leider ist dieses Niveau nicht untypisch für die deutsche Filmkritik. Pauschalurteile geben den Ton an, wobei wichtige Publikationen diese Undifferenziertheit noch stützen. In dem auf dem Oxford Companion of Film basierenden Rowohlt Filmlexikon etwa ist von dem „in der Regel vorzuziehendem Kompromiß der Untertitel" die Rede.[23] Auf welcher Regel dieser Kompromiß

---

[20] Luyken: Overcoming language barriers in television. S.113.
[21] Hünninghaus, Ralf: Schall + Rauch = Atmo. In: TV tip. 4.11.-17.11.1993. S.5. (Beilage zu tip. Berlin Magazin. 23/93)
[22] Hünninghaus: Schall + Rauch = Atmo. S.5.
[23] Bawden, Liz-Anne (Hg.): rororo Filmlexikon. Reinbek 1978. Bd.2. S.646.

beruht und welche Standpunkte dadurch ausgeglichen werden sollen, bleibt dabei unerwähnt.

Der Höhepunkt der öffentlichen Auseinandersetzung um Untertitel offenbart sich wohl in dem 1973 von der Filmkritiker-Kooperative verfaßten 'Offenen Brief' an den Intendanten des Bayerischen Rundfunks.[24] Aktueller Anlaß war der Plan des BR, das 3. Fernsehprogramm zu popularisieren, indem statt Untertitelfassungen nur noch Filme mit deutschen Sprechern gezeigt werden sollten. „Der Brief argumentiert vor allem gegen Synchronisationen,"[25] also für Fassungen mit Untertiteln, denn „auch einige Mehrprozent Sehbeteiligung können niemals die Verstümmelungen rechtfertigen, die Synchronisationen fast immer darstellen."[26] Die Verständnishilfe, die lippensynchrone deutsche Dialoge für das Publikum darstellen, wird von den Filmkritikern bezweifelt:

„Der vermeintliche Gewinn an Verstehen beinhaltet tatsächlich einen unwiederbringbaren Verlust an Information, eine Verhinderung von wirklichem Verstehen; und wenn man viele Originalfilme sieht, lernt man schnell, sich von den Untertiteln nicht ablenken zu lassen, man lernt sie als Verstehens- und Gedächtnishilfe benutzen."[27]

Die Untertitelfassungen sind bekanntlich bis heute nicht aus den 3. Fernsehprogrammen verschwunden, wie auch die Filmkritiker ihre Abneigung gegenüber Fassungen mit deutschen Sprechern bis heute nicht abgelegt haben. So wurde in einer Kritik des

---

[24] Abgedruckt in Filmkritik. 9/73. S.391-392.
[25] Gansera, Rainer: Offener Brief an den Intendanten des Bayerischen Rundfunks. In: Filmkritik. 9/73. S.390.
[26] Filmkritiker Kooperative: Offener Brief an den Intendanten des Bayerischen Rundfunks. In: Filmkritik. 9/73. S.391.
[27] Filmkritiker Kooperative: Offener Brief. S.392.

deutsch-französischen Kulturkanals 'ARTE' im Juni 1992 die Synchronisation pauschal zur „deutschen Untugend" erklärt, bevor die Untertitel, der Tradition des deutschen Feuilletons gemäß, gelobt wurden: „Zumindest bei ARTE wird die Bundesrepublik endlich an Untertitel gewöhnt, wie das in anderen Ländern längst üblich ist. Niemand quatscht dann über die Originalstimme hinweg."[28] Die Einschätzung, daß deutsche Synchronsprecher nur 'quatschen', offenbart den Grad der Polarisierung der Diskussion um Untertitel. Laut Jean Yvane wird in Frankreich dabei noch härter gestritten. „Defenders of either the original or the French version have been tearing each other to pieces since sound was first introduced,"[29] schreibt sie über die dortige Auseinandersetzung über lippensynchrone Fassungen und Untertitel, die sie fälschlich „Originale" nennt, wie dies auch Kritiker hierzulande gerne tun.

Eine Differenzierung ist in zweifacher Hinsicht wünschenswert. Zum einen ist es unsinnig, ohne Rücksicht auf den Einzelfall eine Bearbeitungsform, nämlich die Untertitel, den Synchronisationen mit deutschen Sprechern generell vorzuziehen. Bei einem Film, in dem pausenlos gesprochen wird, können Untertitel nämlich dazu führen, daß der Zuschauer den Film gar nicht mehr 'sieht' und 'hört', sondern ihn 'lesen' muß. „Manchmal hindern einen die Untertitel, auch wenn sie so tun, als könne man folgen, daran, den Film normal zu sehen,"[30] formuliert Jean-Luc Godard richtig. Der visuelle Eindruck der Filmbilder kann durch das ständige Lesen der Untertitel so in den Hintergrund treten, daß man sich später

---

[28] Kowalsky, Ulrike: Via Kopernikus. In: TV tip. 4.6.-17.6.'92. S.5. (Beilage zu tip. Berlin Magazin. 12/92)

[29] Yvane, Jean: The treatment of language in the production of dubbed versions. In: EBU review. Programmes, Administration, Law. Volume XXXVIII, Number 6, November 1987. S.18.

[30] Godard, Jean-Luc: Einführung in eine wahre Geschichte des Kinos. München, Wien 1983. S.241.

kaum an die Gesichter der Hauptdarsteller erinnern kann. Sogar von einer 'Zerstörung der Bilder durch Untertitel' spricht der Synchronregisseur Gerd Rabanus in Benses Dokumentarfilm über Synchronisation: „Wenn es das Synchronverfahren nicht gäbe, dann gäbe es eben sehr viele in anderen Sprachen produzierte Filme, die wir nicht zur Kenntnis nehmen könnten; es sei denn untertitelt, womit man wiederum jedes Bild zerstört."[31]

Abzuwägen ist also jeweils der Umfang, die Bedeutung und der Charakter der Dialoge in einem Film, bevor über Sinn und Unsinn von Untertiteln oder deutschen Sprechern entschieden wird. Schlecht gemachte lippensynchrone Fassungen dürfen nicht als Argumente für Untertitel dienen. Es ist wichtig zu unterscheiden, ob man theoretisch über Vorzüge von Untertiteln oder lippensynchronen Fassungen spricht, oder über Vor- und Nachteile bestimmter Produkte. „Selbst die beste Synchronisation könnte den Verlust nicht wettmachen, den in den meisten Fällen eine Synchronisation mit sich bringt," heißt es aber im Brief der Filmkritiker-Kooperative 1973.[32] Unerwähnt geblieben sind die 'Verluste', die für den Zuschauer durch das Lesen von Untertiteln entstehen. Neben der Lenkung des Blicks auf den unteren Bildrand besitzen Untertitel nämlich noch zwei weitere fatale Eigenschaften, die von Filmkritikern ignoriert werden: Untertitel übertragen gesprochene in geschriebene Sprache und verkürzen den Originaltext erheblich. Trotzdem wird lieber die Zerstörung der „Einheit Handeln-Sprechen"[33] durch Synchronisation beklagt. Dabei bleibt die Einheit von Gestik und Aussprache der Originalschauspieler bei Untertiteln nur faktisch erhalten. Ob sie für den Zuschauer noch wahrzunehmen ist, wenn er bis zu 12

---

[31] Bense, Georg: Die geliehene Stimme oder Warum Liz Taylor so gut deutsch spricht. Produktion: SR 1992. Sendung: SDR 16.5.1993. Timecode (TC): 0.02.57ff.
[32] Filmkritiker Kooperative: Offener Brief. S.392.
[33] Filmkritiker Kooperative: Offener Brief. S.391.

Zeichen pro Sekunde am unteren Bildrand lesen muß, ist fraglich. Wenn es außerdem den Befürwortern der Untertitel wirklich um den Erhalt der Einheit von Handeln und Sprechen geht, muß es überraschen, daß sie die künstlich geschaffene neue Einheit von handelndem Schauspieler und deutschem Sprecher so wenig anerkennen. Sollten dagegen im Dokumentarfilmbereich Kriegszeugen oder Politiker lippensynchron eingedeutscht werden, wäre das Fehlen der ursprünglichen Einheit viel mehr zu bedauern. Die Förderung der Illusionswirkung eines Films durch lippensynchrone Bearbeitung ist deshalb auch ein gewichtiges Argument gegen Untertitel, die die Illusion hemmen und die Bild-Ton-Einheit insgesamt stören. Der Film aber lebt von den Illusionen, die sich die Zuschauer über ihn machen. Diese Illusion durch Untertitel erhalten zu wollen, indem man die ursprüngliche Bild-Ton-Einheit erhält und ihre Wahrnehmung gleichzeitig durch Übersetzungen am unteren Bildrand stört, ist ein widersprüchliches Ansinnen. Daß der „vermeintliche Gewinn an Verstehen [...] tatsächlich einen unwiederbringbaren Verlust an Information, eine Verhinderung von wirklichem Verstehen"[34] beinhaltet, läßt sich genauso auf Untertitel anwenden wie auf Fassungen mit deutschen Sprechern. Ob man außerdem einen ausländischen Film, etwa eine japanische Familientragödie, als deutscher Zuschauer jemals 'wirklich verstehen' kann, ist höchst zweifelhaft. Die Art der Bearbeitung ist dabei zweitrangig.

Als dritte Alternative steht das Übersprechen fremdsprachlichen Materials, das sogenannte voice-over, zur Debatte. In Deutschland werden rund 10% des fremdsprachlichen Materials so bearbeitet,[35] wobei der Hauptanteil auf Nachrichten- bzw. Dokumentarfilme fällt. Im Spielfilmbereich sind voice-over Fassungen höchst selten. Etwas anachronistisch mutet deshalb

---

[34] Filmkritiker Kooperative: Offener Brief. S.392.
[35] Luyken: Overcoming language barriers in television. S.30.

auch Jean-Luc Godards Plädoyer für diese Bearbeitungsform in seiner 'Einführung in die wahre Geschichte des Kinos' an:

„Am liebsten wäre mir weder Synchronisation noch Untertitel, sondern eine Art Kommentar in der Landessprache, von mehreren Sprechern oder einem gesprochen, daß man in der Lage wäre, der Handlung zu folgen, einem gleichzeitig aber klar wäre, daß es ein ausländisches Produkt ist. [...] Mich stört einfach die Vorstellung, die ganze Welt spräche dieselbe Sprache. [...] Es wäre viel besser, einfach einen Text darüberzulegen, [...] der ruhig mal länger dauern könnte, aber den Ton vollständig wiedergäbe, was meiner Meinung nach die einzig richtige Art wäre, das zu machen.“[36]

Bei aller Subtilität von Godards Betrachtungen muß der Schlußsatz enttäuschen. Eine 'einzig richtige Art' existiert nicht.

Sobald aber statt Pauschalurteilen Einzelfälle im Vordergrund stehen, ergibt sich die Möglichkeit, die Art und Weise der jeweiligen Bearbeitung unvoreingenommen zu analysieren. So wird in einer Filmzeitschrift die konkrete Klage des spanischen Regisseurs Pedro Aldomovar über die deutsche Fassung seines Films zitiert: „Die Untertitel waren unter aller Sau. Ich habe sehr viel ironische Bemerkungen in meinen Dialogen. Das haben die alles wörtlich genommen.“[37] Leider sind solche Anmerkungen über die unangemessene Bearbeitung einer bestimmten Stilfigur die Ausnahme. In der Regel folgt einem kurzen Beispiel eine generelle Verurteilung einer Bearbeitungsform. So schreibt Volker Gunske über die deutsche Fassung von Mel Brooks „Men in tights“: „Aus der liebenswürdigen und ironischen Verbeugung

---

[36] Godard: Einführung in eine wahre Geschichte des Kinos. S.241f.
[37] Gunske, Volker: Indiana Jones im Wohnzimmer. In: tip. Berlin Magazin. 20/93. S.51.

vor Robin Hood [...] hat die Synchronisation eine witzfreie Blödelnummer gemacht."[38] Noch pauschaler kritisiert Ralph Umard die deutschen Bearbeitungen von Spielfilmen aus Hongkong, einem Genre, in dem seiner Auffassung nach „Synchronverantwortliche manches Meisterwerk durch aufgesetzte, bescheuerte Sprüche verschandeln."[39] Bei solchen Kritiken mag man der Zeit nachtrauern, als Enno Patalas noch Original- und Synchrontexte parallel in der 'Filmkritik' abdruckte.[40]

Jenseits des Wunsches nach Präzision muß aber auch die Seltenheit von Bemerkungen zur deutschen Bearbeitung auffallen. Das eingangs des Kapitels zitierte Privileg, die Qualität der Bearbeitung einschätzen zu können,
scheint sich genausowenig erweitert zu haben wie das Interesse der Filmkritik, dieses Privileg in Anspruch zu nehmen und an Filminteressierte weiterzugeben. Glücklicherweise hat sich seit Enno Patalas' Zeiten bei der 'Filmkritik' aber eine zweite Gruppe privilegierter Eingeweihter herausgebildet, die den Streit um Filmbearbeitung ernst nehmen, die Wissenschaftler.

---

[38] Gunske, Volker: Die Männer fürs Grobe. Mel Brooks' Parodie Robin Hood - Helden in Strumpfhosen ist im Synchronstudio unter die Räder gekommen. In: tip. Berlin Magazin. 25/93. S.40.

[39] Umard, Ralph: Made in Hongkong. In: TV tip. 11.8.- 24.8.1994. S.4. (Beilage zu tip. Berlin Magazin. 16/94)

[40] vgl. z.B. Patalas, Enno: Schöpferische Synchronisation. In: Filmkritik. 11/63. S.510-512.

3. Synchronisationsforschung

Obwohl seit den ersten Tagen der bewegten Bilder ausländische Filme auf vielerlei Weise bearbeitet werden und seit Anfang der dreißiger Jahre lippensynchrone deutsche Fassungen produziert werden, setzt die wissenschaftliche Beschäftigung mit dem Thema erst in den sechziger Jahren ein. Bis zu diesem Zeitpunkt tauchen Bearbeitungsphänomene in der Filmliteratur nur unter dem Aspekt der Zensur auf. In diesen Fällen handelt es sich meist um Kürzungen der Ursprungsfilme, ein Bearbeitungsphänomen, das in der bisher fast ausschließlich auf Veränderungen der Dialoge fixierten Forschung kaum Beachtung findet.

Die wissenschaftliche wie populäre Literatur zum Film allgemein begnügt sich mit vereinzelten, kurzen Hinweisen zur Synchronisation. Selbst die Tatsache, daß von einigen Filmen verschiedene deutsche Fassungen existieren, findet dort oft keinen Niederschlag. Das zugrundeliegende Desinteresse an deutschen Fassungen beweist etwa Joe Hembus in seiner Monographie über Charlie Chaplin mit dem Hinweis: „Wieweit Chaplin-Filme oder Chaplin-Filmteile in Sammelprogrammen wie 'Charlie gegen alle', [...] authentisch oder vollständig sind, läßt sich im einzelnen nicht nachweisen."[41]

Dementgegen war die erste größere Studie zur Synchronisation von Otto Hesse-Quack[42] aus dem Jahre 1969 ausdrücklich der Versuch, bei zwölf Filmen nachzuweisen, „welche Gründe die Veränderungen haben, wer sie im einzelnen vornimmt und an welchen Teilen und Stellen der Filme solche Veränderungen in der Hauptsache stattfinden."[43] Zu diesem Zweck suchte Hesse-

---

[41] Hembus, Joe: Charlie Chaplin. Seine Filme - sein Leben. München 1981. S.126.
[42] Hesse-Quack, Otto: Der Übertragungsprozeß bei der Synchronisation von Filmen. Eine interkulturelle Untersuchung. Diss. München, Basel 1969.
[43] Hesse-Quack: Der Übertragungsprozeß bei der Synchronisation. S.13.

Quack in den Dialoglisten von zwölf deutschen Synchronfassungen nach Veränderungen gegenüber den Ursprungsfilmen. Der enge Beobachtungszeitraum von Filmen aus den Jahren 1953 bis 1964 ist dabei ebenso problematisch wie die Tatsache, daß Untertitel- oder Kommentarfassungen in dieser Auswahl fehlen. Dialoglisten der Verleiher für die wissenschaftliche Analyse zu benutzen ist darüber hinaus ungünstig, da die Dialoge im Film oft andere sind, als die Synchronbücher ausweisen. So existiert eine Anspielung auf das ZDF, die von Hesse-Quack im Synchronbuch des Beatles-Films „Yeah! Yeah! Yeah!" entdeckt wurde, im tatsächlichen Filmdialog nicht.[44] Umgekehrt war eine Anspielung auf Günter Grass nicht in den Dialoglisten zu finden, existiert aber im Filmdialog.[45] Gegenstand von Untersuchungen zur Synchronisation können dementsprechend nur die Filme sein. Textbücher der Synchronfirmen werden allzuoft überarbeitet, als daß sie eine verläßliche Grundlage bilden könnten.

Nur die Filme offenbaren außerdem Veränderungen bei den Geräuschen und der Musik, die Hesse-Quacks Dialoglistenvergleich nicht erfaßte, und so weist der Autor lediglich darauf hin, daß „der Anteil an den Veränderungen [...] beim Dialog höher als im optischen und übrigen akustischen Bereich (Musik und Geräusche) ist."[46] Völlig unverständlich sind zum Teil Hesse-Quacks Einschätzungen der Veränderungen. So schreibt er mit Bezug auf „Yeah! Yeah! Yeah!": „Ein Kuriosum

---

[44] Hesse-Quack: Der Übertragungsprozeß bei der Synchronisation. S.161.

[45] In der Gepäckwagenszene sagt John Lennon nicht wie Hesse-Quack zitiert "Er möchte mal 'n Wallace-Film auf englisch drehn oder 'die Hundejahre' chemisch gereinigt. Fragt sich bloß, ob dann noch jemand reingeht." (S.158) Statt dessen wurde die Anspielung auf Günter Grass noch erheblich erweitert: "[...] oder 'die Hundejahre' auf deutsch und Gras(s) drüber wachsen lassen mit Ringo in der Blechtrommel." (TC: 0.14.42ff.)

[46] Hesse-Quack: Der Übertragungsprozeß bei der Synchronisation. S.98.

stellt die Ausmerzung der im Original enthaltenen Kritik an engl. Institutionen wie z.B. der Polizei dar."[47] Dabei kann von Ausmerzung keine Rede sein, da auch in der Synchronfassung die englischen Polizisten übel beschimpft werden:

„Die geborenen Schläger! Na wer meldet sich schon zur Polizei, das läßt sich doch denken! Wenn sie nicht dreschen können, sind sie nicht glücklich. [...]. Laß dich nicht blenden mein Junge. Alles Untermenschen der fiesesten Sorte!"[48]

Hesse-Quack interpretierte die vermeintliche Ausmerzung der Kritik an der englischen Polizei u.a. wie folgt:

„Mit großer Sicherheit sind hier die Richtlinien der FSK wirksam geworden, nach denen 'Filme keine Themen, Handlungen oder Situationen darstellen sollen, die geeignet sind, die Beziehung Deutschlands zu anderen Staaten zu gefährden.'"[49]

Diese Einschätzung Hesse-Quacks basiert auf dem falschen Analyseergebnis, daß die Kritik an der Polizei tatsächlich in der deutschen Fassung fehlt.

Wenig überraschend sind die Resultate des Soziologen Hesse-Quack: „Ein wichtiges Ergebnis des Dialoglistenvergleichs ist der Nachweis, daß eine große Anzahl der Faktoren, die zu Veränderungen führen, sozialer Natur sind."[50] Zu den sozialen Faktoren zählt Hesse-Quack auch die Freiwillige Selbstkontrolle der Filmwirtschaft, die FSK.

---

[47] Hesse-Quack: Der Übertragungsprozess bei der Synchronisation. S.164.
[48] "Yeah! Yeah! Yeah!" 1. Szene auf der Polizeiwache, (TC: 1.11.05ff.)
[49] Hesse-Quack: Der Übertragungsprozess bei der Synchronisation. S.164.
[50] Hesse-Quack: Der Übertragungsprozess bei der Synchronisation. S.194.

Daneben stellte Hesse-Quack bei den Dialogveränderungen einen „qualitativen Trend von Individualisierung zu Standardisierung" fest:

„Mehr sachliche Darstellungen erfahren häufig eine Übertragung in Richtung auf Emotionalisierung und Romantisierung. In den Originalen vorfindbare Differenzierung von Charakteren und Situationen durch sprachliche Wendungen geht über in mehr stereotypisierte Formen. Sozialkritik wird fast immer neutralisiert. Ebenso werden negative Anspielungen auf Deutschland oder Deutsche ausgemerzt. Inhalte aus der Sexualsphäre, Anspielungen auf Homoerotik und brutalitätsbeladene Wendungen erfahren meist keine inhaltsentsprechende Übertragung."[51]

Vor allem bei der letztgenannten Neutralisierung der Themen Sex und Gewalt in Filmdialogen kam Gabriele Toepser-Ziegert bei ihrer Untersuchung der Fernsehserie „Die 2"[52] zum umgekehrten Ergebnis. Sie schreibt:

„Wie wir gesehen haben, werden bei der Synchronisation konfliktträchtige Inhalte (Gewalt, Brutalität, Sex) sogar noch da eingefügt, wo im Original gar kein Text vorliegt oder der vorliegende wird dementsprechend verändert."[53]

Da Toepser-Ziegert 1978 lediglich die Dialoge der Hauptfiguren in fünfzehn Folgen von „Die 2" untersuchte, ist auch ihre

---

[51] Hesse-Quack: Der Übertragungsprozeß bei der Synchronisation. S.239.
[52] Toepser-Ziegert, Gabriele: Theorie und Praxis der Synchronisation - dargestellt am Beispiel einer Fernsehserie. Diss. Münster 1978. (Arbeiten aus dem Institut für Publizistik. Bd.17)
[53] Toepser-Ziegert: Theorie und Praxis der Synchronisation. S.145.

Materialgrundlage zu knapp, um allgemeingültige Aussagen über Synchronisation in Deutschland zu stützen. Ihren Anspruch, „den sozialen Wandel in einer Gesellschaft festzustellen und nachzuweisen"[54] hätte sie außerdem durch die Analyse von mehreren deutschen Fassungen eines Films überzeugender einlösen können. So steht ihr als Vergleichsgrundlage für den möglichen „sozialen Wandel" nur Hesse-Quacks Pionierarbeit zur Verfügung. Den „krassen Widerspruch"[55] ihrer Ergebnisse zu Hesse-Quack interpretiert sie dementsprechend auch als sozialen Wandel: „Demnach hat Gewalt in der Gesellschaft hierzulande an Unterhaltungswert gewonnen."[56] An anderer Stelle schreibt sie: so „wurde das Tabu des Themas Sex, wenn nicht aufgehoben, so doch seit 1969, als Hesse-Quacks Studie entstand, revidiert."[57]

Während Hesse-Quack vor allem die Veränderungen in den deutschen Dialogen beklagte, so Toepser-Ziegert die fehlenden Veränderungen in der Gesellschaft. Synchronisation hat ihr zufolge die Funktion einer „sozialen Kontrollinstanz"[58], den Synchronisateuren falle die Aufgabe zu,

„den status quo festigen [zu] helfen, wozu sie prädestiniert sind durch ihre Funktion als Repräsentanten einer publizistischen Institution, die wie alle Institutionen dazu neigt, bestehende Normen zu unterstützen, und wozu sie die ökonomische Abhängigkeit durch Sanktionen verpflichtet."[59]

---

[54] Toepser-Ziegert: Theorie und Praxis der Synchronisation. Vorwort.
[55] Toepser-Ziegert: Theorie und Praxis der Synchronisation. S.213.
[56] Toepser-Ziegert: Theorie und Praxis der Synchronisation. S.216.
[57] Toepser-Ziegert: Theorie und Praxis der Synchronisation. S.214. Die Studie 'entstand' allerdings nicht 1969, sondern 1967. 1969 wurde sie veröffentlicht. Die von Hesse-Quack analysierten Synchronfassungen, und darauf zielt Toepser-Ziegerts Vergleich ab, entstanden noch früher, nämlich zwischen 1953 und 1964.
[58] Toepser-Ziegert: Theorie und Praxis der Synchronisation. S.227.
[59] Toepser-Ziegert: Theorie und Praxis der Synchronisation. S.101.

28

Ob die Synchronisationsbranche wirklich mit anderen Institutionen zu vergleichen ist, bleibt genauso fragwürdig wie die Annahme, daß die Sanktionen an der Kinokasse oder bei den Einschaltquoten reibungslos funktionieren.

Noch problematischer erscheint allerdings die permanente Gleichstellung der in deutschen Fassungen transportierten Wertvorstellungen mit denen der Gesellschaft. Wenn Synchronautor Rainer Brandt seinen Serienhelden in „Die 2" etwa „Kampfgeist [...] Schlagfertigkeit sowie eine extreme erotische Ausstrahlung"[60] in die Dialoge schreibt und dies mit „positiver Wertigkeit", dann läßt dies laut Toepser-Ziegert „auf eine gleiche Einschätzung im Wertsystem der Gesellschaft der Bundesrepublik schließen."[61] Ausgeschlossen wird, daß Rainer Brandt diese Eigenschaften speziell für Roger Moore und Tony Curtis passend fand: „Man darf das Verhalten der Synchronisateure [...] nicht als persönliche Willkür interpretieren. Es ist gesellschaftlich bedingt."[62] Häufig auftauchende Formulierungen wie „im sozialen Wertgefüge der Synchronisateure und damit der deutschen Gesellschaft"[63] ignorieren sowohl die Individualität der Synchronautoren wie eine mögliche Ambivalenz der in der Gesellschaft verbreiteten Wertvorstellungen. Nicht bedacht wird außerdem, daß viele Filme und Serien auf ein bestimmtes Zielpublikum ausgerichtet sind und nicht auf 'die Gesellschaft'. Das anvisierte Publikum der Kung-Fu-Filme mag andere Wertvorstellungen haben als die Zielgruppe der „Sesamstraße".

Dessen ungeachtet hält Toepser-Ziegert als Ergebnis ihrer Forschung fest, daß der Prozeß der Synchronisation „vorwiegend in der Reproduktion des jeweiligen sozialen Wertsystems in den

---

[60] Toepser-Ziegert: Theorie und Praxis der Synchronisation. S.144.
[61] Toepser-Ziegert: Theorie und Praxis der Synchronisation. S.145.
[62] Toepser-Ziegert: Theorie und Praxis der Synchronisation. S.144.
[63] Toepser-Ziegert: Theorie und Praxis der Synchronisation. S.132.

neu formulierten Dialogen"[64] besteht. Nicht wahrgenommen werden die wichtigen Unterschiede zwischen den Werten der Gesellschaft und denen des Fernsehens, für das die Synchronfassung von „The Persuaders" produziert wurde. Dabei definiert die Autorin an einer Stelle selbst die 'Gesetze' des Fernsehens als bestimmende Instanz, ohne diesen Befund allerdings konsequent weiter zu verfolgen. Sie interpretiert den Austausch einer Textpassage in der 13. Folge von „Die 2": „Nachdenklichkeit auch in geringsten Dosen paßt offensichtlich nicht in das deutsche Fernsehunterhaltungskonzept."[65] Die Möglichkeit, daß Synchronisation mehr den Anforderungen der Unterhaltungsbranche als der 'Gesellschaft' gehorcht, wird von Toepser-Ziegert aber nicht weiter thematisiert.

Die Klammer, die Toepser-Ziegert um ihre seltsam einheitliche Gesellschaft und die Synchronisateure setzt, ist die der Ökonomie. Synchronautoren stellt sie als Sklaven des Marktes dar und synchronisierte Filme als perfekte Indikatoren dessen, was die Gesellschaft sehen und hören will. Irrtümer bei der Einschätzung des Publikumsgeschmacks durch die Synchronisateure werden so ausgeschlossen, obwohl selbst die ausgeklügelten Marktstrategen Hollywoods davor bekanntlich nicht gefeit sind und nicht selten an den Normen und Werten der Gesellschaft vorbeiproduzieren. Für Toepser-Ziegert, wie schon für Hesse-Quack, sind „die Inhalte der Medien allgemein und des Films im besonderen" aber „soziale Basisdaten."[66] Und nur unter dieser Voraussetzung kann ein „sozialer Wandel"[67] festgestellt werden, wie Toepser-Ziegert dies anstrebte. Nicht angestrebt wurde leider, einen möglichen Wandel der Filmbranche oder die

---

[64] Toepser-Ziegert: Theorie und Praxis der Synchronisation. S.223.
[65] Toepser-Ziegert: Theorie und Praxis der Synchronisation. S.124.
[66] Toepser-Ziegert: Theorie und Praxis der Synchronisation. S.227.
[67] Toepser-Ziegert: Theorie und Praxis der Synchronisation. Vorwort.

Differenz von Filmangebot und gesellschaftlicher Nachfrage festzustellen.

Überhaupt scheint die Dissertation mit dem ambitionierten Titel „Theorie und Praxis der Synchronisation" sich weniger für Synchronisation als für die Normen und Werte der Gesellschaft zu interessieren. Die Gleichsetzung der Werte der Synchronisateure mit denen der Gesellschaft ist dabei als Prämisse unhaltbar. Wie auch die Ursprungsfilme sind deutsche Fassungen immer Ausdruck von durch die Gesellschaft geprägten, aber nicht dominierten Individuen. Film- und Fernsehprogramme, wie auch die Werke der Literatur oder der bildenden Künste, sind deshalb niemals Spiegel, die eine Gesellschaft unverzerrt wiedergeben. Die Unterscheidung zwischen den Werten der Gesellschaft und denen der Kunst bzw. der Unterhaltungsbranche ist deshalb unbedingt notwendig.

Die Studien zur Synchronisation von Hesse-Quack und Toepser-Ziegert zeigen deutlich, wie Untersuchungsergebnisse durch die Auswahl des Materials, der Fragestellung und der Vergleichskategorien vorherbestimmt werden können. Die 24 bzw. 54 Kategorien[68] der jeweiligen Dialog-Analysen bei Hesse-Quack und Toepser-Ziegert sind nämlich stark auf solche Themen ausgerichtet, deren Moral als problematisch angesehen wird. Neutralere, also zum Beispiel rein technische Kategorien, ermöglichen dagegen eine Trennung der Ortsbestimmung einer Veränderung von der Klärung ihrer Bedeutung. Bei Kategorien wie „abgeschwächte Kraftausdrücke", „verfälschte sozialkritische Anspielungen" bei Hesse-Quack[69] oder „Sex", „Kampf", „Briten, Britisch, oder britische Nationalität betreffend" bei Toepser-

---

[68] Ein Überblick über die jeweiligen Kategorien findet sich bei Hesse-Quack auf Seite 106, bei Toepser-Ziegert im Anhang auf den Seiten i ff.
[69] Hesse-Quack: Der Übertragungsprozess bei der Synchronisation. S.106.

Ziegert[70] ist der Kategorienbildung immer schon ein Blick auf das Material vorausgegangen. Für Untersuchungen von Filmen aus anderen Genres sind diese Kategorien nur bedingt brauchbar. Eine Arbeit, die wirklich den Namen „Theorie und Praxis der Synchronisation" verdient, müßte auch ein Kategorienschema bereitstellen, das auf alle Filme anwendbar ist. Um diese Kategorien zu finden, ist eine breite Materialbasis mit Filmen aus verschiedenen Zeiten und Genres unverzichtbar. Fünfzehn Folgen einer Fernsehserie reichen dafür nicht aus.

Umfassender behandelte J. Dietmar Müller die deutsche Film-synchronisation in seiner Dissertation aus dem Jahre 1982.[71] Ausgehend von einem „repräsentativen Korpus authentischen Filmmaterials der verschiedensten Genres" wollte Müller laut dem Vorwort seiner Arbeit

„die spezifischen Probleme, die das audio-visuelle Film-Medium im Zuge des Übertragungsprozesses aufwirft, sowie die Möglichkeiten, Grenzen und auch Fehlleistungen bei deren Bewältigung, lückenlos dokumentieren, analysieren und reflektieren."[72]

Er tat dies in sechzehn mehr nebeneinander als zueinander stehenden Kapiteln, die sich zum Teil grundsätzlichen („Präsentationsformen"), zum Teil nebensächlichen Aspekten („Geräuschemacher") widmen. Methodisch oder systematisch ist damit wenig gewonnen. Auch der Anspruch der 'Lückenlosigkeit' konnte nicht erfüllt werden, da Müller Videotext-Untertitel, 2-Kanal-Ton und Werbepausendramaturgie genauso vernachlässigt

---

[70] Toepser-Ziegert: Theorie und Praxis der Synchronisation. (Anhang) Seite i ff.
[71] Müller, J. Dietmar: Die Übertragung fremdsprachigen Filmmaterials ins Deutsche. Diss. Regensburg 1982.
[72] Müller: Die Übertragung fremdsprachigen Filmmaterials. S.iii.

32

wie Bildschnitte, Zensurverbote oder die Einflüsse der FSK und der FBW. Die große Bedeutung dieser mit Anhang 680 Seiten starken Arbeit liegt ohne Zweifel in den Anmerkungen zur Geschichte der Synchronisation, zum technischen Ablauf und den Analysen von Untertiteln.

In die Fülle von Informationen haben sich bei Müller allerdings auch gravierende Fehler eingeschlichen. So berechnet er die geforderte Leseleistung bei Untertiteln auf der Basis der „genormten Geschwindigkeit von 16 Bilder/sec." und dem „ungeschriebenen Gesetz, demzufolge der jeweilige Untertitel nicht mehr als 36 Buchstaben haben darf."[73] Das eine ist falsch, da seit 1927 überall 24 oder 25 Bilder pro Sekunde gezeigt werden, das andere ist falsch abgeschrieben. Mounin sprach 1967 von maximal „72 Zeichen" pro zweizeiligem Untertitel.[74]

Auffällig bei den vorgestellten Pionieruntersuchungen zur deutschen Synchronisation sind die methodischen Schwierigkeiten bei der Abgrenzung der Analyse von Synchronfassungen von der Analyse von Filmen allgemein. So bettet Hesse-Quack den Vorgang der Synchronisation einfach als zusätzlichen Decodierungs- und Neucodierungsschritt in sein allgemeines Kommunikationsmodell mit einem Sender, einem codierten Signal und einem decodierenden Receiver ein. Toepser-Ziegert erweitert dies um einen zusätzlichen Schritt, nämlich den von Rohübersetzungen zu den lippensynchronen Texten. Verfolgte man ein solches Modell konsequent weiter durch die Einfügung von zusätzlichen Codierungs- und Decodierungsschritten von der Idee über das Treatment, den Drehbuchfassungen, der Aufnahme und dem Schnitt der Ursprungsfilme, so entstünde eine lange Reihe von immer neuen

---

[73] Müller: Die Übertragung fremdsprachigen Filmmaterials. S.91.
[74] Mounin, Georges: Die Übersetzung. Geschichte, Theorie, Anwendung. München 1967. S.146.

Codierungen, bei denen die Synchronisation nur eine weitere Etappe auf dem Weg einer Filmidee zur Kinoleinwand darstellte. Der Unterschied zwischen Synchronisation und Filmproduktion wird auf diese Weise zunächst verwischt. Auch die Klage über die Konsolidierung des jeweiligen status quo durch Synchronfassungen könnte genauso im Zusammenhang mit Originalproduktionen geführt werden.

Der prägnanteste Unterschied zur Filmanalyse ergibt sich aus dem alle bisherigen Untersuchungen bestimmenden Vergleichsmoment. Synchronfassungen werden als Übertragungen eines Films in ein anderes Symbolmilieu (Hesse-Quack), eine andere Gesellschaft (Toepser-Ziegert) oder einen anderen Sprachraum (Müller) verstanden. Durch den Vergleich der Ursprungsfilme mit den deutschen Fassungen konnten die Veränderungen festgestellt werden, die die Formen und Inhalte der Filme auf dem Wege der Übertragung erfahren. Von Belang waren dabei vor allem die Veränderungen der Inhalte eines Films, nicht so sehr die bei allen deutschen Fassungen auftretende Veränderung des Sprachcodes. Sobald allerdings von einer Veränderung gesprochen wird, impliziert dies die Möglichkeit, daß Filminhalte auch unverändert aus dem Synchronisationsprozeß hervorgehen können. Analog zu Theorien der literarischen Übersetzung wird jeweils angenommen, daß eine inhaltlich äquivalente Synchronisation eines Films möglich ist.

Die Verwendung des übersetzungstheoretischen Begriffs der Äquivalenz als Maßstab zur Definition einer Veränderung bei der Synchronisation ist allerdings in zweifacher Hinsicht problematisch. Zum einen hat schon Gerhard Müller-Schwefe darauf hingewiesen, daß die „Komplexität der Synchronisationsproblematik [...] im ganzen diejenige beim

Übersetzungsprozeß sprachlicher Texte bei weitem übertrifft."[75] Zum zweiten meint Äquivalenz im Sinne der Übersetzungstheorie nicht nur einen neutralen Maßstab für die Definition einer Veränderung, sondern auch die Zielvorstellung der Übersetzungsarbeit. Ein übersetzter Roman zum Beispiel soll im Idealfall die Inhalte äquivalent wiedergeben und eben diese Vorstellung dominiert auch die Diskussion um synchronisierte Filme. Veränderungen von Filminhalten werden so theoretisch zu Fehlern, zu Verfälschungen der Ursprungsfilme. Durch die Übertragung der Zielvorstellung der Übersetzungstheorie auf die Analyse der Synchronisationsarbeit wird so der Blick auf die schöpferischen Möglichkeiten der Synchronisation verstellt.

Die Analogie von literarischer Übersetzung und Filmsynchronisation ist dabei nur ein theoretisches Konstrukt, das an der Praxis völlig vorbeigeht. Übersetzer und Synchronregisseure haben nämlich ganz verschiedene Auffassungen von der Natur ihrer Übertragungsaufgaben. Gabriele Toepser-Ziegert faßte die Position der Übersetzer folgendermaßen zusammen: „Ganz allgemein hat sich die Auffassung durchgesetzt, daß das Ziel der Übersetzung reproduktiv ist."[76] Dagegen offenbart Hesse-Quacks Befragung von Synchronautoren, daß es die überwiegende Mehrheit auch als ihre Aufgabe ansieht, „Schwächen des Originals zu beheben."[77] In ähnlicher Weise äußert sich auch der Synchronautor Eberhard Storeck in dem bei Müller veröffentlichten Interview:

---

[75] Müller-Schwefe, Gerhard: Zur Synchronisation von Spielfilmen. In: Literatur in Wissenschaft und Unterricht. Bd XVI. Heft 2. Juni 1983. S.143.

[76] Toepser-Ziegert: Theorie und Praxis der Synchronisation. S.17. Das Reproduktionsgebot ist dabei auch in der Übersetzungstheorie weiterhin umstritten. Entscheidend ist allerdings, daß gerade diese Position auf die Synchronisation übertragen wurde.

[77] Hesse-Quack: Der Übertragungsprozess bei der Synchronisation. S.220.

„Der Übersetzer ist ja gehalten, den Inhalt und auch stilistische Eigenheiten der Vorlage zu reproduzieren. Das ist in unserem Beruf ganz einfach durch die Technik, die sich dazwischenschaltet, erheblich schwieriger, oft sogar unmöglich."[78]

Synchronisateure können und wollen sich nicht dem Reproduktionsgebot der Übersetzungstheorie beugen. Eine wissenschaftliche Untersuchung, die dieser Prämisse nicht Rechnung trägt, geht an der Praxis vorbei.

Sobald allerdings Synchronisation nicht als mehr oder weniger gelungene Reproduktion von ausländischen Filmen angesehen wird, stellt sich erneut die Frage nach einem geeigneten Modell für die Beschreibung des Verhältnisses zwischen Ursprungs- und Synchronfassungen. Unter der Prämisse des Reproduktionsgebots steht die Ursprungsfassung hierarchisch über der Synchronfassung. Die Qualität einer Synchronfassung wird an der Qualität der Ursprungsfassung gemessen, nicht an den eigenen Möglichkeiten und Grenzen der Synchronisation. Letzteres kann und will die Rhetorik der Filmsynchronisation leisten, indem sie den Übertragungsprozeß nicht als Reproduktion, sondern als parteiische Äußerung über Formen und Inhalte eines ausländischen Films versteht.

Aus der Parteilichkeit der Interpretation eines ausländischen Films durch Synchronisation macht Dagmar Wanschura-Nawroth nicht nur keinen Hehl, sie fordert sie in ihrer Ost-Berliner Dissertation von 1976 auch ausdrücklich ein.[79] 'Parteiisch' ist hier

---

[78] Müller: Die Übertragung fremdsprachigen Filmmaterials. S.372.
[79] Wanschura-Nawroth, Dagmar: Funktion, Systematik und Methode der Filmsynchronisation in der entwickelten sozialistischen Gesellschaft der DDR. Diss. Berlin 1976.

im engeren Sinne zu verstehen, nämlich gemäß den Zielen der Sozialistischen Einheitspartei der DDR oder wie sie es häufig auch formuliert „im Dienste des proletarischen Internationalismus."[80] Ihr „Positionsbestimmungsversuch der Synchronisation ausländischer Filme"[81] lebt von ihren genauen Kenntnissen des Produktionsablaufs, die sie sich als Mitarbeiterin des VEB DEFA-Studios für Synchronisation in Berlin-Johannisthal erworben hat. So erfreulich es ist, daß hier zum ersten Mal die Dissertation einer Praktikerin vorliegt, so ärgerlich ist der ideologische Ballast, den diese Arbeit mit sich tragen mußte oder wollte. Dabei ließ schon der ambitionierte Titel „Funktion, Systematik und Methode der Filmsynchronisation in der entwickelten sozialistischen Gesellschaft der DDR" befürchten, daß einige Kapitel mit einem ausführlichen Zitat des Zentralkomitees der SED beginnen und über Kunst am liebsten mit Worten von Marx, Lenin oder Honecker geschrieben wird.

Es fehlen leider auch systematische Untersuchungen von Filmfassungen oder Produktionsabläufen. Statt dessen findet der Leser Produktions-kommentare, die sicherlich im einzelnen aufschlußreich sind, methodisch aber völlig fruchtlos bleiben. Wenig erfreulich sind außerdem die vielen normativen Aussagen, die zudem selten erahnen lassen, ob es sich um Positionen der Autorin handelt oder ob hier kollektive Vorgaben referiert werden. Kritik wird außerdem lediglich an unbedeutenden Details des Produktionsablaufs oder am kapitalistischen Westen geäußert. So krankt nach Meinung von Wanschura-Nawroth etwa Hesse-Quacks Studie zur Synchronisation daran, daß er den „Klassenkampf als wesentliches Element des Fortschritts in der bürgerlichen Gesellschaft" nicht „kennt."[82]

---

[80] Wanschura-Nawroth: Filmsynchronisation in der DDR. S.15.
[81] Wanschura-Nawroth: Filmsynchronisation in der DDR. S.11.
[82] Wanschura-Nawroth: Filmsynchronisation in der DDR. S.6.

Interessant an Wanschura-Nawroths Dissertation sind neben den Einblicken in die Praxis der Synchronisation der DDR vor allem ihre klaren Äußerungen zu Zielen und Grundsatzentscheidungen der DDR-Synchronisation. So überrascht etwa ihre eindeutige Ablehnung von Untertitel- und voice-over Fassungen. „Die Übertragung [...] durch Mittel wie Kommentar oder Untertitelung bringt so starke Informationsverluste und Einbuße im emotionalen Erleben mit sich," schreibt Wanschura-Nawroth, „daß sie prinzipiell nicht in Frage kommt."[83] Auf die problematische Ununterscheidbarkeit der Position der Autorin gegenüber der offiziellen Kulturpolitik, sowie der unerbittlichen Normativität ihrer Aussagen ist weiter oben schon hingewiesen worden. Beide Einschränkungen gelten auch für die von Wanschura-Nawroth in verstreuten Äußerungen geführte Diskussion über die Legitimität von Interpretation, Parteilichkeit und Veränderung eines Ursprungsfilms.

Als Ziele der Synchronarbeit nennt sie dabei drei Punkte: „Erhaltung des Originals, Verständlichkeit für das Publikum und Beachtung der Prinzipien der Kulturpolitik der DDR."[84] Über Punkt zwei führt sie an anderer Stelle aus, daß „mitunter Änderungen in der künstlerischen Ausdrucksform vorgenommen werden müssen" um „den Originalfilm in vollen Maße für das eigene Publikum wirksam zu machen."[85] Die mögliche Deutung, daß der 'Erhalt des Originals' hierarchisch unter der Verständlichkeit rangiert, wird durch eine andere Aussage umgekehrt: „Die nationale Psyche des Filmes muß so genau wie möglich erhalten werden, auch auf die Gefahr hin, daß es einige Zuschauer befremdet, sie es nicht verstehen."[86] Obwohl das erste

---

[83] Wanschura-Nawroth: Filmsynchronisation in der DDR. S.5.
[84] Wanschura-Nawroth: Filmsynchronisation in der DDR. S.48.
[85] Wanschura-Nawroth: Filmsynchronisation in der DDR. S.54.
[86] Wanschura-Nawroth: Filmsynchronisation in der DDR. S.42.

Ziel, der Erhalt des Originals über die Verständlichkeit dominieren soll, ist die dritte Zielvorgabe, die Anbiederung an die Politik, doch die wichtigste. Was die Kulturpolitik der DDR vorschrieb, wird dabei von der Autorin völlig unkritisch referiert. Da die Dissertation schwer zugänglich ist und extremere Standpunkte gegenüber Filmsynchronisation kaum jemals formuliert wurden, sei es an dieser Stelle erlaubt, etwas ausführlicher zu zitieren. Neben dem Erhalt des Originals und der Verständlichkeit gelten folgende Maximen:

„Filme, die auf marxistischer Grundlage basieren [...] aber nicht die entsprechende künstlerische Umsetzung erfahren haben, erhalten dann nach Möglichkeit eine Aufwertung im künstlerischen Sinne, um ihre Wirksamkeit im ideologischen Sinne zu erhöhen."[87]

Filme aus kapitalistischen Ländern werden in vier Gruppen gegliedert und entsprechend bearbeitet.

„Bei Werken des kritischen Realismus geht es ums Parteiergreifen für den Künstler, der sich ehrlich mit Erscheinungen der spätbürgerlichen Gesellschaft auseinandersetzt. Das verbietet Eingreifen und Manipulieren auf sozialistisch realistischer Basis."

Bei einer „verwaschenen kritischen Position" gilt es zweitens, die „gesellschaftskritischen Elemente" zu „verstärken." Bei der dritten Gruppe von kapitalistischen Filmen, die „künstlerisch schwach und ideologisch verwaschen" sind, hört die Toleranz der DDR-Synchronisateure offiziell auf: „Mit der Aufgabenstellung,

---

[87] Wanschura-Nawroth: Filmsynchronisation in der DDR. S.173.

sie aufführbar zu machen, erhalten sie schon eine unzulässige Aufwertung, denn sie werden dadurch wesentlich attraktiver als sie sind." Bleiben schließlich „antikommunistische Tendenzen" die „in welcher ästhetischen Form sie auch vorhanden seien [...] eliminiert" werden.[88]

Die Widersprüchlichkeit der drei Ziele 'Erhalt des Originals', 'Verständlichkeit' und Konformität mit der Kulturpolitik wird von Wanschura-Nawroth am Rande selbst erkannt. Sie formuliert in einem anderen Zusammenhang, „daß der wandelbare Grat bis zur künstlerisch nicht mehr zu verantwortenden Eingriffen oder bis zu politischen Manipulationen, wie sie Hesse-Quack oder Haffner aufzeigten, sehr schmal ist."[89] Sehr schmal war offensichtlich auch der 'wandelbare Grat' für eine wissenschaftliche Auseinandersetzung mit Synchronisation in der DDR. Daß Wanschura-Nawroth dabei abgestürzt ist, sollte man ihr nicht vorwerfen. Ihre Dissertation hat als Dokument durchaus seine Berechtigung, als wissenschaftliche Arbeit ist sie ein Trauerspiel. In gewisser Weise stellt die Arbeit eine Fortsetzung der Studie von Toepser-Ziegert dar. Während im Westen die Gleichsetzung von Werten der Synchronisateure mit denen der Gesellschaft aber lediglich postuliert wurde, sah sich Wanschura-Nawroth in Ost-Berlin damit konfrontiert, daß diese Gleichsetzung staatlich verordnet war.

Nach den Arbeiten von Toepser-Ziegert und Wanschura-Nawroth erschien im darauffolgenden Jahrzehnt nur die pedantische Untersuchung von Müller. Daneben fanden aber erstmals internationale Konferenzen zur Synchronisation statt. 1986 trafen sich Interessierte bei der Bavaria in München, 1987 lud die European Broadcasting Union Wissenschaftler und

---

[88] Wanschura-Nawroth: Filmsynchronisation in der DDR. S.174.
[89] Wanschura-Nawroth: Filmsynchronisation in der DDR. S.38.

40

Praktiker nach Schweden.[90] Erst Anfang der Neunziger Jahre belebte sich die Synchronisationsforschung erheblich, als in kurzer Folge die von Luyken herausgegebene Dokumentation des European Institute for the Media in Manchester, die Dissertationen von Garncarz und Whitman-Linsen 1992 und schließlich die Habilitation von Thomas Herbst 1994 erschien.

Die von Luyken 1991 herausgegebene Publikation des European Institute for the Media in Manchester 'Overcoming language barriers in television. Dubbing and subtitling for the European audience' hat den Anspruch, Praktikern in der europäischen Bearbeitungsindustrie durch viele Daten und Fakten zu helfen.

„This volume represents the first comprehensive overview covering all main Language Transfer methods (Subtitling, voice-over, narration, commentary, lip-synch dubbing) in a multi-disciplinary manner, examining their mechanics, economics, linguistics, audience and programme-related aspects as well as an appraisal of professional and training-related matters,"

verkündet Luyken stolz im Vorwort.[91] Tatsächlich liefert der Band erfreulich viele Fakten über Produktionsvolumina, Kosten, Arbeitsweisen, Zuschauerpräferenzen und weiteres mehr aus verschiedenen europäischen Ländern. Bei ästhetischen Fragen enttäuschen Luykens Ausführungen allerdings. Welchen Zweck etwa hat sein Vorschlag, Bearbeitungsformen bestimmten Genres zuzuweisen? So schlägt er vor, „that generally 'light modern drama' should be revoiced while 'cultural modern drama' should

---

[90] Einige Beiträge dieser Konferenz sind dokumentiert in der Zeitschrift EBU review. Programmes, Administration, Law. Volume XXXVIII, Number 6, November 1987.
[91] Luyken: Overcoming language barriers in television. S.i.

be subtitled."[92] Es ist absurd anzunehmen, daß sich die Branche solche Ideen zu eigen macht, auch wenn sie offensichtlich gut gemeint sind. „Shakespeare [...] should not be dubbed,"[93] mag zwar ein frommer Wunsch sein, eine Hilfe für Praktiker stellt er nicht dar. Die Konkurrenzfähigkeit der europäischen Medienindustrie gegenüber den USA, die Luykens Studie im Blick hat, läßt sich auf diese Weise wohl kaum stärken.

Auf andere Weise international ausgerichtet ist Candace Whitman-Linsens Saarbrücker Dissertation 'Through the dubbing glass. The Synchronization of American Motion Pictures into German, French and Spanish.'[94] Als hauptsächliches Untersuchungsmaterial dienen ihr dabei die spanische, französische und deutsche Fassung des Woody Allen Films „Crimes and Misdemeanors", bei deren Bearbeitung sie jeweils zugegen sein konnte. Als Linguistin gilt ihr Interesse leider ausschließlich den Dialogen bzw. theoretischen wie praktischen Fragen der Übersetzung. Ähnlich wie Hesse-Quack und Toepser-Ziegert, deren Ergebnisse sie meist unkritisch übernimmt, sucht auch Whitman-Linsen vornehmlich nach Fehlern, auch wenn sie dabei einen Schritt weitergehen möchte. „My interest," bekundet sie, „lies less in the specific errors made than in the linguistic trends detectable in these errors."[95] Dem „creative use of dubbing" widmet sie dagegen ganze 21 Zeilen.[96]

Positiv hervorzuheben sind Whitman-Linsens detailgenaue und kritische Analysen des Arbeitsvorgangs der Synchronisation, die auf vielfältige Weise in die Systematik der folgenden Kapitel

---

[92] Luyken: Overcoming language barriers in television. S.130.
[93] Luyken: Overcoming language barriers in television. S.130.
[94] Whitman-Linsen, Candace: Through the dubbing glass. The Synchronization of American Motion Pictures into German, French and Spanish. Frankfurt a.M., Berlin, Bern u.a.1992.
[95] Whitman-Linsen: Through the dubbing glass. S.15.
[96] Whitman-Linsen: Through the dubbing glass. S.167.

eingegangen sind. Richtig erscheinen auch ihre aus der Analyse hervorgegangenen Verbesserungsvorschläge. So spricht sie sich etwa dafür aus, auch in Deutschland Rohübersetzungen und Dialogbuch von einer Person erarbeiten zu lassen, wie dies in Frankreich und Spanien der Fall ist. Dies würde nicht nur Fehler vermeiden, sondern auch Zeit und Geld sparen helfen.[97] Durchaus überzeugen kann auch ihre Argumentation gegen die „primitive item-for-item strategy" der meisten Synchronübersetzungen.[98] Da sich Whitman-Linsen dabei auf Thesen von Thomas Herbst stützt, soll dieser Aspekt aber erst weiter unten diskutiert werden.

Die von Whitman-Linsen gewählten linguistischen Kategorien ihrer Übersetzungsanalysen erweisen sich für eine rhetorische Betrachtung als wenig hilfreich. Zu stark überlappen sich bei dieser 'Fehlersuche' Befund und Bewertung. Einige Kategorien sind nämlich wertfrei formuliert („Humor and word play"[99]), andere zielen ausschließlich auf negativ eingeschätzte Phänomene („Overtaxed lexical items", „Strange syntactic bedfellows", „Unstuck cohesion"[100]).

Die Dissertation des Kölner Soziologen Joseph Garncarz „Filmfassungen"[101] überzeugt vor allem durch die Analyse der Bearbeitung von moralisch und politisch anstößigen Motiven in ausländischen Spielfilmen. Seine genaue Recherche einzelner Vorgänge hat überdies Materialien für die Forschung erschlossen, die vorher unbekannt waren oder kaum beachtet wurden. Dies trifft auf den Schriftwechsel von Verleihern und Synchronfirmen, auf die Entwicklung der Filmkritik zu einzelnen Filmen wie auf die Heranziehung von Umfrageergebnissen zu.

---

[97] Whitman-Linsen: Through the dubbing glass. S.122.
[98] Whitman-Linsen: Through the dubbing glass. S.325.
[99] Whitman-Linsen: Through the dubbing glass. S.233.
[100] Whitman-Linsen: Through the dubbing glass. S.233.
[101] Garncarz, Joseph: Filmfassungen. Eine Theorie signifikanter Filmvariation. Diss. Köln 1990. Frankfurt a.M., Bern, New York, Paris 1992.

Die Voraussetzung seiner Theorie, daß nämlich „Filmfassungen immer Ergebnisse signifikanter, das heißt sinnvoller und nicht zufälliger Variationen sind," ist dabei erschreckend unverbindlich, wenn nicht gar banal.[102] Die Produkte menschlicher Arbeit fallen natürlich dem Publikum nicht vom Himmel aus zu. Ob Filmfassungen deswegen, im Gegensatz dazu oder parallel dazu 'voller Sinn' sind, läßt Garncarz außerdem offen. Will er sagen, daß Filmfassungen Produkte erwachsener Menschen sind, die vielleicht absichtsvoll handelten? Auch an anderen Stellen verstecken sich Banalitäten im Soziologen-Kauderwelsch: „Das Scheitern einer Variation," schreibt Garncarz, „muß ebenso wie die geglückte Anpassung eines Films an eine bestimmte Norm aus der Interdependenz der in den Prozeß der Variation involvierten Parteien erklärt werden."[103] Eine Synchronfassung wird von mehreren Menschen angefertigt, die sich einig, aber auch uneinig sein können, will Garncarz damit wohl sagen. Kurz darauf muß man in einer 'methodischen Anmerkung' lesen: „Die Variation eines Films richtet sich [...] entweder nach dem vermuteten Publikumsstandard oder nach dem Standard der Spezialisten."[104] Da es in Garncarz' Modell nur diese beiden Gruppen gibt und er beiden homogene Standards unterstellt, muß man sich fragen, nach wem sich die Variation sonst richten könnte. Daß Garncarz an dieser Stelle die staatliche Zensur nicht nennt, ist ein Makel der gesamten Arbeit. Schon der Begriff Zensur taucht nicht auf, geschweige denn, daß eine klare Trennung zwischen kommerziell und politisch begründeter Veränderung von Filmen vorgenommen würde.

Garncarz' Interesse gilt nicht so sehr der Synchronisation allgemein, sondern speziell den Fällen, in denen klare

---

[102] Garncarz: Filmfassungen. S.9.
[103] Garncarz: Filmfassungen. S.67.
[104] Garncarz: Filmfassungen. S.68.

44

Veränderungen zwischen Ursprungs- und deutscher Fassung festzustellen sind, was er 'Variationen' nennt. Seine Grundthese formuliert er wie folgt:

„Jede signifikante Variation eines Films ist als Normierung zu verstehen, also als Anpassung des jeweiligen Films an einen von außen gesetzten Standard, etwa an eine politische, moralische oder ästhetische Norm. Mittels eines textvergleichenden Verfahrens kann der Standard, an den ein Film angepaßt wurde, bestimmt, und mit Hilfe eines soziologischen Modells kann diese Anpassung erklärt werden."[105]

Problematisch erscheint diese optimistische These vor allem im Hinblick auf die angenommenen Normen und Standards. Wie schon Toepser-Ziegert schließt Garncarz individuelle oder gar willkürliche Entscheidungen bei der Synchronisation genauso aus wie mögliche Anachronismen. Die Theorie von homogenen Gruppen mit ähnlichen wenn nicht gleichen Entscheidungskriterien ist dabei für einen Soziologen eine conditio sine qua non. Für die Synchronisationsforschung kann diese Einschränkung aber erhebliche Folgen haben, da der Stil eines Synchronregisseurs, eines Studios, eines Verleihers oder Redakteurs völlig aus dem Blick geraten kann.

Die drei Normen, synonym dazu spricht er auch von Zielen oder dem Zweck von Synchronisationen, sind Verständlichkeit, moralische, politische oder religiöse Ideologie und Authentizität.[106] „Spezialisten der Variation beurteilen einen Film nach einer dieser Normen,"[107] schreibt Garncarz unpräzise. Denn nicht eine dieser Normen, sondern mehrere gleichzeitig spielen bei der 'Beurteilung' eine gewichtige Rolle. Daß der Singular

---

[105] Garncarz: Filmfassungen. S.10.
[106] Garncarz: Filmfassungen. S.18.
[107] Garncarz: Filmfassungen. S.14.

45

'eine Norm' keine Schludrigkeit der Formulierung ist, zeigt sich am Anfang der oben zitierten Passage: „Mit der Variation eines Films ist beabsichtigt, ihn an eine bestimmte Norm anzupassen."[108] Nur am Rande sei hier bemerkt, daß die von Garncarz genannten Ziele der Synchronisation den von Wanschura-Nawroth für die DDR proklamierten Zielen erstaunlich ähnlich sind: 'Authentizität' entspricht dem 'Erhalt des Originals', 'Verständlichkeit' wird von beiden gleich formuliert, 'Ideologie' wird lediglich auf verschiedene politische Weltanschauungen bezogen. Daß diese drei Normen oder Ziele wiederum den Beurteilungskriterien der Rhetorik weitgehend entsprechen, soll im 13. Kapitel erörtert werden.

Abseits des theoretischen Überbaus liegt der Wert von Garncarz' Dissertation in der Dokumentation und Analyse von einigen auch filmgeschichtlich bedeutsamen Synchronfassungen, darunter Chaplins „Gold Rush", „Casablanca" und „Les Amants". Erstaunlich ist dabei vor allem sein Nachweis, daß viele Veränderungen gar nicht in der Verantwortung der Freiwilligen Selbstkontrolle lagen, sondern von den Verleihern angestrebt wurden.

Statt auf Kinoklassiker richtet sich der Blick des Erlangener Anglisten Thomas Herbst auf massenwirksame Fernsehproduktionen. Nach einigen Aufsätzen zum Thema erschien 1994 seine Habilitation, die sich mit der Phonetik, Textlinguistik und Übersetzungstheorie bei der Synchronisation von Fernsehserien wie „Dynasty" oder „Yes Minister" beschäftigt.[109] Sein Material besteht fast ausschließlich aus englischsprachigen Ursprungsfassungen und ihren deutschen

---

[108] Garncarz: Filmfassungen. S.14.
[109] Herbst, Thomas: Linguistische Aspekte der Synchronisation von Fernsehserien. Phonetik, Textlinguistik, Übersetzungstheorie. Tübingen 1994. (Linguistische Arbeiten 318)

46

Bearbeitungen. Im Gegensatz zu anderen hier besprochenen Arbeiten beschränkt sich Herbst also auf die Erforschung wichtiger Teilaspekte des Phänomens Synchronisation. Bemerkenswert sind vor allem seine Erörterungen zur Frage der Stimmqualitäten, von Dialekten und Akzenten, Anglizismen, dem Stil von Synchrontexten und speziellen Übersetzungsproblematiken. Seine Ergebnisse sind dabei vielfach in den systematischen Teil dieser Arbeit eingegangen.

Methodisch erweitert Herbst das bisherige Spektrum der Synchronisationsforschung vor allem durch Zuschauertests, die er mit Studenten durchführte. So weist er etwa nach, daß Zuschauer durchaus in der Lage sind, allein „aufgrund der Lippenstellung Aussagen über die Lautqualität zu machen." Trotzdem zeigen seine Versuche, daß „Zuschauern beim Ansehen eines synchronisierten Filmes Asynchronien kaum auffallen."[110] Herbst bricht unter anderem durch solche Versuche mit dem lange angenommenen Prinzip, Synchrontexte müßten unbedingt enge Lippensynchronität, vor allem in Bezug auf Labiale, aufweisen. Er sieht „in der Regel einen ganz beträchtlichen Spielraum in Bezug auf Vokalqualität (und auch Vokallänge) ebenso wie in Hinblick auf Artikulationsart und Plazierung von Labialen." Es reiche aus, „wenn Labiale im Synchrontext in der Nähe von Labialen im Originaltext zu liegen kommen."[111]

Solche Befunde können durchaus seine 'Pragmatische Übersetzungstheorie' stützen, die er vor seiner Habilitation schon im EBU review zur Stockholmer Konferenz und in Luykens Studie separat veröffentlichte.

Herbst unterscheidet in seinem Aufsatz von 1987 bei den zu synchronisierenden Filmdialogen zwischen „plot-carrying

---

[110] Herbst: Linguistische Aspekte der Synchronisation. S.62.
[111] Herbst: Linguistische Aspekte der Synchronisation. S.49.

elements of meaning and atmospheric elements of meaning."[112] Unerheblich ist es für ihn, ob die wichtigen, handlungstragenden Äußerungen an der Stelle synchronisiert werden, an denen sie im Ursprungsfilm auftauchen. Ein Dialog kann mit dieser Prämisse viel freier übersetzt werden. Ob die Information über einen Hausbrand oder einen Ehebruch in den Zeilen 5-10 oder 12-17 eines Filmdialogs gegeben werden, ist für Herbst nämlich irrelevant. Zusammenfassend schreibt er, „the idea is quite simply to translate scene by scene rather than sentence by sentence."[113] Genau hieran schließt sich, wie oben erwähnt, Whitman-Linsen bei ihrer Kritik der 'primitive item-for-item strategy' vieler Synchronübersetzer an.

Da die Textarbeit nur 10% der Kosten einer Synchronisation ausmachten, hält Herbst seine pragmatische Übersetzungsstrategie auch für ökonomisch vertretbar. Sein wichtigstes Argument ist dabei, „that a pragmatic, plot oriented translation approach would contribute greatly to achieving higher text quality."[114]

Die Qualität der Synchrondialoge leidet seinen Studien nach nämlich vor allen Dingen an ihrer Nähe zur Schriftsprache und insgesamt an Unnatürlichkeit. Sein Ziel ist es entsprechend, größere Natürlichkeit der Synchrontexte möglich zu machen. Bei Versuchen, Herbsts Vorstellungen umzusetzen, zeigte sich allerdings, daß gerade die Synchronität von Schauspielerbewegung und Aussprache darunter erheblich leiden kann. Sobald Filmfiguren emotional bewegt reden, verhindert ihre Gestik und Mimik, daß ein 'plot-carrying element' aus den Sätzen 5-10 in die Sätze 12-17 einer Szene verschoben werden kann.

---

[112] Herbst, Thomas: A pragmatic translation approach to dubbing. In: EBU review. Volume XXXVIII. Number. 6. November 1987. S.22.
[113] Herbst: A pragmatic translation approach to dubbing.S.22.
[114] Herbst: A pragmatic translation approach to dubbing.S.22.

Dabei weiß Herbst recht gut um die Bedeutung der Schauspielerbewegungen und hält jede Synchronisationsübersetzung für einen Kompromiß zwischen Lippen- und Bewegungssynchronität sowie der Natürlichkeit der Sprache. Sein Verbesserungsvorschlag zielt allerdings vornehmlich auf größere Natürlichkeit der Dialoge. Die Synchronisation insgesamt muß deshalb nicht unbedingt davon profitieren. Positiv zu vermerken ist aber, daß hier zum ersten Mal aus wissenschaftlicher Sicht eine Abweichung der Synchrondialoge von der Ursprungsfassung, wenn auch in bestimmten Grenzen, zugestanden und sogar vorgeschlagen wird. Herbsts Zielvorstellung ist nicht mehr die genaue Reproduktion, sondern eine Neuschöpfung der Dialoge in deutscher Sprache.

Unter rhetorischer Perspektive ist eine solche Neuschöpfung der Dialoge dabei keine Forderung an die Branche, sondern Ausgangspunkt der Analyse. Für die Analyse bietet die Rhetorik außerdem mit der Figurenlehre und den Beurteilungskriterien Instrumente an, die flexibler und umfassender sind als die bisher in der Forschung vorgestellten Modelle. Getrennt werden kann auf diese Weise auch die Definition eines Synchronisationsphänomens von seiner Bewertung, sowie die Einschätzung einzelner Bearbeitungen von der Geschichte der Synchronisation insgesamt. Die Möglichkeiten und Grenzen einer solchen Betrachtungsweise sollen in den Kapiteln 4-13 dargestellt werden.

Die Einschätzung, ob oder wieweit die Synchronisation eines ausländischen Spielfilms reproduktiv oder schöpferisch ist bzw. sein darf, stellt die Gretchenfrage der Synchronisationsforschung dar. Die dargestellten Positionen der Linguisten Müller, Whitman-Linsen und Herbst wie der Soziologen Hesse-Quack, Toepser-Ziegert und Garncarz sollen im folgenden erstmals mit einer rhetorischen Perspektive konfrontiert werden. Des weiteren sollen im 13. Kapitel, das sich mit der Bewertung von Synchronfassungen beschäftigt, die kontrovers diskutierten Fragen erörtert werden, welche Priorität der interkulturellen Verständlichkeit zukommt und welche Auswirkung Synchronisation auf die Kultur eines Landes haben kann.

Die Synchronisationsforschung hat für solch umfassende Fragestellungen aber mehr theoretischen Ballast geliefert als konkrete Phänomene geschildert. Was Wolfgang Becker 1983 über die Filmanalyse insgesamt konstatierte, gilt 1997 für die Synchronisationsforschung: „Es gibt wahrscheinlich mehr Forderungen, daß und mehr Vorschläge [...] wie Filme analysiert werden müßten als es Analysen gibt."[115]

---

[115] Becker, Wolfgang u. Norbert Schöll: Methoden und Praxis der Filmanalyse. Untersuchungen zum Spielfilm und seinen Interpretationen. Opladen 1983. S.11.

II. Das System der Filmsynchronisation

4. Die Rhetorik der Filmsynchronisation

Synchronfassungen sind formal und inhaltlich selten äquivalent zu den jeweiligen Ursprungsfilmen. Sie weichen aus technischen, rechtlichen und finanziellen Zwängen wie aufgrund freiwilliger Entscheidungen voneinander ab. Der Ursprungsfilm steht zwar zeitlich immer vor der Synchronfassung, nicht unbedingt aber qualitativ darüber. Wenn man Ursprungs- und Synchronfassungen unter der Perspektive der Parteilichkeit betrachtet, eröffnet sich der Blick auf eine legitime schöpferische Eigenleistung der Synchronisation, die möglich, nicht aber notwendig ist. Die deutsche Fassung eines ausländischen Films kann schlechter, ähnlich oder auch besser sein, sie ist immer auch eine Interpretation.

Unter rhetorischer Perspektive ist es möglich, eine positive Leistung der Synchronisation, die über die Qualität der Ursprungsfilme hinausgeht, festzustellen. Innerhalb der Branche sind positive Urteile auch gar nicht ungewöhnlich, nur selten lassen sie sich allerdings so gut belegen, wie im folgenden Beispiel. „Es ist uns," wird Wenzel Lüdecke im Spiegel zitiert, „gelegentlich von unseren Auftraggebern bescheinigt worden, daß die deutsche Synchronisation besser war als die Originalfassung."[116]

Andererseits führt die Annahme, daß die Aufgabe der Synchronisation, wie die der literarischen Übersetzung, reproduktiv sei, sich also am objektiven Maßstab des Ursprungsprodukts zu orientieren habe, ausschließlich zu

---

[116] Synchronisation: völlig zerstört. In: Der Spiegel. Nr.18. 26.April 1971. S.186f.

negativen Einschätzungen. So versuchten Forscher wie Müller oder Whitman-Linsen auch nur die „Fehlleistungen"[117] oder „errors"[118], nicht aber die schöpferischen Leistungen der Synchronisation festzustellen. Unter der Perspektive der Reproduktion ist das Erreichen der Qualität des Ursprungsfilms nämlich das höchste Ziel der Filmbearbeitung. Es liegt somit schon vor der Analyse eine Bewertung vor, die den Befund prädestiniert.

Mit Hilfe der Rhetorik, deren Praktiken „ursprünglich dazu dienten, dem Redner vor Gericht und in der Volksversammlung die parteiische Darstellung des zur Debatte stehenden Falles zu ermöglichen"[119] kann dagegen versucht werden, die Arbeit von Synchronfirmen an ihrem eigenen Anspruch zu messen. Und dieser Anspruch beschränkt sich keinesfalls auf die Reproduktion. Die Einschätzung einer durch Dialoge, Musik und Geräusche angereicherten Fassung eines Stummfilms zum Beispiel scheint ohne die Prämisse einer neuen Wirkungsabsicht auch gar nicht möglich zu sein. Ein rhetorischer Ansatz zur Synchronisationsforschung unter der Prämisse der Parteilichkeit will also nicht von einem theoretischen Vorurteil ausgehen, wie das bisher mit dem Reproduktionsgebot getan wurde, sondern die Bewertung von Synchronfassungen aus der Analyse erst entwickeln.

Bei der Fülle der in Deutschland synchronisierten Filme und der Komplexität der technischen, rechtlichen, personellen und ästhetischen Aspekte bei der Synchronisation ist die Frage nach geeigneten Instrumenten für die Untersuchung von höchster

---

[117] Müller: Die Übertragung fremdsprachigen Filmmaterials. S.iii.
[118] Whitman-Linsen: Through the dubbing glass. S.15.
[119] Jens, Walter: Rhetorik. In: Reallexikon der deutschen Literaturgeschichte. Begr. von P. Merker u. W. Stammler. Hrsg. von Werner Kohlschmidt u. Wolfgang Mohr. Berlin, New York 1977. Band III. S.439.

Bedeutung. Statt der übermäßig verklausulierten und oft nur für den Einzelfall geeigneten Kategorien der bisherigen Forschungsansätze soll im folgenden erstmals die klassische rhetorische Theorie auf die Synchronisation angewendet werden. Als Modell zugrunde gelegt wird dabei die Ausarbeitung Quintilians.

Als legitim erscheint diese Übertragung insofern, als die Aufgaben des Rhetors in der Antike sich weitgehend mit denen der modernen Synchronbetriebe decken. „Zu unterrichten (docere), Leidenschaften zu erregen (movere) und zu unterhalten (delectare)"[120] versucht jeder Filmverleih, jeder Fernsehsender von Hollywood bis Babelsberg. Synchronbetriebe sollen durch die Bearbeitung ausländischer Filme diese Aufgaben oder Wirkungsabsichten der Auftraggeber umsetzen. In der Unterhaltungsindustrie tritt dabei sicherlich das docere gegenüber dem movere und delectare zurück. Bei der Bearbeitung ausländischer Dokumentar- und Nachrichtenfilme, die in dieser Arbeit allerdings nicht thematisiert werden sollen, überwiegt demgegenüber das docere.

Ähnliche Umstände wie der Rhetor der Antike trifft ein moderner Filmverleih auch in Bezug auf seine Adressaten an. Analog zur Volksversammlung auf dem römischen Marsfeld sieht er sich der Volksversammlung im Kino und jener vor den Millionen Fernseh- und Videogeräten gegenüber.[121]

Ein möglicher Einwand gegenüber dem Versuch, Rhetorik für die Analyse von Synchronisation nutzbar zu machen, besteht sicherlich darin, daß die bisher angeführten Analogien sich eher

---

[120] Ueding, Gert u. Bernd Steinbrink: Grundriß der Rhetorik. Geschichte, Technik, Methode. Stuttgart 1986. S.196.
[121] 1995 standen 32,2 Millionen Fernsehgeräte in deutschen Haushalten. vgl. Lakotta, Beate: Ausgeflimmert. In: Spiegel special. TV Total. Macht und Magie des Fernsehens. Nr.8 1995. S.134. Laut dem Filmstatistischen Taschenbuch 1994. S. 65 existierten in Deutschland Ende 1993 rund 20 Millionen Videoabspielgeräte.

auf die Parallelität der Filmproduktion zur Rhetorik beziehen, nicht so sehr auf die Synchronisationsforschung, deren Prinzip im Vergleich von zwei Filmfassungen besteht. Modell der Analyse soll allerdings sein, Ursprungs- und Synchronfassungen als theoretisch gleichberechtigte Filmfassungen nebeneinander zu betrachten. Ursprungs- und Synchronfassungen sollen als zwei Reden über das gleiche Thema verstanden werden. Die Unterschiede, die im Vergleich sichtbar werden, sind somit nicht per se Fehler der Synchronisation. Daß Synchronfassungen zum Teil anders sind als die Ursprungsfilme, ist eine Tatsache jenseits von Gut und Böse, auch wenn die bisherige Forschung davon ausging, daß Synchronautoren werkgetreu reproduzieren sollen.

Ein weiterer möglicher Einwand gegen das rhetorische Analysemodell ergibt sich aus seinem Alter. Quintilians bald zweitausend Jahre altes Lehrbuch mag auf den ersten Blick wenig Hilfreiches für das Verständnis moderner Medien bereitstellen können. Wie noch gezeigt werden soll, bewährt sich die rhetorische Textproduktions-Lehre, die Figurenlehre, das System der Wirkungsabsichten und der Beurteilungskriterien aber auch im Zusammenhang mit der vergleichenden Filmanalyse.

Der Versuch, rhetorische Instrumente für die Medienanalyse zu nutzen, wird erst seit wenigen Jahren unternommen. Noch 1978 lehnte Kuchenbuch rhetorische Begriffe als „unhandlich"[122] und „zu wenig trennscharf"[123] ab. Dabei bezog er sich allerdings auf die pseudo-rhetorischen Ansätze von Bonsiepe[124] und Kaemmerlink[125]. Unbewußt operiert aber auch Kuchenbuch mit

[122] Kuchenbuch, Thomas: Filmanalyse. Theorien, Modelle, Kritik. Köln 1978. S.56.
[123] Kuchenbuch: Filmanalyse. S.56.
[124] Bonsiepe, Gui: Visuell-verbale Rhetorik. In: Ulm 14-16. 1965. S.4ff.
[125] Kaemmerling, Ekkat: Rhetorik als Montage. In: Knilli, Friedrich (Hg.): Semiotik des Films. München 1971. S.94-109.

rhetorischen Einsichten, etwa wenn er die „Angemessenheit" der Zweck-Mittel-Relation im Film erörtert.[126]

Erste fruchtbare Ansätze, Rhetorik für die Filmanalyse zu nutzen, finden sich bei Kanzog[127] und seiner Schülerin Laussmann[128]. Letztere weist mit rhetorischen Analysemethoden nach, daß die Neuerung des 'film noir' auf der Ebene der elocutio, nicht der inventio stattfand.[129] Kanzog hält vor allem eine Adaption der Argumentations-, Tropen- und Figurenlehre sowie der Topik für sinnvoll. Die meines Wissens erste rhetorische Argumentationsanalyse eines Films hat Kanzog in seiner Einführung in die Filmphilologie anhand des 1940 entstandenen Nazi-Propagandafilms 'Feuertaufe' unternommen.[130] Da als Quelle Lausberg,[131] nicht Quintilian gewählt wurde, herrscht leider noch ein reduziertes Rhetorikverständnis vor. Sowohl bei Kanzog als auch bei Laussmann fällt außerdem auf, daß sie teilweise simple rhetorische Begriffe falsch verwenden. Noch fataler wird es allerdings bei Whitman-Linsen, die den Begriff rhetorisch ziemlich wahllos, wohl als Synonym für sprachlich, stilistisch benutzt. Es bleibt unklar, was sie mit „rhetorical impact", „rhetorical devices", „rhetorical weight", „rhetoric force" oder „rhetorical function"[132] im Einzelnen meint.

Wo nötig, müssen die grundsätzlichen Werkzeuge der Rhetorik natürlich auf die spezifischen Bedürfnisse der

---

[126] Kuchenbuch: Filmanalyse. S.76.
[127] Kanzog, Klaus: Einführung in die Filmphilologie. München 1991. (diskurs film; Münchner Beiträge zur Filmphilologie. Bd.4)
[128] Laussmann, Sabine: Strategien visueller Verrätselung im film noir. In: Bauer, Ludwig; Elfriede Ledig; Michael Schaudig (Hg.): Strategien der Filmanalyse. München 1987. (diskurs film; Münchner Beiträge zur Filmphilologie. Bd.1) S.47-58.
[129] vgl. Laussmann: Strategien visueller Verrätselung. S.51.
[130] vgl. Kanzog: Einführung in die Filmphilologie. S.97-108.
[131] Lausberg, Heinrich: Elemente der literarischen Rhetorik. München 1984.
[132] Whitman-Linsen: Through the dubbing glass. S.140, 141, 151, 233, 235.

Synchronisationsforschung zugeschnitten werden. Rhetorik wird im folgenden also verstanden als „ein für bestimmte Operationen [...] nutzbares Instrument, das der Ergänzung und Verfeinerung [...] bedarf, wenn der Zweck es erfordert."[133]

Der Zweck, Synchronfassungen zu untersuchen, macht eine solche Verfeinerung vor allem im Zusammenhang mit der Analyse von Bildern, Geräuschen und Musik erforderlich. Dabei hat sich die Rhetorik schon in der Antike mit der äußeren Erscheinung, der Stimme und Körpersprache der Redner auseinandergesetzt und somit einen Anfang auch einer nicht verbal-sprachlichen Rhetorik gemacht. So soll im weiteren also auch in Bezug auf den Film davon ausgegangen werden, daß nichtsprachliche Elemente Gegenstand der rhetorischen Analyse sein können, es sogar sein müssen, will man die Gesamtwirkung auf den Zuschauer erfassen.

Mit Wirkung ist hier auch schon das entscheidende Kriterium einer rhetorischen Analyse genannt, die sie vor allem von linguistischen Ansätzen unterscheidet. Die Wirkung einer Synchronfassung wird nämlich auch von Komponenten beeinflußt, die am Film selbst nicht nachweisbar sind. Dazu gehört etwa die Zeit, die zwischen der Aufführung des Ursprungsfilms und der Synchronfassung liegt, bei Chaplins „Der große Diktator" waren das zum Beispiel achtzehn Jahre! Diese für die Wirkung eines Films nicht zu unterschätzenden äußeren Faktoren sollen im folgenden unter dem Aspekt der Aufführungssituation behandelt werden.

Wie sich hier schon andeutet, gliedert sich die Darstellung der Produktions- und Rezeptionsbedingungen von Synchronfassungen nach rhetorischen Gesichtspunkten: Redner, Aufführungssituation, Arbeitsschritte und Publikum. Die

---

[133] Ueding/Steinbrink: Grundriß der Rhetorik. S.193.

56

Kenntnis der Produktions- und Rezeptionsbedingungen ist dabei Voraussetzung für eine praxisnahe Bewertung, etwa der Angemessenheit einer Bearbeitung. Der Entwurf eines Kategorienschemas zur Analyse von Synchronfassungen wie die Diskussion um Bewertungsmaßstäbe greift mit der Figurenlehre und den Beurteilungskriterien ebenfalls grundsätzliche Komponenten der antiken Rhetorik auf. Studien zur Rhetorik der Synchronisation sind in diesem Sinne eine Chance, das schon von Hesse-Quack beklagte Fehlen einer „eigentlichen Theorie der Massenkommunikation"[134] durch Rückgriff auf bewährte Fundamente ausgleichen zu können.

---

[134] Hesse-Quack: Der Übertragungsprozess bei der Synchronisation. S.37.

5. Die Produzenten: Filmverleiher, TV und die Studios

In der Perspektive der Rhetorik nehmen Filmverleiher, Fernsehsender und Synchronfirmen die Position von Rednern ein. Es handelt sich also nicht um Einzelne, sondern immer um eine Gruppe von Praktikern aus verschiedenen Sparten der Filmbranche, die die Entscheidungen über Art und Umfang der Bearbeitung eines ausländischen Films fällen und ihn dem Publikum vorstellen. Der Erfolg oder Mißerfolg ihres Produkts, ihrer 'Rede' stellt sich für sie in Form von Einspielergebnissen, Verkaufszahlen oder Einschaltquoten dar.

Filmeinkäufer, Archive und Festivals übernehmen zwar teilweise ebenfalls Funktionen des Redners, können allerdings an dieser Stelle wegen des geringen Umfangs ihrer Verantwortung für Synchronfassungen vernachlässigt werden. Kinos und Videotheken treten nur bei der Aufführung eines Films in Erscheinung und sollen deshalb auch erst an entsprechender Stelle behandelt werden.

Bezahlt und rechtlich verantwortet wird eine Synchronisation von Film- und Videoverleihern oder von Fernsehsendern. Synchronisationsfirmen arbeiten auf Auftragsbasis ohne finanzielles Risiko.

Am Anfang der Filmgeschichte wurden Filme noch nicht verliehen, sondern verkauft. Oft vermarkteten die Filmproduzenten ihre Filme selbst im Ausland. Durch die Uneinheitlichkeit der ersten Vorführgeräte mußte dabei immer auch die Maschinerie erworben werden, wollte man einen ausländischen Film in Deutschland zeigen. Als besonders geschäftstüchtig erwiesen sich die französischen Filmpioniere Lumière, die bereits im März 1896 ihr selbst entwickeltes Gerät und ihre eigenen Filme im Londoner Empire Theater präsentierten. In Deutschland war Köln ihre erste Station, nachdem sie mit der dortigen Deutschen Automaten-Gesellschaft Stollwerck & Co. einen Exklusivvertrag für die Vermarktung von Lumière-Filmen in Deutschland abgeschlossen hatten. Erst 1908 ging Georges Méliès dazu über, Filme nicht mehr zu verkaufen, sondern zu vermieten, was der Gründung des ersten Filmverleihs entsprach. Verflechtungen von Filmproduzenten und Verleihern, wie auch Kooperationen zwischen ausländischen und deutschen (Tochter-) Firmen existierten also in der Filmbranche von Anfang an.

Bis zur Einführung des täglichen Fernsehens in Deutschland Weihnachten 1952 waren Filmverleiher die einzigen Filmverwerter und damit auch die einzigen Auftraggeber von Synchronisationen im Spielfilmbereich. Je nach politischer Lage hatten ausländische Verleiher dabei mehr oder weniger Zugang zum deutschen Markt. Nach dem 2. Weltkrieg und dem Wegfall der Zensurgewalt der alliierten Militärgouverneure im Juli 1949 nahmen sowohl alte Verleiher der Weimarer Republik ihre Tätigkeit wieder auf, doch wurden auch neue Firmen gegründet, die zum Teil die Verleihtätigkeit der Besatzungsmächte übernahmen. 1975 existierten in der Bundesrepublik 130 Filmverleihfirmen, in denen knapp 1500 Beschäftigte einen Umsatz von 384 Millionen DM erwirtschafteten.[135] 1993 lag der Verleihumsatz bei 500,3 Millionen DM.[136] Kleine, auf bestimmte Genres spezialisierte Verleiher stehen dabei einigen wenigen marktbeherrschenden Firmen gegenüber, die oft ausschließlich Hollywoodproduktionen bestimmter Studios vermarkten. Die 50 populärsten Kinofilme des Jahres 1991 etwa wurden von nur 11

---

[135] vgl. Moths, Eberhard: Film und Wirtschaft. Bonn, Bundesministerium für Wirtschaft 1978. S.105.
[136] Filmstatistisches Taschenbuch 1994. S.7.

Verleihern in die Kinos gebracht. Auf die Marktführer Fox, Columbia, UIP und Warner entfielen allein 32 dieser 50 Filme.[137] Wie im gesamten Medienbereich besteht auch im Verleihgeschäft weiterhin die Tendenz zur Konzentration, auch im Sinne sogenannter vertikaler Gliederungen, bei denen von der Filmproduktion über den Verleih bis zu den Kinos alles in der Hand eines Unternehmens liegt. Durch immer aufwendigere Werbeetats und immer teurere Massenstarts von bis zu 600 Kopien pro Film werden die Marktchancen von kleineren, oft deutschen Verleihern drastisch reduziert. „In der Regel ist es für deutsche oder europäische Filme schier unmöglich sich gegen die starken Major-Firmen aus den USA durchzusetzen und in ein entsprechendes Haus zu kommen," resümiert Jetschin im Filmjahrbuch 1994. „Die Konzentration ist erdrückend."[138]

Seit den achtziger Jahren werden Filme zusätzlich auf Videokassetten verliehen und verkauft, oft von den gleichen Firmen, die auch im Kinogeschäft tätig sind. Der Umsatz des Videomarktes lag 1993 mit 1,57 Milliarden DM dreimal so hoch wie das Geschäft der Filmverleiher.[139] Über die Hälfte des Geldes wird dabei mit Kaufkassetten erwirtschaftet. Wenige Verleiher und wenige Filme beherrschen auch diesen Markt. Der Film „Pretty Woman" zum Beispiel wurde in Deutschland allein 800 000 mal auf Kassette verkauft.[140] Nachdem zunächst nur Filme nach ihrer Kinoauswertung auf Video herausgebracht wurden, erleben nun über 500 Filme jedes Jahr ihre Premiere auf Video.[141]

---

[137] vgl. Just: Filmjahrbuch 1992. S.361.

[138] Jetschin, Bernd: Das Filmjahr 1994 in Deutschland. In: Just, Lothar R. (Hg.): Filmjahrbuch 1995. München 1995. S.13.

[139] Filmstatistisches Taschenbuch 1994. S.63.

[140] Göckenjan, Gunter: Haben und sehen. In: tip. Berlin Magazin. 6/92. S.76.

[141] Nach dem Boom der Anfangsjahre um 1987 mit rund 2000 Videoneuerscheinungen im Jahr, sank diese Zahl bis 1993 auf knapp unter 1000 Videoneuerscheinungen, wovon mehr als die Hälfte Videopremieren waren, d.h. Filme, die zuvor nicht im Kino zu sehen waren. vgl. Filmstatistisches Taschenbuch 1994. S.64.

Dies heißt auch, daß diese Filme ausschließlich für den Videomarkt synchronisiert werden.

Filmverleihe haben sich seit ihren bescheidenen Anfängen zu vielschichtigen Vermarktungskonzernen entwickelt oder sind in Medienkonzerne integriert, die nicht nur Filme und Videos verleihen und verkaufen, sondern auch durch die Vermarktung der Filmmusik, von Buchfassungen und Lizenzen zum Verkauf von filminspirierten Puppen, T-Shirts und Spielzeug große Geschäfte machen.

Auch das Fernsehen als größter Filmabnehmer gehört zu den Kunden der Filmverleihe. 1997 suchen sechzehn deutschsprachige öffentlich-rechtliche Programme, sieben Privatsender und ein Pay-TV Kanal ständig Filme und auch Serien mit Spielhandlung für immer mehr Sendezeit. 1993 wurden laut Filmstatistischen Taschenbuch im deutschen Fernsehen auf 15475 Sendeplätzen 7953 Spielfilme gezeigt.[142] Mit Blick auf die Synchronisation sind dabei natürlich nur die Erstaufführungen ausländischer Filme und Serien von Belang. Festzuhalten bleibt aber, daß das Fernsehen heute der wichtigste Auftraggeber der Synchronisationsfirmen ist.

Wie viele Synchronisationsfirmen es in Deutschland gibt, ist unklar. Toepser-Ziegert spricht 1975 von „rund 40 Firmen"[143], das Handbuch der filmwirtschaftlichen Medienbereiche 1973 von nur 19 Firmen.[144] Das Problem liegt in der Definition von multifunktionalen Studios als Synchronisationsunternehmen. Daneben gibt es auch eine Vielzahl von kleinen Firmen, die

---

[142] Filmstatistisches Taschenbuch 1994. S.58. In Frankreich wurden 1992 dagegen nur 1500 Spielfilme im Fernsehen, inklusive der Privatsender gezeigt. vgl. Donner, Wolf: Medienkrieg. Teil 3. Europa der Eitelkeiten. In: tip. Berlin Magazin. 20/93. S.78.

[143] Toepser-Ziegert: Theorie und Praxis der Synchronisation. S.42.

[144] Roeber, Georg u. Gerhard Jacoby: Handbuch der filmwirtschaftlichen Medienbereiche. Pullach 1973. S.3.

abseits der Statistiken in speziellen Bereichen arbeiten. Auf die Feststellung von Müller, daß es in München „wohl sieben oder acht" Synchronisationsfirmen gäbe, meinte der Synchronautor Eberhard Storeck: „Mindestens dreißig! Mindestens. Aber davon kenne ich höchstens sieben. Die anderen machen eben kommerziellen Mist oder Pornos."[145]

Neben München und Hamburg konzentrieren sich die Synchronisationsfirmen in Berlin, wo sich in den neunziger Jahren rund 30 Firmen den Markt teilen.[146] In der DDR wurden „fast alle Synchronisationen ausländischer Filme" im VEB DEFA-Studio für Synchronisation Berlin-Johannisthal und in den beiden Außenstellen Leipzig und Weimar vorgenommen.[147]

Die Umsatzzahlen der Synchronbranche sind ebenfalls nicht exakt zu ermitteln. „Solche Statistiken sind schon aus Konkurrenzgründen der Öffentlichkeit nicht zugänglich," heißt es im Handbuch der filmwirtschaftlichen Medienbereiche lapidar.[148] Im Spielfilmbereich ließen sich entsprechende Zahlen zwar hochrechnen, „für die übrigen Filmkategorien läßt sich wegen der Vielfalt der Gruppierungen im Bereich des Instruktionsfilms und des überaus breit gefächerten Fernsehprogramms das Volumen auch nicht annähernd abschätzen."[149]

Synchronisationsfirmen sind entweder eigenständige Unternehmen oder Teil größerer Studiobetriebe. Im Studio Hamburg zum Beispiel werden neben Synchronfassungen auch Film- und Fernsehproduktionen durchgeführt. Deutsche Untertitelfassungen werden oft in Holland oder Belgien hergestellt, da es Ende der achtziger Jahre gar kein, seit Anfang

---

[145] Müller: Die Übertragung fremdsprachigen Filmmaterials. S.373.
[146] vgl. Pradetto, Wilma: Das schwarze Gewerbe. Ein Hollywoodfilm wird synchronisiert. Prod. SFB 1994. Sendung: N3 17.8.1994.
[147] Wanschura-Nawroth: Filmsynchronisation in der DDR. S.26.
[148] Roeber/Jacoby: Handbuch der filmwirtschaftlichen Medienbereiche. S.359.
[149] Roeber/Jacoby: Handbuch der filmwirtschaftlichen Medienbereiche. S.949.

der neunziger Jahre wieder einige wenige Untertitelstudios in Deutschland gibt.

In Synchronstudios entstehen nicht nur Sprachaufnahmen. Auch neue Bilder und 'credits' werden hier aufgenommen, wie auch die Montage von Bild und Ton, die Synchronisation im engeren Sinne, in den Studios durchgeführt wird. Synchronisationsfirmen nehmen also alle Arten von Bearbeitungen vor, weshalb im folgenden auch mit Synchronisation immer alle Arten der Bearbeitung gemeint sein sollen.

Einzelne Firmen, wie etwa das Studio Hamburg, als Tochterunternehmen des Norddeutschen Werbefernsehens (NWF), das wiederum ein Tochterunternehmen des NDR ist, gehören praktisch dem Fernsehen. So ist es kein Zufall, daß die vom NDR ausgestrahlte Serie „Magnum" im Studio Hamburg synchronisiert wurde. Verflechtungen der Synchronbranche mit Film- und Videoverleihern gibt es in dieser Form nicht, wohl aber enge Kooperationen. Jedes Synchronstudio hat Stammkunden unter den Verleihern, trotzdem ist der Konkurrenzdruck unter den Firmen groß.

Kooperationen gibt es daneben auch zwischen Verleihern und dem Fernsehen, indem man sich die Kosten für die Synchronisation zuweilen teilt. Bei Filmen wie Peter Greenaways „Drowning by numbers", die kein großes Kinogeschäft erwarten lassen, zahlt sich dies für beide Seiten aus. Der Verleiher spart Investitionen vor dem Kinostart, das Fernsehen umgeht die Gefahr, die gesamten Synchronisationskosten alleine tragen zu müssen, sollte kein Verleih das Risiko der Kinoauswertung eingehen. Zudem konnte in diesem Fall das ZDF seinem Publikum einen Film präsentieren, der im Kino bereits auf sich aufmerksam gemacht hatte. Die Fernsehfassung der „Verschwörung der Frauen" unterschied sich dann nur durch einen neuen Nachspann von der Kinofassung, die am 17.11.88

63

angelaufen war. Der neue Nachspann weist zwar allein das ZDF als Auftraggeber der Synchronisation durch die Interopa Film GmbH aus, gezahlt hat aber auch die Pandora Filmproduktions- und Vertriebs GmbH in Frankfurt. Laut Auskunft der zuständigen ZDF-Redakteurin Doris Schrenner ist diese Kostenteilung „ein Verfahren, das bei bereits angekauften, jedoch vorab im Kino gezeigten Filmen des öfteren genutzt wird."[150]

Deutsche Fassungen weichen im Kino, auf Video und im Fernsehen nur selten und dann unwesentlich voneinander ab. Ausnahmen von dieser Regel ergeben sich dann, wenn eine neue Aufführungssituation auch eine neue Synchronisation wünschenswert macht. Die immer neuen Fassungen von Chaplins Stummfilmen, wie auch die zweite Synchronisation von „Casablanca" im Auftrag der ARD 1975, sind Beispiele dafür.

Die Aufteilung der Position des Redners in ausführende Spezialisten (Synchronisationsfirmen) und verantwortliche Auftraggeber (Verleiher, Fernsehen) findet seine Parallele in der rhetorischen Praxis der Antike. So beklagt etwa Quintilian die Zustände zur Zeit des Sokrates: „War es doch damals besonders eingerissen, Reden für die Prozessierenden zu schreiben, die sie dann selbst als eigene vortrugen."[151] In Athen war eine solche Aufteilung der Aufgaben des Redners verboten, in der Filmbranche ist sie heute üblich.

---

[150] Persönliche Korrespondenz mit Doris Schrenner, Redaktion Spielfilm des ZDF, im Juni 1992.
[151] Quintilianus: Ausbildung des Redners. 2,16,10.

6. Der Import von Spielfilmen (inventio)

„Inventio ist die Bezeichnung für das Auffinden der Gedanken und stofflichen Möglichkeiten, die sich aus einem Thema bzw. aus einer Fragestellung entwickeln lassen."[152] Diese erste Aufgabenstellung an einen Redner setzt dabei die Existenz des Themas schon voraus. Wie kommt es aber zu einer solchen Themenstellung für den Synchronisationsprozeß? Ähnlich wie bei einem Gerichtsprozeß wird der Synchronisateur entweder mit dem Thema von außen konfrontiert, er muß sich damit auseinandersetzen, oder aber er beschäftigt sich freiwillig damit, er strengt selbst ein Verfahren an. Verleiher wie Warner oder Fox stehen oft in der Pflicht, die teuren Produktionen ihrer amerikanischen Mutterkonzerne in Deutschland synchronisieren zu lassen. Im Falle von extrem teuren Produktionen wie „Batman" steht es außer Frage, daß der Film für den deutschen Markt synchronisiert werden muß. Die großen amerikanischen Filmproduzenten spielen rund 35% ihres Umsatzes außerhalb der USA ein[153], wobei Deutschland einen der wichtigsten Auslandsmärkte darstellt, dessen Erlös fest einkalkuliert wird. Unabhängige Verleiher und auch das Fernsehen importieren dagegen ein Thema, einen ausländischen Film, in der Regel aus eigenem Anspruch.

Dabei unterliegen alle einer Reihe von Einschränkungen, von denen die jeweiligen finanziellen Grenzen sowie die Verleih- bzw. Sendekapazitäten die wichtigsten sind. Daneben wacht auch der Staat über den Filmimport.

Vor dem ersten Weltkrieg regelte noch keine Kontingentierung die Einfuhr von Filmen, so daß „Deutschland mit einem enormen

---

[152] Ueding/Steinbrink: Grundriß der Rhetorik. S.195.
[153] Hughes, Kathleen A.: You don't need subtitles to know foreign films have the blues. In: Wall Street Journal. 5.März 1991. S.B1.

Angebot von Filmen überschwemmt wurde."[154] Ausländische Filme dominierten also den deutschen Markt von Anfang an. Bis zur Jahrhundertwende kamen Filme aus Frankreich, England, Italien und den USA ins deutsche Reich. Kurz vor dem ersten Weltkrieg machten Importe 85% des Marktes aus.[155] Nach Ausbruch des Krieges wurde im September 1914 die Beschlagnahmung ausländischer Filme durch die Polizei verfügt. Der Import von Spielfilmen wurde von da an streng überwacht und 1916 ganz verboten.

In der Weimarer Republik wurde wieder mit wachsendem Eifer importiert. Bei langen Spielfilmen stieg der Anteil ausländischer Produkte von 39,4% auf 56,2%. Im gleichen Zeitraum 1923 bis 1929 stieg der Anteil ausländischer Kurzspielfilme sogar von 61,7% auf 98,5%.[156] Kontingentierungen und Kompensationsmöglichkeiten konnten diese Importschwemme nicht bremsen. Zunächst war für den Spielfilmimport nur eine Freigabe durch den Reichskommissar für Ein- und Ausfuhrbewilligung nötig. Zum Schutz der deutschen Filmwirtschaft wurde 1921 ein nach Metern bemessenes Einfuhrkontingent festgesetzt. Ein weiterer Versuch, die ausländische Konkurrenz einzudämmen, wurde 1925 mit der Einführung der Kompensationsmöglichkeit unternommen. Jede Firma, die einen deutschen Film herstellte, erhielt einen Kontingentschein zum Import eines ausländischen Streifens. Das Ergebnis war katastrophal. Es entstanden unzählige deutsche Billigproduktionen, die nur zum Erhalt eines Kontingentscheins gedacht waren. Ein solcher Kontingentschein konnte weiterverkauft werden und 50 000 bis 100 000 Reichsmark einbringen. „Auf solchen nicht ganz geraden Wegen gelangten

---

[154] Zglinicki, Friedrich von: Der Weg des Films. Hildesheim 1979. S.358.
[155] Zglinicki: Der Weg des Films. S.359.
[156] Zglinicki: Der Weg des Films. S.412.

mehr als 500 ausländische Spielfilme jährlich auf den deutschen Filmmarkt," berichtet Friedrich von Zglinicki.[157] Ab 1928 wurden dementsprechend wieder feste Kontingente für den Import definiert. 1928 durften 170 ausländische Spielfilme importiert werden, 1929 210.[158] Da das Genfer Abkommen für freien Welthandel von 1927 Kontingentierungen eigentlich ausschloß, wurde die Maßnahme nicht ökonomisch, sondern kulturell begründet. Nicht die Marktchancen der deutschen Filmwirtschaft sollten geschützt werden, sondern das nationale und kulturelle Interesse gewahrt.[159] Ganz in diesem Sinne wurde 1930 das „Gesetz über die Vorführung ausländischer Bildstreifen" formuliert.

„Der deutsche Lichtspieltheaterbesucher hat [...] einen Anspruch darauf, die ihn berührenden Lebensfragen von Künstlern dargestellt zu sehen, die zu seinem eigenen Kulturkreis gehören, und sein Bedürfnis nach Bildung und Unterhaltung durch ihm geistig und kulturell nahestehende Menschen befriedigt zu wissen,"

heißt es in der amtlichen Begründung.[160] Wie Klaus-Jürgen Maiwald richtig feststellt, war dem Faschismus ab 1933 durch solche Gesetze bereits der Boden bereitet. Die Wiedereinführung der Filmkontingentierung durch die Nazis bedurfte nicht einmal neuer Rechtsnormen. „Die republikanischen Filmgesetze vermögen ohne Schwierigkeit, die antisemitische, anti-sozialistische und undemokratische Politik des Faschismus zu tragen," schreibt Maiwald.[161]

---

[157] Zglinicki: Der Weg des Films. S.418.
[158] Maiwald, Klaus-Jürgen: Filmzensur im NS-Staat. Dortmund 1983. S.38.
[159] vgl. Maiwald: Filmzensur im NS-Staat. S.38.
[160] zitiert nach Maiwald: Filmzensur im NS-Staat. S.39.
[161] Maiwald: Filmzensur im NS-Staat. S.39.

Goebbels Kulturpolitik erlaubte zunächst den Import von maximal 105 ausländischen Spielfilmen pro Spieljahr, ab 1936 waren theoretisch bis zu 175 Importe möglich. Auf den Kinoleinwänden wurden diese Zahlen aber nie erreicht. Zwischen 1933 und 1938 waren durchschnittlich 79 ausländische Spielfilme pro Jahr im Reich zu sehen, während des Krieges sanken selbst diese Zahlen noch einmal erheblich. 1942, nach dem Importverbot von Filmen aus den USA, waren aber immer noch 30 ausländische Produkte unter insgesamt 87 gezeigten Filmen.[162] Während der gesamten Nazidiktatur entsprach der Anteil ausländischer Spielfilme am deutschen Filmmarkt rund 33%.[163]

Für die DDR der 70er Jahre gibt Wanschura-Nawroth den Anteil ausländischer Filme mit 85-90% an.[164] Die Importzensur galt dabei vornehmlich für westliche Produkte. Umgekehrt wurden in der Bundesrepublik ausschließlich Ostblockfilme mit Importverboten belegt. Durch § 5 Abs.2 des Verbringungsgesetzes war in den 50er und 60er Jahren die Anmeldung und Vorlage eines jeden Importvorhabens beim Bundesamt für gewerbliche Wirtschaft vorgeschrieben. In 122 Fällen wurde keine Einfuhrgenehmigung erteilt.

Mittlerweile ist die Vorlage des Films keine Pflicht mehr, und die reine Meldepflicht bedeutet heute für Filmimporteure nur einen unproblematischen bürokratischen Akt.

Quoten für die Einfuhr von ausländischen Filmen gibt es in der Bundesrepublik nicht, obwohl sie nach § 17 des Außenwirtschaftsgesetzes jederzeit eingeführt werden können, „um der Filmwirtschaft des Wirtschaftsgebiets ausreichende Auswertungsmöglichkeiten auf dem inneren Markt zu

---

[162] vgl. Maiwald: Filmzensur im NS-Staat. S.123.
[163] Maiwald: Filmzensur im NS-Staat. S.137.
[164] Wanschura-Nawroth: Filmsynchronisation in der DDR. S.28.

erhalten."[165] Kurzzeitig gab es eine solche Quote auch, die den Anteil des deutschen Films im Kino auf 27% festlegte. 1951 wurde diese Regelung auf Verlangen der USA allerdings wieder fallengelassen. In den 50 Jahren konnten ausländische Filme in Deutschland 50% des Umsatzes erwirtschaften und diesen Anteil kontinuierlich bis auf 90% in den neunziger Jahren steigern.[166] Die Anzahl importierter Filme spielt für den Umsatz kaum eine Rolle. Die Zahl der deutschen Produktionen im deutschen Kino hat sich seit den fünfziger Jahren nämlich kaum verändert.[167] Ihr Umsatzanteil aber ist von 50% auf 10% gesunken.[168] Im Fernsehen lag Ende der 80er Jahre der Anteil ausländischer Produkte bei den Serien und Spielfilmen zwischen 66% (bei ARD und ZDF) und 80% (bei RTL und SAT 1).[169]

Potentiell kann seit den 50er Jahren jeder ausländische Film nach Deutschland importiert und damit zum Thema werden. Unproblematisch ist in der Regel auch, wann ein Film als ein ausländischer zu gelten hat. Bei Koproduktionen mehrerer Länder, wie etwa bei der Verfilmung von Umberto Ecos „Der Name der Rose", ist dies allerdings zunächst nicht zu entscheiden. Die einzelnen Bestimmungen für die Definition eines deutschen bzw. ausländischen Films, wie sie unter anderem das

---

[165] Hartlieb, Horst v.: Handbuch des Film-, Fernseh- und Videorechts. München 1984. S.291.

[166] Einschließlich der Reprisen konnten deutsche Produktionen 1952 sogar 62% des gesamten Verleihumsatzes erzielen. Im Durchschnitt der 50er Jahre lag der deutsche Anteil am Verleihumsatz aber bei 50%. vgl. Roeber/ Jacoby: Handbuch der filmwirtschaftlichen Medienbereiche. S.288. Das Absinken des deutschen Anteils am Verleihumsatz bis auf 16,7% im Jahr 1989 dokumentiert das Filmstatistische Taschenbuch 1990. S.16. Laut TV today 9/95. S.49 lag der Marktanteil einheimischer Produktionen 1992-1994 bei durchschnittlich 9,2%.

[167] vgl. Roeber/Jacoby: Handbuch der filmwirtschaftlichen Medienbereiche. S.284.

[168] vgl. Anmerkung Nr.14.

[169] vgl. die Stichprobe von Thomas Herbst 1989. In: ders. Linguistische Aspekte der Synchronisation von Fernsehserien. S.26. Seit 1989 ist die Eigenproduktion der großen privaten Sender allerdings erheblich gestiegen.

Filmförderungsgesetz vorsieht, sollen hier nicht thematisiert werden. Im Rahmen dieser Arbeit bleibt lediglich festzuhalten, daß rechtlich ein Film die Anerkennung als nationaler Film in mehreren Staaten erhalten kann, „Der Name der Rose" etwa in Frankreich, Italien und Deutschland. Wenn bisher verkürzt von 'ausländischen Filmen' als Untersuchungsgegenstand gesprochen wurde, so schließt dies Filme mit deutscher Beteiligung also nicht aus.

Aus welchen Ländern stammen nun die Importe? Im Kaiserreich lag Frankreich mit 30% knapp vor den USA (25%) und Italien (20%). Der Rest der Importe stammte vorwiegend aus Dänemark und England.[170] In der Weimarer Republik bis zum Tonfilm konnten die USA eine vorherrschende Rolle einnehmen, da sich ihre Produkte in 20 000 amerikanischen Kinos bereits amortisiert hatten und Filme von Chaplin oder Griffith zu „konkurrenzlos niedrigen Preisen auf den europäischen Markt" geworfen werden konnten.[171] Auf diese Weise „gelang Amerika schließlich die Eroberung des Weltmarktes bis zu 97%".[172] Mit der Einführung der Tonfilme brach diese Vorherrschaft durch das neue Problem der Fremdsprachlichkeit der Dialoge zusammen. Ausländische Filme hatten es dementsprechend schwer, wurden ab 1933 zusätzlich kontingentiert und zensiert.

In den Besatzungszonen nach 1945 waren die jeweiligen Siegermächte Hauptlieferanten von Spielfilmen. In die Ostzone bzw. die DDR wurden von 1945 bis 1955 185 sowjetische, aber nur 1 amerikanischer Film importiert.[173] Umgekehrt verlief die Entwicklung in der Bundesrepublik, wo heute die USA sowohl

---

[170] Zglinicki: Der Weg des Films. S.359.
[171] Zglinicki: Der Weg des Films. S.612.
[172] Zglinicki: Der Weg des Films. S.413.
[173] Fraenkel, Heinrich: Unsterblicher Film. Die große Chronik. Vom ersten Ton bis zur farbigen Breitwand. München 1957. S.217.

bei der Fernsehunterhaltung wie auch in den Sparten Kino und Video Hauptlieferant der Themen sind. Von den 50 kassenträchtigsten Kinofilmen des Jahres 1991 etwa kamen 42 aus den Vereinigten Staaten,[174] was einem Marktanteil von 80% entspricht.[175]

Zusammen mit den britischen, kanadischen und australischen Importen sieht sich die deutsche Synchronbranche also vor allem englischsprachigen Filmen gegenüber. Man könnte meinen, daß dies die Synchronarbeit erleichtert, doch stellt der Synchronregisseur Gert Rabanus fest, daß „aus keiner uns leicht zugänglichen Sprache [...] das Synchronisieren so schwer [ist] wie aus dem Englischen."[176]

Rabanus äußerte dies mit Hinweis auf die andersartige Syntax des Englischen. So ist die Frage nach Art, Umfang und Charakteristik der Sprache des Ursprungsfilms der erste Schritt der inventio nach dem Import eines ausländischen Films als Thema für die zu produzierende Synchronfassung. Die Gesichtspunkte, mit deren Hilfe ein Thema auf seine Möglichkeiten hin untersucht werden kann, sind schon in der antiken Rhetorik systematisiert worden. Eine solche Topik läßt sich in abgewandelter Form auch für die Untersuchung von ausländischen Filmen entwerfen. Der Produzent einer Synchronfassung kann sich folgender Topoi bedienen:

1. Sprache
Art und Umfang der Dialoge im Film machen unterschiedliche Vorgehensweisen notwendig. Westafrikanische Dialekte wie

---

[174] vgl. Just: Filmjahrbuch 1992. S.361.
[175] Jetschin, Bernd: Das Filmjahr 1994 in Deutschland. In: Just, Lothar R. (Hg.): Filmjahrbuch 1995. München 1995. S.11.
[176] Rabanus, Gert: Shakespeare in deutscher Fassung: Zur Synchronisation der Inszenierungen für das Fernsehen. In: Deutsche Shakespeare-Gesellschaft West. Jahrbuch 1982. S.72.

literarische Kunstsprachen, etwa die in „A clockwork orange",
erfordern Spezialisten. Kunstsprachen in Steinzeitfilmen, zum
Beispiel in „Quest of fire" brauchen nicht übersetzt zu werden.
Filme ohne Worte, etwa „Le Bal", können schnell und preiswert
bearbeitet werden. Mehrsprachigkeit, zum Beispiel englisch und
indianisch in „Dances with wolves" kann übernommen oder
eliminiert werden. Bedacht werden muß auch, daß die Funktion
deutscher Dialoge in ausländischen Filmen durch Synchronisation
verloren gehen kann.

Keine Rolle spielte dieser Topos bis zur Einführung der
Stummfilmzwischentitel 1907. Bis zum Anfang des Tonfilms
1929 war er von untergeordneter Bedeutung.

2. Texte im Bild

Stummfilmzwischentitel müssen untertitelt, übersprochen oder
durch neue ersetzt werden. Gleiches gilt für Textinformationen in
Filmbildern, etwa die Schlagzeilen in „Citizen Kane".

3. Sex

Ein Film kann für das Vorabendprogramm zu viele und für
Samstag Nacht zu wenige Darstellungen von sexuellen
Handlungen beinhalten.

4. Gewalt

Art und Umfang von Gewaltdarstellungen sind entscheidende
Faktoren für die Altersfreigabe durch die FSK und die Eignung
für bestimmte Sendeplätze.

5. Politik

Auf Anspielungen auf den Nationalsozialismus und
kommunistische Propaganda in ausländischen Filmen wurde

speziell in den 50er und 60er Jahren sehr genau geachtet. Die Verherrlichung des Ku-Klux-Klans könnte heute die Gemüter in ähnlicher Weise erregen.

6. Kulturbesonderheiten

Ein Film über eine Baseballmannschaft oder die japanische Teezeremonie macht unter Umständen zusätzliche Erklärungen notwendig. Auch ein spezifischer Humor kann sich gegen eine Routinebearbeitung sperren. Unter Umständen mag man deshalb auf bestimmte Szenen oder Serienfolgen verzichten. Umgekehrt kann man auch noch ungenutzte komische Möglichkeiten entdecken.

7. Darsteller

Ein bisher in Deutschland unbekannter Film zum Beispiel mit Errol Flynn kann nicht mehr mit der gewohnten Synchronstimme bearbeitet werden. Synchronsprecher mit bestimmten Schauspielerbindungen aus den Anfängen der Synchronisation stehen meist nicht mehr zur Verfügung. Die Verwendung alter Filmausschnitte in „Dead men don't wear plaid" macht die Synchronisation in gleicher Weise problematisch.

8. Laufzeit

Filme mit Überlänge reduzieren die Zahl der möglichen Kinovorstellungen am Tag. 15minütige Kurzfilme von Chaplin passen umgekehrt nicht in das Programmschema des Fernsehens. Bei einer Serie mit in sich abgeschlossenen Episoden kann außerdem auf einzelne Folgen verzichtet werden. Von „Star Trek" zum Beispiel sendete das ZDF nur 40 der ersten 80 Episoden.

9. Musik

Musik kann so mit den Dialogen vermischt sein, daß sie bei der Synchronisation verloren geht. Filmmusik kann auch nicht zugänglich sein oder fehlen.

Musik zu Stummfilmen war zwar immer üblich, ist aber nicht auf einer Tonspur des Zelluloids festgehalten. Bei Liedern ist die Popularität und Qualität der Stimmen zu beachten. Die Gesangseinlagen von Elvis Presley oder Marilyn Monroe zum Beispiel sind oft die ausschlaggebenden Faktoren für die Qualität und Popularität eines Films.

10. Geräusche

Auch Geräusche können so mit den Dialogen oder der Musik vermischt sein, daß sie bei der Synchronisation verloren gehen.

11. Vor- und Nachspann

Die Schrifteinblendungen des Filmtitels und der an der Produktion beteiligten Personen, die credits, laufen teilweise über handlungsrelevanten Bildern. Sie zu bearbeiten ist problematisch. Credits in nicht-lateinischen Lettern können das Publikum irritieren.

Jeder Filmverleih, jeder Fernsehredakteur ist gehalten, diese Gesichtspunkte bei der Analyse des ihm vorgegebenen oder von ihm ausgewählten Themas zu beachten. Entscheidungen über die Form der Bearbeitung werden von ihm erst im zweiten Schritt, der dispositio, gefällt und „jeder Topos eröffnet verschiedene, sogar entgegengesetzte Argumentations-möglichkeiten."[177] Wie der Bearbeiter sich entscheidet, hängt unter anderem davon ab, für welche Aufführungssituation er einen Film synchronisiert.

---

[177] Bornscheuer, Lothar: Topik. Zur Struktur der gesellschaftlichen Einbildungskraft. Frankfurt a.M. 1976. S.43.

7. Die Aufführungssituation

Der Zeitpunkt, zu dem ein Film synchronisiert wird, der Ort, für den er bestimmt ist, sowie die rechtlichen und politischen Umstände konstituieren analog zur Redesituation die Aufführungssituation.

Der jeweils herrschende Zeitgeist beeinflußt dabei schon die Produktion der Ursprungsfilme, um schließlich bewußt oder unbewußt auch auf die Synchronisation einzuwirken. Bei der Fülle von politischen Ideen, ästhetischen Konzepten und Wertvorstellungen in den letzten hundert Jahren lassen sich die jeweils für die Synchronarbeit relevanten Erscheinungen des Zeitgeistes aber nur im Einzelfall bestimmen.

Von entscheidender Bedeutung für die Synchronisation ist noch ein anderer Zeitfaktor, nämlich die 6-12 Wochen, die die Bearbeitung eines ausländischen Films in Anspruch nimmt. Nur in seltenen Fällen läuft deswegen ein Film gleichzeitig im Ursprungsland und in Deutschland an. Für den Erfolg eines Films, der inhaltlich auf die Vorweihnachtszeit abgestimmt ist, kann diese Differenz zwischen seiner Premiere im Ursprungsland und der im Ausland aber entscheidend sein. Im Februar ist eine Weihnachtsgeschichte ebenso unpassend wie die deutsche Fassung eines Columbusfilms 1993. Speziell bei Produktionen, die auf Jahrestage, Jubiläen, Jahreszeiten, Festtage oder Großereignisse zugeschnitten sind und auf ein verstärktes öffentliches Interesse an bestimmten Themen zu einem bestimmten Zeitpunkt setzen, ist die terminliche Planung einer Synchronisation und des nachfolgenden Kinostarts wichtig. Mit der Synchronisation muß deshalb in bestimmten Fällen schon vor der Premiere im Ursprungsland begonnen werden.

Nicht selten dauert es jedoch Jahre, bis ein Film in Deutschland synchronisiert und gezeigt wird. Die Tatsache, daß Chaplins „Großer Diktator" wie auch „Casablanca" nach ihrer Premiere in Amerika nicht sofort nach Deutschland kamen, ist durch die Inhalte und das Einfuhrverbot für amerikanische Filme ab 1941 leicht erklärt. Aber auch nach 1945 ließen viele Filme noch jahrelang auf sich warten. Chaplins Hitlersatire kam 1958, Lubitsch' „Sein oder Nichtsein" erst 1960 nach Deutschland.

Neben dem jeweiligen Zeitgeist und dem Zeitpunkt der deutschen Premiere kommt beim Fernsehen ein dritter Zeitfaktor hinzu. Sendeplätze erfordern oft eine Mindest- bzw. Höchstlänge eines Films. Das Programmschema des Vorabendprogramms ist dabei in der Regel weniger flexibel als das des späten Abends. Die in Zeitschriften ausgewiesenen Sendezeiten reduzieren sich zudem durch Programmhinweise und Ansagen noch einmal geringfügig. Eine typische Serienfolge darf deshalb nur rund 43 der ursprünglichen 45 Minuten dauern.

Fernsehen, Kino und Video sind die drei wichtigsten 'Orte', für die eine Synchronfassung bestimmt sein kann. Und obwohl sie sich durch ihren privaten bzw. öffentlichen Charakter wie in Bezug auf Zusammensetzung und Erwartungshaltung des Publikums erheblich voneinander unterscheiden, nimmt die Synchronisation darauf kaum Rücksicht. Aus Kostengründen läuft in der Regel die gleiche Synchronfassung in allen drei Sparten, an allen drei Orten. Die Tatsache, daß Serien unter größerem Zeitdruck synchronisiert werden als Spielfilme, ist kein Unterschied, der sich aus der Aufführungssituation ergibt. Dies wäre nur der Fall, wenn eine Sexszene eigens für die Sendung im Fernsehen entfernt oder auch das Niveau der Sprache extra angehoben würde.

Auch Deutschland als übergreifende Ortsbestimmung für die Aufführungssituation wird einheitlich behandelt. Regionale

76

Unterschiede werden bei der Synchronisation nicht gemacht. Ein Film soll von Flensburg bis München gleichermaßen gefallen. Nicht verwunderlich ist es deshalb auch, daß bei Einschaltquoten und Statistiken über den Kinobesuch ganz selten nach Regionen oder Bundesländern differenziert wird. Dabei weist etwa die Popularitätskurve der „Sesamstraße" ein erhebliches Nord-Süd-Gefälle auf. Erklärt wird dies damit, „daß die Dialoge bei der Synchronisation der amerikanischen Szenen, vor allem aber bei den Neudreh-Szenen fast durchweg in norddeutschem Idiom gesprochen werden."[178] Für andere Serien liegen solche Untersuchungen leider nicht vor. Auch die aus der Besatzungszeit stammende Konzentration der Synchronbetriebe auf München, Berlin und Hamburg ist bisher noch nicht auf ihre Auswirkung auf die jeweilige Akzeptanz der Produkte hin untersucht worden. Festzuhalten bleibt an dieser Stelle zunächst, daß für die Synchronisateure ganz Deutschland als Aufführungssituation gilt. Eine Ausnahme bilden lediglich die in der DDR entstandenen Synchronfassungen, die speziell für die vorgeblich „entwickelte sozialistische Gesellschaft"[179] produziert wurden. DDR-Fassungen wurden für den bundesdeutschen Markt nicht immer übernommen.[180]

Zu den Umständen einer Aufführungssituation gehören das Film- und Fernsehrecht, staatliche Zensurmaßnahmen, nach dem 2. Weltkrieg die Kriterien der Freiwilligen Selbstkontrolle der Filmwirtschaft (FSK), der Freiwilligen Selbstkontrolle Fernsehen

---

[178] Kob, Janpeter: Lehren aus Sesamstraße. In: Fernsehen und Bildung. Internationale Zeitschrift für Medienpsychologie und Medienpraxis. Jahrgang 10 (1976) H.1/2. S.117.

[179] vgl. den Titel von Wanschura-Nawroths Dissertation: Funktion, Systematik und Methode der Filmsynchronisation in der entwickelten sozialistischen Gesellschaft der DDR.

[180] vgl. die Erörterung der ost- und westdeutschen Fassung von Krzystof Zanussis "Iluminacja" in Kapitel 17.

(FSF) und der Filmbewertungsstelle Wiesbaden (FBW). In all diesen Faktoren manifestiert sich auch der sonst schwer zu fassende Zeitgeist.

Obwohl Synchronfassungen erst nach ihrer Fertigstellung staatlichen Zensurbehörden oder der FSK und FSF vorgelegt werden, sollen diese Aspekte schon hier thematisiert werden, da Verleiher oftmals im vorauseilenden Gehorsam handeln. In Kenntnis bestimmter Zensurgrundsätze oder der Bewertungskriterien der FSK und FSF wurden und werden viele Eingriffe vor einer Prüfung vorweggenommen, nicht zuletzt, um teure und zeitraubende Änderungen und die entsprechende Wiedervorlage zu vermeiden. Gut belegt sind solche Vorgänge bei Garncarz. Die um 23 Minuten gekürzte und 'entnazifizierte' deutsche Fassung von „Casablanca" 1952 zum Beispiel wurde von Warner Brothers konzipiert, ohne daß die FSK davon Kenntnis hatte. In einem Brief des Verleihs an einen aufmerksam gewordenen Filmkritiker heißt es unter anderem: Da „Casablanca"

„in seiner Originalfassung nicht mehr zeitgemäß und nicht zur Vorführung in Deutschland geeignet war, haben wir bei der Synchronisation des Filmes verschiedene Schnitte bzw. Änderungen vorgenommen, bevor der Film der Freiwilligen Selbstkontrolle vorgelegt wurde."[181]

„Casablanca" wurde von der FSK am 24.6.1952 in der deutschen Synchronfassung geprüft und ohne jede Beanstandung freigegeben. „Die Variation selbst blieb der FSK verborgen."[182] Die Bedeutung von Zensur- und Prüfstellen liegt in ihrer Potenz, nicht unbedingt in ihrem tatsächlichen Handeln.

---

[181] zitiert nach Garncarz: Filmfassungen. S.103.
[182] Garncarz: Filmfassungen. S.103.

Die Zensurgeschichte des Films in Deutschland beginnt 1906 in Berlin mit der polizeilichen Verordnung einer Kinematographenzensur. Wie ein zeitgenössischer Jurist feststellt, wird nämlich

„die öffentliche Ordnung und Sittlichkeit durch Kinematographentheater noch weit leichter als bei den Theatern gefährdet, da die üblichen Kinematographen-vorstellungen jedes höheren Interesses der Kunst und der Wissenschaft entbehren, wegen ihres geringen Eintrittspreises breiten Bevölkerungsschichten zugänglich sind, insbesondere auch gerade von der sittlich am meisten gefährdeten Jugend besucht werden."[183]

Um die öffentliche Ordnung im Kaiserreich zu schützen, besuchte bei Programmwechsel jeweils ein Polizist die Vorstellung und „stellte nach Besichtigung fest, ob ein Film vorgeführt werden durfte oder nicht."[184] Diese willkürlichen und zunächst auf einen Ort beschränkten Entscheidungen betrafen dabei ausländische wie deutsche 'Lichtspiele'. Zur Vereinheitlichung in Preußen erschienen ab 1911 zweimal wöchentlich die verbotenen Filmtitel im Preußischen Zentral-Polizeiblatt. Andere Länder folgten bald mit eigenen Bestimmungen, übernahmen gewohnheitsmäßig aber die Zensurentscheidungen aus Berlin und München.

Nach dem 1. Weltkrieg beseitigte der Revolutionäre Rat die Zensur zwar am 12.11.1918, mit dem Reichslichtspielgesetz von 1920 wird sie aber erneut eingeführt. Die Zulassung, heißt es dort,

„ist zu versagen, wenn die Prüfung ergibt, daß die Vorführung des Bildstreifens geeignet ist, die öffentliche Ordnung oder

---

[183] Müller-Sanders, Hans: Die Kinematographenzensur in Preußen. Leipzig 1912. S.13.
[184] Zglinicki: Der Weg des Films. S.555.

Sicherheit zu gefährden, das religiöse Empfinden zu verletzen, verrohend oder entsittlichend zu wirken, das deutsche Ansehen oder die Beziehungen Deutschlands zu auswärtigen Staaten zu gefährden."[185]

Ein prominentes Opfer wurde Eisensteins „Panzerkreuzer Potemkin", der zunächst verboten, dann mit der Auflage der Bearbeitung belegt wurde. Wie Wolfgang Petzet in seiner Streitschrift von 1931 formuliert, gewann nämlich die Oberprüfstelle

> „aus den spontanen Beifallskundgebungen des Publikums die Überzeugung, daß der Bildstreifen geeignet sei, durch Unterhöhlung des Autoritätsprinzips in Heer und Marine den Bestand des Staates und seiner Machtmittel zu gefährden, was eine Gefährdung der öffentlichen Sicherheit bedeute."[186]

Die vom Reichsinnenministerium während der Weimarer Republik ernannten Filmprüfer sollten in der Folgezeit auch alle Importe genau begutachten und dabei viele Bilder, Szenen, Sequenzen und ganze Filme verbieten. Sich als Importeur darauf einzustellen, war aufgrund der von Petzet festgestellten „Widersprüche", der „Unberechenbarkeit" und „Ziellosigkeit" der Zensur äußerst schwierig.[187] Das Lichtspielgesetz war so dehnbar formuliert, daß „so gut wie alles verboten werden" konnte.[188] „Ob und wie ein Film die Zensur passiert," schreibt Petzet, „ist eben [...] ein Glücksspiel."[189]

---

[185] zitiert nach Petzet, Wolfgang: Verbotene Filme. Eine Streitschrift. Frankfurt a.M. 1931. S.19.
[186] Petzet: Verbotene Filme. S.26.
[187] Petzet: Verbotene Filme. S.54.
[188] Petzet: Verbotene Filme. S.52.
[189] Petzet: Verbotene Filme. S.54.

Die von der Zensur 1931 verlangten Kürzungen des Antikriegsfilms „Im Westen nichts Neues" offenbaren den eindeutig politischen Charakter der Weimarer Filmzensur, die sich während der Nazidiktatur noch verschärfte. Zu diesem Zweck mußten die bestehenden rechtlichen Möglichkeiten lediglich ergänzt, keinesfalls neu geschaffen werden. Das neue Lichtspielgesetz von 1934 weist so viele Parallelen zur Weimarer Zeit auf, daß Maiwald es als „vierte Novellierung des Lichtspielgesetzes von 1920" einordnet.[190] Alle alten Verbotstatbestände wurden übernommen, zusätzlich durfte das „nationalsozialistische, sittliche und künstlerische Empfinden [...] nicht verletzt werden."[191] Filme mit ´jüdischer Beteiligung´ wurden dementsprechend meist komplett verboten. Um auch alte Filme zensieren zu können, wurden alle vor dem 30. Januar 1933 in Deutschland zugelassenen Filme pauschal verboten und mußten so noch einmal die Zensur, diesmal durch Goebbels 'Ministerium für Volksaufklärung und Propaganda' durchlaufen. Ab 1935 konnte zunächst Goebbels, später auch der selbsternannte 'Führer' persönliche Willkür walten lassen und Filme zensieren oder verbieten. „Wurde die Verbotswelle von 1933 noch oberflächlich juristisch gerechtfertigt," faßt Maiwald die Zeit der Nazidiktatur zusammen, „zeigte sich insbesondere nach 1935, daß auf formaljuristische Verbrämung verzichtet und jede Maßnahme nicht dem Recht, sondern der politischen Effizienz und Opportunität untergeordnet wurde."[192]

Politische Opportunität spielte auch die entscheidende Rolle bei der von den jeweiligen Militärgouverneuren verantworteten Filmzensur 1945-1949. Ähnlich, wenn auch in der DDR öffentlich nicht thematisiert, funktionierte die Filmkontrolle in der

---

[190] Maiwald: Filmzensur im NS-Staat. S.83.
[191] zitiert nach Maiwald: Filmzensur im NS-Staat. S.83.
[192] Maiwald: Filmzensur im NS-Staat. S.192.

DDR. Die Grundsätze der Bearbeitung ausländischer Filme in der DDR sind im 3. Kapitel bereits aufgeführt worden.

Komplizierter zu beachten waren und sind für die Verleiher die rechtlichen Verhältnisse der Bundesrepublik. Zwar gehört „die Filmfreiheit [...] zu den nach Artikel 5 GG geschützten Grundrechten der Meinungs- und Informationsfreiheit."[193] Doch diese

„Grundrechte finden ihre Grenzen in der sogenannten Schrankentrias des Artikels 2 GG (Rechte anderer, Verfassungsordnung und Sittengesetz) und in den allgemeinen Gesetzen (Artikel 5 Abs.2 GG), sowie den Vorschriften des Jugendschutzgesetzes (Artikel 5 Abs.2 GG). Verfassungsrechtliche Schranken sind vor allem die Würde des Menschen und der Schutz der Familie und Gesetzesschranken die einschlägigen Strafgesetze."[194]

Für die Synchronisation von Filmen sind vor allem vier Paragraphen des Strafgesetzbuches bedeutsam. § 80 stellt Hochverrat, die Förderung nazistischer Tendenzen oder das Aufreizen zu politischen Straftaten unter Strafe. § 131 verbietet „grausame Schilderungen, die Gewaltverherrlichung oder Gewaltverharmlosung zum Ausdruck bringen."[195] Der Tatbestand, daß ein Film im Wilden Westen, in Hongkong oder auf einem fernen Planeten spielt, mildert dabei rechtlich eine Gewaltverherrlichung. Aus diesem Grund braucht also nicht jede erfolgreiche Geiselnahme aus einem Film herausgeschnitten zu werden. § 166 richtet sich gegen die Beschimpfung von Bekenntnissen, zum Beispiel religiösen Anschauungen. Die

---

[193] Hartlieb: Handbuch des Film-, Fernseh- und Videorechts. S.1.
[194] Hartlieb: Handbuch des Film-, Fernseh- und Videorechts. S.1.
[195] Hartlieb: Handbuch des Film-, Fernseh- und Videorechts. S.4.

Beschimpfung muß aber so gravierend sein, „daß durch sie der öffentliche Friede gestört werden könnte."[196] § 184 schließlich verbietet, daß pornographische Filme in normalen öffentlichen Filmvorführungen gezeigt werden, wobei Pornographie ein „unbestimmter Rechtsbegriff" ist, „der einer Auslegung bedarf."[197] Die Abtrennung der speziellen Pornokinos von anderen 'Lichtspielhäusern' hat auch die Abkapselung der Synchronisation dieser Filme vom Rest der Branche bewirkt.

Sowohl das Fernsehen als auch die Film- und Videoverleiher haben sich dabei selbst zum Teil noch strikteren Vorgaben unterworfen. Aufsichtsgremien der öffentlich-rechtlichen Sender, auch die Ausschüsse der FSK, legen meist härtere Maßstäbe an als sie die Gesetze vorschreiben.

Die Freiwillige Selbstkontrolle der Filmwirtschaft, kurz FSK, wurde 1948 gegründet, um eine staatliche Filmzensur zu verhindern.[198] Laut Theo Fürstenau, der seit 1953 ständiger Vertreter des Bundes bei der FSK war, hatte sich „angesichts der suggestiven Wirkung des Films auf breite Volksschichten" die Notwendigkeit ergeben, „mögliche negative Einflüsse des Films einzudämmen."[199] In der Folge mußten viele ausländische Filme gekürzt oder umgetextet werden, um die Freigabe durch die FSK zu erhalten. Entziehen konnte sich der Prüfung durch die FSK niemand in der Filmbranche, ohne den wirtschaftlichen Bankrott zu riskieren. Ohne FSK-Freigabe durfte ein Film nicht im Kino gezeigt werden. Proteste gab es nur von Seiten der engagierten Filmpresse, etwa der Zeitschrift 'Filmkritik'. In den 60er Jahren

---

[196] Hartlieb: Handbuch des Film-, Fernseh- und Videorechts. S.13.
[197] Hartlieb: Handbuch des Film-, Fernseh- und Videorechts. S.8.
[198] Hermann Häfker, Filmpublizist und Vorsitzender des Vereins "Bild und Wort" beabsichtigte schon 1909 die Einführung einer "freiwilligen Selbstkontrolle", die aber nicht zustande kam. vgl. Zglinicki: Der Weg des Films. S.372.
[199] Fürstenau, Theo: Probleme der Freiwilligen Selbstkontrolle der Filmwirtschaft. In: Publizistik. 2.Jg. H.5. Sept./Okt. 1957. S.259.

erschien fast keine ihrer Ausgaben ohne einen bissigen Kommentar zu den neuesten Schnittauflagen oder Verboten, die durch die FSK ausgesprochen worden waren. Mit Recht wurde immer wieder von politischer Zensur gesprochen, etwa 1961 im Zusammenhang mit dem Verbot des Kurzfilms eines deutschen Studenten aus Paris mit dem Titel „Wen kümmert's". Laut FSK war dieser Film geeignet, „das angebahnte gute Verhältnis zu Frankreich zu trüben."[200] Außerdem würde „die Äußerung des dt. Studenten, der nach Ost-Deutschland gehen will, 'um sich die Freiheit zu erkämpfen und zu erbeißen', [...] vielerorts Verstimmung und Empörung auslösen."[201] Enno Patalas kommentierte die Verweigerung der Freigabe des Films durch die FSK, die praktisch einem Verbot gleichkam: „Wir haben eine politische Filmzensur. Ihr Prinzip ist die unbedingte Erhaltung des status quo."[202] Theo Fürstenau machte aus der politischen Ausrichtung der Selbstkontrolle auch gar keinen Hehl. 1957 schrieb er: „Es ist [...] unseren politischen Verhältnissen gemäß, wenn die Tendenzen des Kommunismus unnachsichtig an ihrer Ausbreitung gehindert werden."[203]

Obwohl die FSK eine staatliche Filmzensur verhindern wollte, übte sie sie praktisch aus. Vertreter des Staates saßen seit 1951 in allen Prüfungsausschüssen. Bund und Länder übertrugen der FSK zudem ausdrücklich die „Durchführung des Jugendschutzes auf dem Filmgebiet nach § 6 JSchG (Jugendschutzgesetz) und die Durchführung des Feiertagsschutzes auf diesem Gebiet gemäß den Ländergesetzen."[204] Auch die Kirchen sahen ihre Interessen immer wieder von der FSK vertreten. Zur Prüfung von Bunuels

---

[200] zitiert nach Patalas, Enno: Politische Zensur. In: Filmkritik. 1/61. S.1.
[201] zitiert nach Patalas: Politische Zensur. S.1.
[202] Patalas: Politische Zensur. S.2.
[203] Fürstenau: Probleme der Freiwilligen Selbstkontrolle. S.263.
[204] Hartlieb: Handbuch des Film-, Fernseh- und Videorechts. S.23.

„Viridiana" etwa wurden 1961 Vertreter der katholischen Kirche hinzugezogen, was den Film um 300 Meter kürzer werden ließ.[205]

1972 zogen sich Bund und Länder zwar nicht personell, aber ideell aus der Arbeit der FSK zurück, was eine deutliche Liberalisierung der Spruchpraxis und einen klaren Machtverfall zur Folge hatte. Seit 1983 haben sich offiziell auch die Videoanbieter der FSK unterworfen. Die Entscheidungen haben aber nur noch in Bezug auf die Freigabe für bestimmte Altersstufen und die Einordnung als Pornographie gemäß dem § 184 StGB eine Bedeutung. Sanktionen von der FSK brauchen heute weder Verleiher, Kinos noch Fernsehsender zu befürchten. 1993 hatten nur noch rund die Hälfte der im deutsche Fernsehen ausgestrahlten Spielfilme eine FSK-Prüfung durchlaufen.[206] Beim ZDF zum Beispiel heißt es in den Richtlinien zum Jugendschutz:

„Da Bewertungen von Filmen durch die FSK vielfach Jahre zurückliegen und heutigen Maßstäben sowie den veränderten Vorstellungen zum Teil nicht mehr gerecht werden, tritt an die Stelle der sonst bindenden FSK-Bewertung eine eigene Bewertung durch das ZDF."[207]

---

[205] So beschreibt es W. Götz in seinem Kommentar: Schneiden für die Kirche. In: Filmkritik. 1/62. S.1. Als Vergleichsmaßstab für den 2500 Meter langen "Torso" der deutschen Fassung gibt er die "rund 300 Meter" längere Fassung an, die 1961 in Cannes die Goldene Palme gewann. 300 Meter einer 35mm Kopie machen rund 10 Minuten Differenz aus. Laut dem "Lexikon des Internationalen Films" betrug der Unterschied der 1962 von 'Die Lupe' herausgebrachten Fassung mit 88 Minuten gegenüber dem "Original: 90 Min." aber nur 2 Minuten. Diese Unstimmigkeit in Bezug auf das 'Original' macht deutlich, wie wichtig eine genaue Definition der Vergleichsfassung ist.

[206] Filmstatistisches Taschenbuch 1994. S.62.

[207] Friccius, Enno: Richtlinien für die Sendungen des ZDF. In: ZDF Jahrbuch 1989. S.187.

Eine ähnlich bedeutsame Rolle für die Gestaltung deutscher Filmfassungen wie die FSK spielte lange Jahre die ebenfalls in Wiesbaden residierende Filmbewertungsstelle. Gegründet wurde sie im August 1951 durch Beschluß der Länder einschließlich West-Berlins zur „Schaffung einheitlicher Unterlagen für die steuerliche Behandlung von Filmen und zur Förderung des guten Films."[208] Zu diesem Zweck vergibt die FBW seitdem die Prädikate „wertvoll" und „besonders wertvoll", die den Erlaß der Vergnügungssteuer für den so ausgezeichneten Film bewirkt.

Vergnügungssteuer wird in Deutschland seit 1913 auf den Kinobesuch erhoben. Steuerermäßigende und steuerbefreiende Prädikate existieren ebenfalls schon seit Jahrzehnten. Von den Nationalsozialisten wurden sie laut Maiwald dabei „nicht so sehr als Einnahmequelle, sondern als Instrument der Beeinflussung benutzt."[209]

Durch die Filmbewertungsstelle Wiesbaden vermochte auch die junge Bundesrepublik indirekt Einfluß auf Filmfassungen zu nehmen. Die mögliche Steuerersparnis pro Film konnte nämlich bis zu 1 Million DM betragen, wodurch das große Interesse der Verleiher an den Prädikaten verständlich wird. Schnittauflagen oder andere 'Änderungswünsche' der FBW nahm man dafür gerne in Kauf.

Seit dem Ende der 60er Jahre hat sich allerdings neben der FSK auch die Bedeutung der FBW geändert. Zunächst sank der Vergnügungssteuersatz von 24% im Jahr 1948 auf 1,8% im Jahr 1970, dann schafften die Länder Bayern, Berlin, Hamburg und Schleswig-Holstein diese Steuer ganz ab. Da die staatliche Filmbewertung „allein vor dem Hintergrund ihrer wirtschaftlichen

---

[208] Geißler, Dieter: Filmzensur im Nachkriegsdeutschland. Diss. Osnabrück 1986. S.125.
[209] Maiwald: Filmzensur im NS-Staat. S.113.

86

Bedeutung ermessen werden"[210] kann, ist sie also vornehmlich für die Aufführungssituation der 50er und 60er Jahre von Belang. Weitere Versuche, durch Steuerpolitik auf die Filmbranche Einfluß zu nehmen, sind aber jederzeit denkbar. Mit der im Januar 1994 erlassenen 'Lex Porno' zum Beispiel wurde die Mehrwertsteuer auf Filme mit der FSK Freigabe 'ab 18 Jahre' bzw. Filme ohne jegliche FSK Freigabe von 7% auf 15% erhöht. Da auch viele künstlerisch anspruchsvolle Filme und nicht nur Pornographie von diesem Gesetz betroffen wurden, kam es allerdings schon im Sommer 1994 zu einer Revision des Gesetzes. Laut § 12 des Umsatzsteuergesetzes gilt nun der ermäßigte Steuersatz von 7% für die

„Überlassung von Filmen zur Auswertung und Vorführung sowie die Filmvorführungen, soweit die Filme nach § 6 Abs. 3 Nr.1 bis 5 des Gesetzes zum Schutze der Jugend in der Öffentlichkeit gekennzeichnet sind oder vor dem 1. Januar 1970 erstaufgeführt wurden."

Der angeführte Paragraph des Jugendschutzgesetzes legt fest, daß die oberste Landesbehörde Filme nach Altersstufen kennzeichnet, ähnlich wie dies die FSK getan hat.

Auf eine Diskussion der Bewertungskriterien der FBW muß an dieser Stelle verzichtet werden. Bei Einzeluntersuchungen über Synchronfassungen wie zum Beispiel „Der große Diktator" oder auch „Viridiana", die beide nur das Prädikat „wertvoll" und nicht „besonders wertvoll" erhielten, ist eine detaillierte Klärung der die Aufführungssituation mitbestimmenden FBW aber unumgänglich. Dabei ist die Einschätzung der Bedeutung der FBW- wie auch der FSK-Kriterien für eine Synchronisation nicht

---

[210] Geißler: Filmzensur im Nachkriegsdeutschland. S.129.

ohne Schwierigkeit zu leisten, wie die Fehleinschätzung Hesse-Quacks in Bezug auf „Yeah! Yeah! Yeah!" gezeigt hat. Die Beschlüsse und Begründungen der Prüfungskommissionen unterliegen zudem einer internen Geheimhaltungspflicht, so daß sie nur in Ausnahmefällen bekannt sind.

Die Bedeutung der FSK und FBW liegt insgesamt nicht so sehr in den auf ausdrücklichen Wunsch der Gremien vorgenommenen Änderungen von Filmen, sondern in ihrem Einfluß auf die allgemeinen Wertvorstellungen, dem sich Verleiher und Synchronisateure präventiv anschlossen. Zu Unrecht werden dabei die FSK-Prüfer häufig zu Buhmännern der deutschen Filmkunst gestempelt, oder umgekehrt die Synchronbranche als „Handlanger der Freiwilligen Selbstkontrolle"[211] bezeichnet. Die 'Entnazifizierung' von „Casablanca" aber auch von Hitchcocks „Notorious" geht schließlich auf die Initiative der amerikanischen Verleiher zurück, die die Veränderungen vielleicht auch ohne eine FSK vorgenommen hätten.

Noch schwer einzuschätzen ist die Bedeutung der im November 1993 vom Verband privater Rundfunk und Telekommunikation e.V. gegründeten Freiwilligen Selbstkontrolle Fernsehen e.V. Die FSF berät Privatsender vor allem bei der Einschätzung von Gewalt- und Sexdarstellungen und soll Konflikte mit der Bundesprüfstelle für jugendgefährdende Schriften (BPjS) und den jeweiligen Landesmedienanstalten verhindern. Die FSF rät oft zu Kürzungen, um zu gewalttätige oder zu erotische Filme doch noch in der werbewirksamen Prime Time vor 22 Uhr ausstrahlen zu können.

Die Einflußnahme des Staates auf Synchronisation manifestiert sich nicht nur in der FSK, der Bundesprüfstelle, den Landesmedienanstalten und der Steuerbegünstigung durch

---

[211] Synchronisation: völlig zerstört. In: Der Spiegel. Nr. 18. 26. April 1971. S.186.

88

Prädikate. Neben den Gerichten griffen auch verschiedene Bonner Ministerien in die Filmfreiheit ein. So verbot das Ministerium für Gesamtdeutsche Fragen die Vorführung von 5 Filmen der DEFA an der Universität Hamburg[212], genauso wie das Auswärtige Amt 1956 erfolgreich gegen die Vorführung des KZ-Dokumentarfilms „Nacht und Nebel" von Alain Resnais bei den Filmfestspielen in Cannes protestierte. In der Begründung durch den Filmreferenten des Auswärtigen Amtes, Dr. Franz Rowas, wurde zwar die „Anti-NS-Tendenz" des Films begrüßt, aber auch reklamiert, daß der Film „durch seine nachdrückliche Erinnerung an die schmerzvolle Vergangenheit die internationale Harmonie des Festivals stören" könne.[213] Dieser Tatbestand berührt zwar nicht im engeren Sinne die Filmsynchronisation in der Bundesrepublik, dokumentiert aber eindrucksvoll das Selbstverständnis und die Einflußmöglichkeiten des Staates in der Nachkriegszeit.

Den Höhepunkt der staatlichen Einflußnahme stellt die Zensur ausländischer Filme durch den 'Interministeriellen Ausschuß' (IMA) dar. Zwischen 1954 und 1966 verbot dieses Gremium die Aufführung von 122 Filmen. Die rechtliche Handhabe ergab sich durch das Außenwirtschaftsgesetz und das 'Gesetz zur Überwachung strafrechtlicher und anderer Verbringungsverbote', das die Vorlage eines Films beim Bundesamt für gewerbliche Wirtschaft verlangte. Durch Rechtsverordnung wurden 1961 alle Länder bis auf 15 kommunistische Staaten von dieser Vorlagepflicht befreit. Der IMA prüfte die so vorgelegten Ostblockfilme „ohne Verfahrensregeln, erteilte in der Regel keine Begründungen und blieb auch in seiner personellen Zusammensetzung anonym."[214] Bis heute ist lediglich bekannt

---

[212] vgl. Geißler: Filmzensur im Nachkriegsdeutschland. S.67.

[213] zitiert nach: Ungureit, Heinz: Filmpolitik in der Bundesrepublik. In: Filmkritik. 1/64. S.9.

[214] Geißler: Filmzensur im Nachkriegsdeutschland. S.139.

geworden, daß im IMA Vertreter von sechs Bonner Ministerien saßen.

Ein typisches Opfer der Zensurtätigkeit des IMA war der nordvietnamesische Kurzfilm „Zwei Soldaten", der auf der Filmwoche Frankfurt gezeigt werden sollte. Laut Festivalleiter Herbert Stettner handelt der Film davon, „wie ein Nordvietnamese einen gefangenen Süd-Vietnamesen in die Gefangenschaft zu bringen hat, und unterwegs werden diese beiden Feinde nahezu Freunde."[215] Da der Film „auf heuchlerische Weise kommunistische Menschlichkeit zeigen"[216] würde, verbot der IMA seine Aufführung. Umgekehrt mußten aus Eisensteins „Aleksander Newskij" 1963 die Grausamkeiten der deutschen Ordensritter wegen ihrer 'Deutschfeindlichkeit' herausgeschnitten werden, was den Kampf des Großfürsten von Nowograd in einem ganz anderen Licht erscheinen läßt. „Der Fürst in der deutschen Fassung ist der Angreifer, dem 'Interministeriellen Ausschuß' ist somit das Unglaubliche geglückt: aus einem angeblich antideutschen Eisensteinfilm einen antikommunistischen zu machen," kommentierte Uwe Nettelbeck in der 'Filmkritik'.[217]

Erst 1966 strengte ein Verleiher eine Verwaltungsklage gegen den IMA an. Bis dahin riskierte es niemand, sich gegen die staatliche Zensur zu wehren. Die Klage wurde zwar sechs Jahre später abgelehnt, doch seit 1966 sprach der IMA bis zu seiner Auflösung im Jahr 1973 keine weiteren Verbote mehr aus. „Die Möglichkeit des BAW (Bundesamt für gewerbliche Wirtschaft), sich 'Propagandafilme' aushändigen zu lassen, besteht dagegen bis heute."[218]

---

[215] zitiert nach: Geißler: Filmzensur im Nachkriegsdeutschland. S.149.
[216] zitiert nach: Geißler: Filmzensur im Nachkriegsdeutschland. S.149.
[217] Nettelbeck, Uwe: Filmzensur. In: Filmkritik. 7/63. S.306.
[218] Geißler: Filmzensur im Nachkriegsdeutschland. S.166.

Die nationalsozialistische Vergangenheit Deutschlands wie auch die Ost-West-Konfrontation haben also in vielerlei Hinsicht die Bedingungen, unter denen Filme synchronisiert wurden, beeinflußt. Nur zum Teil haben sich die politischen Empfindlichkeiten dabei in Institutionen wie der FSK oder der Filmbewertungsstelle manifestiert. Auch die beim Publikum allgemein verbreiteten Anschauungen gehören zur jeweiligen Aufführungssituation. Nur vor diesem Hintergrund betrachtet, werden die Entscheidungen, die bei der dispositio getroffen werden, verständlich.

8. Formen der Bearbeitung (dispositio)

Unter dispositio soll der Arbeitsschritt verstanden werden, bei dem über die grundsätzliche Struktur der zu erstellenden Synchronfassung entschieden wird. Die Ergebnisse der inventio spielen in dieser Planungsphase ebenso eine Rolle, wie die sich aus der Aufführungssituation ergebenden Rücksichten.

Grundsätzlich lassen sich deutsche Filmfassungen in 4 Gattungen einteilen:

1. Fassungen mit deutschen Sprechern
   - synchrone Fassungen
   - voice-over Fassungen
   - Kommentarfassungen
2. Untertitelfassungen
3. Zwischentitel-/Kartonfassungen
4. Kooperationsfassungen

Zu 1. Eine Fassung mit deutschen Dialogen und dem Anspruch der Lippensynchronität ist die seit den 30er Jahren am häufigsten angestrebte Präsentationsform. Sie stellt die zeitaufwendigste und durch die Gagen für die deutschen Sprecher auch teuerste Bearbeitungsform dar. Lippensynchrone Fassungen sind die beim deutschen Publikum mit Abstand populärste Synchronisationsform, da sie die Illusionswirkung einer Filmhandlung weitgehend erhalten können und am bequemsten aufzunehmen sind.

Bei voice-over Fassungen bleiben die Originalstimmen erhalten, zeitversetzt werden deutsche Dialoge darübergesprochen. Diese im Dokumentar- und Nachrichtenbereich häufig eingesetzte Bearbeitungsform findet sich im Spielfilmbereich immer seltener.

Sie wird in der Regel nur gewählt, wenn die Dialoge des Ursprungsfilms mit Geräuschen und Musik vermischt sind, wie dies zum Beispiel bei dem senegalesischen Kurzfilm „Die Eselin Fary" der Fall war. Das ZDF gab deshalb eine voice-over Fassung in Auftrag, bei der drei Sprecher die Dialoge zeitversetzt auf deutsch 'übersprechen'. Die zuständige Redakteurin nannte dies auf Anfrage die 'pragmatische Lösung'. Auch fremdsprachliche Stummfilmzwischentitel können übersprochen werden. Der WDR machte 1983 auf diese Weise Kurzfilme von David Wark Griffith für sein Publikum verständlich.[219]

Ebenfalls im Stummfilmbereich sind die sogenannten Kommentarfassungen angesiedelt. In der Bearbeitung von Chaplins „The Cure" mit dem Titel „Die trunkenen Kurgäste" spricht Hanns Dieter Hüsch nicht nur den Zwischentiteln nachempfundene Dialogpartien, sondern kommentiert auch das Geschehen. Und dies vom Anfang, „Mit diesem Bericht wird ein trauriges Kapitel menschlichen Verhaltens aufgeschlagen," bis zum Ende: „Und damit war Charlie endgültig vom Alkohol gerettet."

Als Kommentarfassungen sollen auch die Filmpräsentationen mit Live-Erklärern in der Stummfilmzeit gelten. Ähnlich wie ein Impresario des Varietés kommentierte dabei der Veranstalter oder ein Angestellter Programm und Film.

Eine spezielle Art der Kommentarfassung stellen zusätzliche 'Audiodescriptionen' für Blinde und Sehbehinderte dar. Ein Erzähler aus dem OFF 'übersetzt' dabei wichtige visuelle Informationen eines Films in verbale Beschreibungen. Diese Verständnishilfe für Fernsehzuschauer könnte via einer externen Tonspur und eines Decoders empfangen werden. 1997 befindet sich diese Technik noch im Anfangsstadium.

---

[219] u.a. "Was sollen wir tun mit unseren Alten?"

2. Untertitelfassungen

Immer seltener werden heute Fassungen, bei denen Dialoge durchgängig untertitelt sind. Diese meist als 'Originalfassung mit Untertiteln' (OmU) angekündigten Fassungen sind zwar weniger kostenaufwendig herzustellen als lippensynchrone Fassungen. Spätestens seit den 60er Jahren haben sie ihre Anziehungskraft auf das breite Publikum aber verloren. In Ländern wie Dänemark oder Holland sind Untertitel aber immer noch die gängigste Bearbeitungsform.

Kaum zu vermeiden sind dabei quantitative Textverluste. Bei der von Müller analysierten Untertitelfassung von „Mad Dog" standen den 6324 Wörtern des englischen Dialogs 4316 Wörter (=68%) in den deutschen Untertiteln gegenüber.[220] Das auf Mounin zurückgehende „ungeschriebene Gesetz"[221] der maximalen Untertitellängen hält dabei einer Überprüfung nicht stand. Statt der von ihm als Obergrenze angegebenen 8 Buchstaben und Spatien pro Filmsekunde werden dem deutschen Zuschauer zum Beispiel in „Tote tragen keine Karos" bis zu 21 Zeichen pro Sekunde zugemutet.[222] Daß jeder einzelne Untertitel „72 Zeichen nicht überschreiten"[223] darf, ist zwar richtig. Die vom Zuschauer geforderte Leseleistung erschließt sich aber nur durch die Frequenz der Untertitel. Selbst bei angemessen kurzen Untertiteln in lesbarer Frequenz von etwa 10 pro Minute wird die Rezeption beeinträchtigt. Bei einem Versuch von d'Ydewalle ergab sich, daß Zuschauer bei zweizeiligen Untertiteln knapp 22%

---

[220] vgl. Müller: Die Übertragung fremdsprachigen Filmmaterials. S.145.

[221] So bezeichnet es Müller: Die Übertragung fremdsprachigen Filmmaterials. S.91.

[222] Die 70 Zeichen und Spatien in dem Untertitel "Weiß man's? Letztes Mal mußte ich/meinen Bruder aus dem Flugzeug stoßen." zum Beispiel muß der Zuschauer in 3,3 Sekunden lesen. ("Tote tragen keine Karos", TC: 0.06.21ff.)

[223] Mounin: Die Übersetzung. S.146.

der Filmzeit auf die Untertitel schauen und somit vom Gesamtbild abgelenkt werden. Ohne Untertitel verbringt das Auge nur etwa 2% der Zeit in diesem unteren Bereich des Bildes.[224] Das Verschwinden der Authentizität durch lippensynchrone Bearbeitung, was Vöge das „most important argument against dubbing" nennt, läßt sich also auch bei Untertiteln feststellen.[225] Aus linguistischer Sicht widerspricht Thomas Herbst dem Argument, daß Untertitel die Authentizität des Originals wahren. „Wahrung der Authentizität - in dem Sinne, daß Zuschauer, die die Ausgangssprache nicht beherrschen, charakterliche Eigenschaften oder Emotionen von Sprechern aufgrund des Originaltons zutreffend erkennen könnten -," schreibt er, „setzt aber eine Universalität suprasegmentaler und paralinguistischer Merkmale voraus, die nicht gegeben ist."[226]

Authentizität geht bei Untertiteln aber nicht nur durch den gelenkten Blick verloren, sondern auch dadurch, daß Untertitel, wie schon erwähnt, den Text kürzen und gesprochene Sprache in „written text" umsetzen.[227] Untertitelfassungen sind nicht mehr als ein Kompromiß, authentischer oder cineastisch wertvoller sind sie nicht.

Fassungen mit Videotext-Untertiteln sind bisher nur im öffentlich-rechtlichen Fernsehen zu sehen. Der Zuschauer hat dabei seit 1981 die Möglichkeit, bei ausländischen Filmen zusätzlich zur Synchronisation Untertitel zu lesen. Es ist wahrscheinlich, daß Videotext-Nutzer diese Untertitel nicht als

---

[224] d'Ydewalle, Gery: Watching subtitled television. Automatic reading behavior. In: Communication research. V. 18. Okt. 1991. Nr.5. S.656.

[225] Vöge, Hans: The translation of films: Sub-Titling versus dubbing. In: Babel. International Journal of translation. V. 23 1977. Nr.3. S.124.

[226] Herbst: Linguistische Aspekte der Synchronisation. S.20.

[227] Reid, Helen: The semiotics of subtitling, or Why don't you translate what it says? In: EBU review. Programmes, Administration, Law. Volume XXXVIII, Number 6, November 1987. S.28.

Alternative zur Synchronisation, sondern als einzige Verständnismöglichkeit ansehen. Die Besonderheit der Videotext-Untertitel liegt in der Ausrichtung auf gehörschwache bzw. gehörlose Menschen, so daß hier auch Geräusche untertitelt werden. Außerdem müssen auch die jeweiligen Sprecher der Untertiteltexte bezeichnet werden. Taube und gehörschwache Menschen können nämlich nicht zwischen männlichen und weiblichen, Kinder- oder Erwachsenenstimmen, sowie Erzähler- und Figurenrede unterscheiden. Außerdem sind in den Videotext-Untertiteln schwierige Metaphern zu vermeiden, die von Gehörlosen oft nicht verstanden werden.[228]

Die 1970 in Großbritannien entwickelten Videotext-Untertitel können auch für Übersetzungen genutzt werden. Da auf verschiedenen, auswählbaren 'Seiten' Untertitel in verschiedenen Sprachen eingegeben werden können, sind Videotext-Untertitel auch für mehrsprachige Länder oder Länder mit großen Einwanderungsgruppen interessant.

3. Zwischentitel-/Kartonfassungen

Eine typische Zwischentitelfassung ist die 1989 vom atlas Filmverleih herausgebrachte Chaplin-Bearbeitung „Die Kur". Die englischsprachigen Zwischentitel, die sogenannten Kartons, wurden aus dem Film herausgenommen und durch deutsche ersetzt. Diese aus der Frühzeit des Films stammende Bearbeitungsform hat in den letzten Jahren die Kommentarfassungen als bis dato gängigste Form der Stummfilmbearbeitung wieder verdrängt.

4. Kooperationsfassungen

---

[228] vgl. Walleij; Sylvia: Teletext subtitling for the deaf. In: EBU review. Programmes, Administration, Law. Volume XXXVIII, Number 6, November 1987. S.26-27 und Jancke, Oldwig: Erfahrungen mit Videotext. In: ZDF Jahrbuch 1982. S.94-98.

Mit Kooperationsfassung soll ein Film- oder Fernsehprogramm bezeichnet werden, das nur zum Teil ausländisches Material beinhaltet. Die „Sesamstraße" etwa besteht seit 1976 zur Hälfte aus deutschen Beiträgen, zur anderen Hälfte aus synchronisierten Puppenszenen und Realfilmen des amerikanischen Children's Television Workshop. Eine Kooperationsfassung ist auch „Charlie Chaplins Lachparade" von 1956. Fünf Kurzfilme von Chaplin aus den Jahren 1916-1918 werden hier in einer in Deutschland inszenierten Rahmenhandlung präsentiert. In dieser Rahmenhandlung wird eine 'Kinematographen-Galaschau' der Stummfilmzeit mit Pianist und Live-Erklärer nachempfunden. Der Kinobesitzer führt nicht nur von einem Film zum nächsten, sondern kommentiert auch zuweilen das Geschehen auf der Leinwand.

Neben den Fassungen mit deutschen Sprechern, Untertiteln oder Kartons finden sich Bearbeitungsformen, die die genannten Elemente kombinieren. Meist handelt es sich um Fassungen mit lippensynchronen Dialogen, die zusätzlich Untertitel für spezielle Sprachen, für Liedtexte oder Texte im Bild haben.

So wurden für die deutsche Fassung von „Dances with wolves" die englischen Dialoge deutsch synchronisiert, die indianischen Dialoge dagegen deutsch untertitelt. Sprachexklusive Untertitel wurden auch für die lateinischen Dialoge in „Der Name der Rose" verwandt. In beiden Fällen wurden die untertitelten Passagen zum Teil auch synchronisiert, um ein ständiges Wechseln zwischen ursprünglicher Stimme und Synchronstimme, einen sogenannten 'Stimmbruch', zu vermeiden.[229]

---

[229] Zu einem 'Stimmbruch' kommt es immer dann, wenn ein Synchronsprecher nicht alle stimmlichen Äußerungen einer Filmfigur synchronisiert. Zu hören sind also zwei Stimmen für eine Filmfigur. Dies geschieht oft durch nicht synchronisierte Lieder und auch bei aus der Ursprungsfassung übernommenen Reden, wie der von Chaplin im "Großen Diktator".

Kombiniert werden deutsche lippensynchrone Dialoge und Untertitel auch in vielen Musikfilmen. Entscheidend für die Wahl einer solchen kombinierten Bearbeitung ist die Bedeutung der jeweiligen Liedtexte für das Verständnis der Handlung. So konnte etwa bei den Liedern der Beatles in „Yeah! Yeah! Yeah!" auf eine Untertitelung verzichtet werden. Unverständlich dagegen, daß die Liedtexte in „Hair" nicht untertitelt wurden, obwohl sie in engem Zusammenhang mit der Handlung stehen. Bei „Hair" handelt es sich um die meist problematische Kombination von nicht bearbeiteten und synchronisierten Filmpartien.

Um eine Kombination von deutschen Sprechern und Untertiteln handelt es sich auch bei Fassungen, in denen nur im Bild sichtbare Texte untertitelt werden. Dies kann sich auf eine einzige Situation beschränken, wie in der Jerry Lewis Komödie „Der verrückte Professor". Lediglich die Aufschrift der für die Auflösung des Handlungsknotens wichtigen Werbetafel „Be somebody - Be anybody!" wird dabei untertitelt.[230]

Bei allen Bearbeitungsformen können selbstverständlich auch neue Schnitte gemacht, Geräusche verändert, die Laufgeschwindigkeit variiert oder neue Musik hinzugefügt werden. Die verschiedenen Figuren der Synchronisation (vgl. Kapitel 12) lassen sich also in allen Bearbeitungsformen einsetzen.

2-Kanal-Ton im Fernsehen ist keine eigene Form der Bearbeitung. In diesem Fall wird lediglich die lippensynchrone Fassung parallel zur Ursprungsfassung gesendet.

Deutsche Sprecher oder Untertitel, Zwischentitel oder Kooperation bzw. Kombination verschiedener Elemente, dies sind

---

[230] "Der verrückte Professor": Letzte Klassenraumszene. (TC:1.40.58ff.)

die grundsätzlichen Entscheidungen, die in der Planungsphase getroffen werden müssen.

Die Entscheidungskriterien ergeben sich aus der Topik (vgl. Kap. 6), aus den Gewohnheiten der Zuschauer und schließlich aus dem eigenen Anspruch der Synchronisateure. Die auf Authentizität bedachten, rekonstruierten Zwischentitelfassungen von Stummfilmen etwa folgen keineswegs den Zuschauergewohnheiten, eher dem Qualitätsanspruch der Bearbeiter. Auch die Videotext-Untertitel im öffentlich-rechtlichen Fernsehen basieren auf dem Serviceanspruch der Sender.

Bei der Analyse zu beachten ist, welche Formen zu welcher Zeit technisch machbar waren. Live-Kommentarfassungen gab es seit den Anfängen des Films, Zwischentitelfassungen seit 1907, chemische Untertitel seit 1933, lippensynchrone Fassungen ebenfalls seit Anfang der dreißiger

Jahre, Videotext-Untertitel seit 1981. In den Jahren des Stummfilms hatte man dementsprechend kaum Entscheidungsmöglichkeiten. Die verschiedenen Formen deutscher Stummfilm-fassungen sind alle entsprechend später entstanden.

Keine Wahl hat der Bearbeiter außerdem bei Kinderprogrammen, die lippensynchron bearbeitet werden müssen, da Kinder keine Untertitel lesen können. Aus diesem Grund haben auch reine Untertitelländer gewisse Erfahrungen mit der Produktion lippensynchroner Fassungen, eben die für die jüngsten Zuschauer.

In der DDR wurde, wie schon erwähnt, die Entscheidung gegen Untertitel und voice-over prinzipiell getroffen, weil diese Formen „so starke Informationsverluste und Einbuße im emotionalen

Erleben mit sich" bringen.[231] Auch Luyken hält bedauerlicherweise pauschale Entscheidungen für den richtigen Weg. Durch Vorschläge wie „generally 'light modern drama' should be revoiced while 'cultural modern drama' should be subtitled,"[232] wird die Problematik der Planungsphase allerdings insgesamt verniedlicht.

Die Kosten der Bearbeitung, die im nächsten Kapitel erörtert werden sollen, spielen innerhalb der Planungsphase erstaunlicherweise kaum eine Rolle. In über 90% der Fälle entscheidet man sich in Deutschland für die teuerste Lösung. Die Erwartungshaltungen der Zuschauer sind einfach zu stark.

Die Rezeptionsgewohnheiten differieren dabei von Land zu Land. Nur Großbritanniens Fernsehzuschauer scheinen für beide gängigen Bearbeitungsformen offen zu sein. 37% bevorzugen Untertitel, 50% lippensynchrone Fassungen von ausländischen Filmen.[233]

Ein Blick auf die Präferenzen für bestimmte Bearbeitungsformen in verschiedenen Altersstufen offenbart, wie langsam sich Zuschauer-gewohnheiten verändern. Die bei Luyken veröffentlichten Umfrageergebnisse zeigen erstaunlich konstante Werte, allenfalls nimmt die Präferenz für lippensynchrone Fassungen mit dem Alter leicht zu.[234] In Deutschland wird es in Zukunft also kaum mehr Untertitelfassungen geben als 1997, in Dänemark wird wegen der umgekehrten Zuschauerpräferenzen und aus Kostengründen kaum mehr Lippensynchronität zu sehen sein. So frei oder zwangsläufig wie Entscheidungen der Planungsphase auch sein mögen, die so gewonnene Struktur ist die Voraussetzung für die Produktion der deutschen Fassung.

---

[231] Wanschura-Nawroth: Filmsynchronisation in der DDR. S.5.
[232] Luyken: Overcoming language barriers in television. S.130.
[233] Luyken: Overcoming language barriers in television. S.113.
[234] vgl. Luyken: Overcoming language barriers in television. S.113.

100

9. Die Produktion (elocutio)

Die Rhetorik sieht als dritten Arbeitsschritt für den Redner nach der inventio und dispositio das Einkleiden der Gedanken in Worte vor, die elocutio. Bei der Filmsynchronisation gilt es, neben den passenden Wörtern für möglichst synchrones Sprechen bzw. möglichst kurze, prägnante Untertitel auch Bilder, Musik und Geräusche dem Gegenstand und der jeweiligen Wirkungsabsicht anzupassen. Der nötige Aufwand und Schwierigkeitsgrad der elocutio hängt entscheidend davon ab, ob bzw. in welchem Umfang während der dispositio entschieden wurde, die Wirkungsabsicht gegenüber dem Ursprungsfilm zu ändern. Eine neue Absicht verfolgte man etwa bei der ersten Synchronisation von Alfred Hitchcocks „Notorious". Cary Grant sollte als Geheimagent in „Weißes Gift" nicht mehr die Nazi-Verschwörung in Rio, sondern statt dessen Rauschgiftschmuggler entlarven. Eine veränderte Wirkungsabsicht lag auch der Synchronisation von „The Persuaders" zugrunde. Neue Witze, die „saloppe Sprache der deutschen Version"[235] und „sexuelle Anzüglichkeiten"[236] sollten den Unterhaltungswert der Serie steigern. Rhetorisch gesprochen wurde bei „Die 2" das Augenmerk stärker auf das delectare als auf das movere gelegt.

Häufig kommen die Verleiher nach Prüfung eines Films zu der Einsicht, daß auf eine neue Gewichtung der Wirkungsabsichten verzichtet werden kann. In der Regel haben sich die importierten Filme nämlich bereits auf ausländischen Märkten bewährt. Dementsprechend folgt man auch während der Produktion, so weit dies möglich ist, den Formulierungen der Ursprungsfilme. Eine solche routinemäßige Anlehnung an Vorgefundenes bei der

---

[235] Toepser-Ziegert: Theorie und Praxis der Synchronisation. S.212.
[236] Toepser-Ziegert: Theorie und Praxis der Synchronisation. S.143.

Synchronisation ist mit dem Gebrauch von Musterreden zu vergleichen. Vor Gericht wie auch bei Trauerfeiern greifen Redner gerne auf Topoi und Formulierungen zurück, die sich bereits bewährt haben.

Während der Stummfilmzeit wurden Filme live mit Musik und Erläuterungen präsentiert. Obwohl nicht immer originell, entstanden diese Fassungen doch individuell und improvisiert, weshalb mit Blick auf die Stummfilmzeit kaum von einer systematisch durchgeführten elocutio gesprochen werden kann. Dies ist erst der Fall, seit Untertitel- und lippensynchrone Fassungen von Betrieben planvoll hergestellt werden.

Die Produktion einer Untertitelfassung ist schnell beschrieben. Zunächst wird beim 'spotting' festgelegt, wann und wie lange welcher Text untertitelt wird. Bei der Textarbeit muß gemäß dieser Grundstruktur beachtet werden, daß zweizeilige Untertitel 6-8 Sekunden zu sehen sein müssen, Einzeiler 4 Sekunden lang. Zwischen Untertiteln sollte mindestens ¼ Sekunde frei gelassen werden. Dies dient dem Zuschauer als Hinweis, daß es sich im folgenden um einen neuen Untertitel handelt. Bei Szenenwechseln sollten Untertitel nicht überlappen. Linksbündige Untertitel geben dem Zuschauer beim Lesen einen „constant starting-point"[237], weshalb Luyken sie zentrierten Untertiteln vorzieht. Beim Zeilenumbruch rät er, die Satzstruktur zu beachten, auch wenn die Zeilen dadurch ungleich lang werden.[238] Insgesamt hat der Autor also darauf zu achten, daß der Zuschauer die durchschnittlich 1000-1200 Untertitel eines Spielfilms möglichst bequem lesen kann.[239] Die Texte werden anschließend

---

[237] Luyken: Overcoming language barriers in television. S.47.
[238] vgl. Luyken: Overcoming language barriers in television. S.47.
[239] Die Untersuchung von Balachoff, nach der Filme erfolgreicher abschneiden, wenn sie weniger Untertitel haben, kann dabei kaum überzeugen. Dafür liegen die ermittelten durchschnittlichen Zahlen zu eng beieinander. Vgl. Ilott, Terry: Look

entweder photographiert und aufgelegt (optische Untertitel) oder mittels Säure aus einer Wachsschicht geätzt (chemische Untertitel).

Die Produktion einer lippensynchronen Fassung beginnt routinemäßig mit einer Rohübersetzung der Dialoge. Diese wird meist von der Synchronisationsfirma in Auftrag gegeben, wie überhaupt die Studios während der Produktion fast alle Entscheidungen eigenständig treffen. Verleiher und Fernsehredakteure verlassen sich darauf, daß die beauftragten Firmen ihre Absichten, wie vorher abgesprochen, umsetzen.

Rohübersetzungen werden meist von freien Mitarbeitern angefertigt, die an der weiteren Arbeit im Studio nicht teilnehmen und auch im Nachspann nicht erwähnt werden. Whitman-Linsen charakterisiert sie richtig als „generally underpaid and often underqualified translaters."[240] Rohübersetzungen werden meist nach Textbüchern geschrieben, den Film sieht und hört der Übersetzer nicht, weshalb Gertraude Krueger diese Arbeiten auch treffend Blindübersetzungen" nennt.[241] Wie Thomas Herbst und Whitman-Linsen ausführlich belegen, wird in Rohübersetzungen oft wörtlich statt äquivalent übersetzt, so daß Ironie und Idiome verloren gehen. Es werden Stilebenen gewechselt und aus gesprochenen Dialogen Schriftsprache mit atypischen Einschüben, zu vielen Konjunktiven, Nebensätzen mit dem Verb am Anfang, Partizipialkonstruktionen, komplexen Prämodifikationsstrukturen, Nominalstil und formellen Konstruktionen.[242]

---

who's talking too much: Euro pix long on lingo, study says. In: Variety. 9. September 1991. S.1 und 110.

[240] Whitman-Linsen: Through the dubbing glass. S.104.

[241] Krueger, Gertraude: Roh-Übersetzungen sind eher Blind-Übersetzungen. Über das Synchronisieren von Filmen. In: Zeitschrift für Kulturaustausch. 36.4 (1986) S.611-613.

[242] vgl. Herbst: Linguistische Aspekte der Synchronisation. S.167-171.

Ausgefeilt werden die Rohübersetzungen in der Regel von den Synchronregisseuren, wobei „eine Abweichung vom Wortlaut der Rohübersetzung über die Satzebene hinaus praktisch nicht stattfindet."[243] Die von Herbst bei Synchronautoren festgestellte „Überzeugung, die Rohübersetzung könne unverbindlich und provisorisch sein," steht „in deutlicher Diskrepanz"[244] zur Praxis. Die zunächst nur als Hilfsdienst gedachten Rohübersetzungen charakterisieren den Synchrontext bereits weitgehend. Um die Qualität von Synchrontexten zu verbessern, schlägt Whitman-Linsen entsprechend vor, Rohübersetzung und Dialogbuch von einer Person durchführen zu lassen, wie es in Frankreich und Spanien oft der Fall ist.[245] Diese Arbeitsteilung hält Herbst dagegen „in vielen Fällen" für „unumgänglich."[246]

In Personalunion wird in der Regel das endgültige Dialogbuch geschrieben und die Sprachaufnahme geleitet. Im Filmregister konnte aus diesem Grund auch auf eine Differenzierung zwischen Buch und Regie in den meisten Fällen verzichtet werden. Der Synchronautor/-regisseur versucht bei seiner Arbeit am Text bereits, die Dialoge synchron zu den Lippen- und Körperbewegungen der Schauspieler zu schreiben.[247] Entscheidend für die angestrebte Unauffälligkeit der Bearbeitung ist nämlich nicht nur die Lippensynchronität, sondern auch die zeitliche Entsprechung der Körperbewegungen und Sprachcharakteristika, also der Aktion eines Sprechers mit seinen Äußerungen. Eine heftige Armbewegung, ein Kopfnicken, eine

---

[243] Herbst: Linguistische Aspekte der Synchronisation. S.217.
[244] Herbst: Linguistische Aspekte der Synchronisation. S.217.
[245] vgl. Whitman-Linsen: Through the dubbing glass. S.122.
[246] Herbst: Linguistische Aspekte der Synchronisation. S.199.
[247] Müller spricht daneben auch von "Charaktersynchronität" (S.115) als Zielvorstellung. Charaktere können allerdings durch Synchronisation verändert werden, wie etwa Toepser-Ziegert bei "Die 2" nachgewiesen hat. Charaktersynchronität muß dementsprechend nicht unbedingt das Ziel der Synchronautoren sein.

Veränderung der Lautstärke erfordert oft eine genaue Anpassung des deutschen Dialogs an die im Bild sichtbaren Schauspieler. Für diese Detailarbeit stehen den Regisseuren häufig sogenannte 'Continuities' zur Verfügung, die neben den Kameraeinstellungen, Geräuschen und Musikeinsätzen auch die Stellungen der Sprecher im Bild für jede Sekunde des Films beschreiben. Wichtig dabei sind vor allem die Hinweise auf Dialogpartien aus dem 'OFF', bei denen außerhalb des Bildausschnitts gesprochen wird, und auf 'Counter-Passagen', bei denen der Sprecher, nicht aber sein Gesicht zu sehen ist. Die Freiheit der Texter ist in diesen Fällen ungleich größer als etwa bei Naheinstellungen des Gesichts.

Für die Optimierung der Lippensynchronität von Dialogen hat der Linguist Istvan Fodor 1976 eine Notation vorgeschlagen,[248] die schon Müller zu Recht als „völlig praxisfremd" bezeichnete.[249] Die jeweilige Formulierung eines Dialogs hängt nämlich nicht nur von den Lippenbewegungen ab. Neben den schon erwähnten Bewegungsabläufen und den Sprachcharakteristika können auch der gewünschte Stil und allgemeine Übersetzungs-probleme den Dialog bestimmen. Darüber hinaus wäre der Einsatz einer Notation für die jeweiligen Lippenbewegungen auch viel zu zeitaufwendig. Thomas Herbst weist außerdem nach, daß die erforderliche Lippensynchronität oft überschätzt wird. Es reiche zum Beispiel aus, „wenn Labiale im Synchrontext in der Nähe von Labialen im Originaltext zu liegen kommen."[250]

Selbst das kann im Einzelfall aber nicht erreicht werden, wenn nämlich der Bekanntheitsgrad bestimmter Ursprungstexte der

---

[248] vgl. Fodor, Istvan: Film dubbing. Phonetic, Semiotic, Esthetic and Psychological Aspects. Hamburg 1976. S.66ff.

[249] Müller: Die Übertragung fremdsprachigen Filmmaterials. S.116.

[250] Herbst: Linguistische Aspekte der Synchronisation. S.49.

gewünschten lippensynchronen Übersetzung im Weg steht. 'To be or not to be' muß unabhängig von den Lippenbewegungen mit 'Sein oder Nichtsein' synchronisiert werden. Ähnliches gilt auch für die Synchronisation von rituellen Handlungen, Gerichtsverfahren oder des 'Vater Unser'.

Lippensynchronität ist nur eine von mehreren Schwierigkeiten der Synchronarbeit, die über die Übersetzungsproblematik von Texten hinausgeht. Synchronität ist „in Hinblick auf Beginn und Ende der Lippenbewegungen (quantitative LS), Lautqualität (qualitative LS), Sprechtempo, Artikulationsdeutlichkeit und Lautstärke sowie Bewegungen (Nukleussynchronität) erforderlich," schreibt Thomas Herbst.[251] Dabei hat er zwei Idealvorstellungen im Blick. Zum einen ist dies eine Synchronfassung, die für den Zuschauer keine störenden Asynchronien aufweist, zum zweiten soll idealiter Äquivalenz zwischen Ursprungs- und Synchronfassung hergestellt werden und dies auf drei verschiedenen Ebenen. Herbst unterscheidet
- eine Äquivalenzebene des Textsinns
- eine Äquivalenzebene der Synchronität sowie
- eine Äquivalenzebene der Textfunktion, wobei als Text der synchronisierte Film als Ganzes angesehen wird.[252]
Mit Äquivalenz der Textfunktion ist gemeint, daß

„- der Text wie ein Original rezipiert wird,
- daß der Zieltext dabei die dominierende(n) Funktion(en) des Ausgangstextes ebenfalls aufweist."[253]

Dabei sieht Herbst durchaus, daß es zuweilen gar nicht in der Absicht der Synchronisateure liegt, Äquivalenz herzustellen. In

---

[251] Herbst: Linguistische Aspekte der Synchronisation. S.70.
[252] vgl. Herbst: Linguistische Aspekte der Synchronisation. S.225.
[253] Herbst: Linguistische Aspekte der Synchronisation. S.237.

diesen Fällen spricht er von „Bearbeitungen"[254], ein Begriff, der in dieser Arbeit auf jede Synchronisation angewendet wird, da Wirkungsabsichten vor der Analyse nicht bewertet werden sollen.

Äquivalenz herzustellen ist auf jeden Fall aber die Wirkungsabsicht, die am schwierigsten umzusetzen ist. Neben kulturspezifischen Anspielungen, Slang, Wortspielen und Komik wird ein Synchronautor auch mit verschiedenen Sprachgewohnheiten bestimmter Kulturen konfrontiert. „Kein Mensch bei uns sagt beim Verlassen eines Cafés acht mal 'Vamos!' in 10 Sekunden," beschreibt der Synchronautor einer brasilianischen Soap Opera eine beispielhafte Schwierigkeit.[255] Denn die entsprechenden Aktionen und Lippenbewegungen des Schauspielers sind im Bild zu sehen und wollen synchron betextet werden, ohne daß die deutschen Zuschauer irritiert werden. Die Grundregel der Synchronarbeit lautet dementsprechend: „Das Bild hat Vorrang vor dem Text, der sich ihm anzupassen hat."[256]

Am Ende der Textarbeit stehen die sogenannten Take-Bücher, bei denen die neuen Dialoge schon in die Abschnitte eingeteilt sind, die zusammenhängend synchronisiert werden sollen. Je nach Schwierigkeitsgrad ist ein solcher Take 5 bis 10 Sekunden lang. Eine normale Serienfolge von 45 Minuten Länge wird dementsprechend in 300 bis 400 Takes eingeteilt, bei anspruchsvollen Spielfilmen können es bis zu 2000 Takes sein.

Der Film wird für die Sprachaufnahmen gemäß der Einteilung in Takes auseinandergeschnitten, und die 2 bis 5 Meter langen Filmstücke jeweils zu Schleifen zusammengeklebt. Auf diese Weise können die Takes problemlos mehrmals hintereinander auf die Studioleinwand projiziert werden. In den seltensten Fällen

---

[254] Herbst: Linguistische Aspekte der Synchronisation. S.238.
[255] Persönliche Korrespondenz mit Norbert Schulz, Berlin im Dezember 1991.
[256] Krueger: Roh-Übersetzungen sind eher Blind-Übersetzungen. S.611.

gelingt es nämlich den Sprechern, schon beim ersten Anlauf ihre Texte lippen- und bewegungssynchron zu sprechen und gleichzeitig den Ansprüchen des Regisseurs zu genügen. Dieses als Looping bezeichnete Verfahren wird bei fast allen Synchronisationen angewendet. Nur bei billigen Bearbeitungen von meist minderwertigen Filmen wird auf das Zusammenkleben von Schleifen verzichtet und eine ganze Filmrolle im 'Rock'n Roll'-Verfahren vor- und zurückprojiziert. Für die nächsten Jahre ist mit einer Umstellung der Branche auf billigere und leichter handhabbare Videoeinspielungen bzw. auf digitale Verfahren zu rechnen.

Das grundsätzliche Verfahren der Sprachaufnahme verändert sich durch Video- statt Filmeinspielungen aber nicht. Im abgedunkelten Studio stehen die Sprecher vor Lesepulten, auf denen ihre Textbücher liegen. Ihr Blick ist meist auf die Leinwand vor ihnen gerichtet. Die kurzen Textpassagen werden auswendig vorgetragen. In Frankreich läuft dagegen der Text über ein Band auf der Leinwand, so daß synchron abgelesen werden kann. Dies hat den Vorteil, daß Takes länger sein und die Sprecher so mehr Gefühl einbringen können. Die Gefahr beim sogenannten 'Bande rhythmo' besteht darin, daß die Dialoge eben 'abgelesen' wirken.[257]

Neben den Sprechern sitzt meist ein Cutter oder eine Cutterin und wacht über die Synchronitäten und bereitet mit Notizen die spätere Montagearbeit vor, während ein Vorführer die jeweiligen Takes einspielt. Aus einer schallgeschützten Kabine inszeniert der Synchronregisseur die Sprachaufnahmen. Dabei kommt es durchaus noch zu Textänderungen, weil die Synchronität doch nicht wie gedacht erreicht wird oder sich spontan ein stilistisch besserer Ausdruck findet.

---

[257] Zu Einzelheiten des französischen Verfahrens siehe Whitman-Linsen: Through the dubbing glass. S.219.

Neben dem Regisseur steuert ein Tontechniker die Aufnahmetechnik. Dabei sind vor allem die Raumcharakteristika der Sprechsituationen zu beachten. Innen oder außen, nah oder fern, Turnhalle oder Telefonzelle müssen präzise simuliert werden.

Weiteres Personal ist in der Regel nicht notwendig. In der DDR begleitete zusätzlich ein Dramaturg die komplette Arbeit, sehr selten ist in der Bundesrepublik ein Supervisor des Verleihers bei den Sprachaufnahmen anwesend. Woody Allen ist wahrscheinlich der einzige Regisseur, der durchsetzen konnte, daß bei allen Bearbeitungen seiner Filme in Europa ein solcher Supervisor anwesend ist, der zuweilen sogar telefonisch bei Allen Rat sucht.[258]

Der harte Konkurrenzkampf innerhalb der Synchronbranche führt dazu, daß 1997 pro Tag rund 200 Takes synchronisiert werden müssen.[259] Bis 1950 galten schon 60-80 Takes pro Tag als genug.[260] Heute stehen für die Sprachaufnahmen zu einer Serienfolge meist aber nur gut zwei Tage, für einen durchschnittlicher Film rund eine Woche zur Verfügung. Bei schwierigen Stoffen wie etwa Shakespeare-Verfilmungen hält der Synchronregisseur Gert Rabanus dagegen nicht mehr als 120 Takes pro Tag für machbar.[261] Die Sprachaufnahmen für einen Spielfilm von 90 oder mehr Minuten ziehen sich dementsprechend über 4 bis 20 Tage hin.

Um Zeit und damit Geld zu sparen wird, wie bei der Filmproduktion, nicht chronologisch aufgenommen. Bei den

---

[258] vgl. Whitman-Linsen: Through the dubbing glass. S.217.

[259] Die Recherche von Thomas Herbst ergab ein milderes Arbeitspensum. Er rechnet vor, daß eine Serienfolge von 45 Minuten, entsprechend 300 Takes in 2,5 Tagen synchronisiert würde, was 120 Takes pro Arbeitstag entspricht. vgl. Herbst: Linguistische Aspekte der Synchronisation. S.13.

[260] vgl. Whitman-Linsen: Through the dubbing glass. S.66.

[261] vgl. Rabanus: Shakespeare in deutscher Fassung. S.76.

Studioplanungen wird darauf geachtet, daß Sprecher für möglichst wenige Tage verpflichtet werden müssen, unabhängig davon, für welche Szenen des Films sie gebraucht werden.

Für den Bild- und Tonschnitt und die Abmischung einer deutschen Fassung werden nach den Sprachaufnahmen zusätzlich zwei Tage bis eine Woche veranschlagt. Insgesamt darf die Synchronisation eines Spielfilms ungefähr sechs Wochen dauern. Bei eigens für den Videomarkt produzierten Synchronfassungen ist der Zeitdruck noch größer.

Untertitel- und Zwischentitelfassungen lassen sich entsprechend schneller anfertigen. Auch bei Voice-over- und Kommentarfassungen verringert sich durch den Verzicht auf Lippen- und Bewegungssynchronität der Bearbeitungszeitraum. Umgekehrt kann sich die Fertigstellung verzögern, wenn neue Geräusche (wie z.B. für „Tote schlafen fest"), neue Musik (wie für „Citizen Kane") oder auch neue Bilder aufgenommen werden. Letzteres kommt in den 90er Jahren im Vergleich zu Produktionen der 50er und 60er Jahre aber nur noch selten vor. Während die Berliner Synchron GmbH Wenzel Lüdecke 1962 für „Arsen und Spitzenhäubchen" noch einen neuen Vorspann mit zeitgenössischem Jazz produzierte und selbst das Bild eines amerikanischen Buchtitels auf deutsch nachdrehen ließ,[262] laufen heute meist die gleichen Bilder und auch die ursprünglichen credits am Anfang wie am Ende. Lediglich der deutsche Titel wird dabei ergänzt, wobei in den letzten Jahren auch ein Trend zur Übernahme fremdsprachlicher Filmtitel auszumachen ist, wie dies bei „Batman", „Pretty Woman", „Flatliners", „Forrest Gump" oder „Pulp Fiction" der Fall war. Dies mag nicht unbedingt mit den Kosten zusammenhängen, obwohl sich bei gleichem Titel auch das Werbematerial leichter übernehmen läßt.

---

[262] Gemeint ist das Bild von "Mortimer Brewsters" Jungesellenbibel "Die Ehe. Ein Betrug und eine Falle." ("Arsen und Spitzenhäubchen"(1962). TC: 0.07.12ff.)

110

Allein aus Kostengründen wird allerdings immer öfter auf die Nennung der an der Synchronisation beteiligten Personen verzichtet. Die Sparmaßnahmen bei der Bildbearbeitung führen also dazu, daß die Synchronisationsarbeit heute im wesentlichen anonym geleistet wird.

Die Übernahme der ursprünglichen credits ist aber auch deswegen ärgerlich, weil ein für die Kinoleinwand konzipierter Nachspann auf Video oder im Fernsehen seiner Funktion beraubt wird. Bestenfalls mit einer Lupe ist er noch zu entziffern.

Aus Kostengründen werden in den 90er Jahren leider auch Bilder mit fremdsprachlichen Texten nicht mehr untertitelt oder nachgedreht. Während in „Der verrückte Professor" 1963 noch eine Werbetafel untertitelt wurde, deren Botschaft sich auch aus den Dialogen herleiten läßt, werden seitdem mehr und mehr dramaturgisch wichtige Textinformationen im Bild unbearbeitet gelassen. Die Spannung in Steven Spielbergs „Duell" etwa lebt in weiten Teilen von warnenden Straßenschildern. Deutsche Zuschauer, die allerdings bei „Passing Lane ahead" keine Überholspur erwarten oder nach dem Schild „Trucks use LOW GEAR" kein Straßengefälle vorhersehen, werden die Ängste und Freuden des Protagonisten kaum verstehen können.

Wie hoch die Kosten für eine Synchronisation sind, wird der Öffentlichkeit und damit auch den Konkurrenzunternehmen nur selten offenbart. Die wenigen zugänglichen Zahlen belegen aber einen deutlichen Preisrutsch bei durchschnittlichen Synchronisationen mit deutschen Sprechern von 60 000 bis 80 000 DM im Jahre 1950 zu 24 000 bis 28 000 DM 1964.[263] Toepser-Ziegert nennt für 1973 den durchschnittlichen Preis von 30 000 DM.[264] Die Zeitschrift Variety veranschlagt 1992 den deutschen Durchschnittspreis bei 18 000 $ (= 27 000

---

[263] vgl. Hesse-Quack: Der Übertragungsprozeß bei der Synchronisation. S.212.
[264] vgl. Toepser-Ziegert: Theorie und Praxis der Synchronisation. S.42.

DM).[265] Für Kinofassungen muß man laut Josephine Dries bis zu 90 000 DM zahlen.[266] Für die Synchronisation einer Folge einer Vorabendserie werden laut Müller 1982 weniger als 10 000 DM berechnet,[267] Untertitel sind laut Kilborn für ein Zehntel[268], laut Luyken sogar noch billiger zu haben.[269]

Entsprechend niedrig sind die Gagen für die Synchronsprecher. Für Nebenrollen werden in den 90er Jahren 100 DM Tagesgage und 5 bis 8 DM pro Take bezahlt. Bei namhaften Sprechern in Hauptrollen sind 1000 DM und mehr Tagesgage zu erwarten.[270] Bei der Filmproduktion sind die Tagesgagen für namhafte Schauspieler allerdings um ein vielfaches höher. So geben denn auch nur 56% der ständigen Synchronsprecher die Synchronisation als ihren Hauptverdienst an.[271] Ansonsten rekrutieren sich die Sprecher aus Schauspielern, die beim Theater, in der Film- und Fernsehproduktion oder bei der Werbung ihr Geld verdienen. Einträglich kann Synchronisation für deutsche Sprecher werden, sobald sich eine Bindung an einen bestimmten ausländischen Schauspieler entwickelt. Gerade bei erfolgreichen Serien können bestimmte Synchronsprecher unentbehrlich werden. So ist es zum Beispiel schlecht vorstellbar, daß bei neuen

---

[265] Groves, Don: Yank pix mine b.o. gold as Euro dubbers get in synch. In: Variety. 10. August 1992. S.72.

[266] Dries, Josephine: Dubbing and subtitling. Guidelines for production and distribution. Düsseldorf 1995. S. 14. (Schriftenreihe des European Institute for the Media)

[267] vgl. Müller: Die Übertragung fremdsprachigen Filmmaterials. S.85.

[268] Kilborn, Richard: "They don't speak proper english." A new look at the dubbing and subtitling debate. In: Journal of Multilingual and multicultural development. V. 10 1989. Nr.5. S.423.

[269] Luyken: Overcoming language barriers in television. S.99. Alle genannten Preise sind mit Vorsicht zu genießen. Anfragen werden von Verleihern und Synchronfirmen nur ungern und dann möglichst allgemein beantwortet. Offizielle und tatsächliche Preise unterscheiden sich zuweilen.

[270] vgl. Millies, Stephan: Geschlossene Gesellschaft. Die geheimen Stimmen der Filmstars. In: TV Spielfilm. 21/92. S.224.

[271] vgl. Steinkopp, Rolf: Synchronisation in Hamburg. In: Hoffmann-Riem, Wolfgang (Hg.): Projekt Medienplatz Hamburg. Baden-Baden, Hamburg 1987. Bd.5. S.120.

Folgen ein anderer als Tommy Piper die sarkastischen Dialoge von „Alf" spricht.

Wird ein neuer Star geboren, kommt es nicht unbedingt bei der ersten Synchronisation zu einer Bindung an einen bestimmten deutschen Sprecher. Julia Roberts etwa war zuerst in dem von Columbia Tri Star in Deutschland vertriebenen „Magnolien aus Stahl" zu sehen. Der Film erlebte seinen Kinostart Mitte Mai 1990. Knapp vier Monate später, am 5.7.1990 brachte Warner Brothers „Pretty Woman" in Deutschland heraus, allerdings mit einer anderen Synchronsprecherin für Julia Roberts. Durch den enormen Erfolg von „Pretty Woman" setzte diese zweite Sprecherin sich durch. Columbia Tri Star engagierte sie im Spätsommer des gleichen Jahres für die deutsche Fassung von „Flatliners". Das Publikum verband nach „Pretty Woman" vor allem diese Stimme mit Julia Roberts.[272]

Vermieden wird nach Möglichkeit, nacheinander zwei Synchronsprecher für einen Schauspieler zu engagieren. Umgekehrt wird allerdings häufig ein Sprecher für viele verschiedene Schauspieler engagiert. Einzelne Sprecher wie Christian Brückner oder Arnold Marquis sind an mehrere ausländische Stars 'gebunden'. Willy Hochkeppel nannte diese Dominanz weniger Sprecher zu Recht „Synchron-Monotonie" und „Verküm-merung".[273]

In der DDR wurden solche Sprecherbindungen nicht gepflegt. Für das Casting von Sprechern benutzte man ein Archiv mit rund 1500 Stimmen von zur Verfügung stehenden Schauspielern. Dabei hatte man es in der DDR auch nicht so sehr mit dem ausgeprägten Starsystem Hollywoods zu tun, dessen Prinzip die Ausrichtung der Filmwerbung auf populäre Schauspieler ist.

---

[272] vgl. dazu auch Groves: Yank pix mine b.o. gold as Euro dubbers get in synch. S.72.

[273] Hochkeppel; Willy: Warum ist John Wayne Lino Ventura? In: Süddeutsche Zeitung 7./8. April 1990.

Diese Stars sollten entsprechend unverwechselbar sein und mit einer Stimme reden.

In Ost und West gleich schwierig ist es, gute Kinder als Synchronsprecher zu gewinnen. Beim Casting der jungen Hauptdarsteller für die amerikanischen Ursprungsfilme wird bekanntlich ein enormer Aufwand getrieben, der für die Synchronisation nicht wiederholt werden kann. Einmal gefundene Talente entwachsen zudem rasch dem gesuchten Alter. Die Faustregel, daß Synchronsprecher +/- 10 Jahre vom Alter der Schauspieler abweichen können, ohne unangenehm aufzufallen, trifft auf Kinder nicht zu. Schon bei Jugendlichen kann die Stimme aber durchaus etwas älter sein. Die 14jährige Jodie Foster in „Taxi Driver" zum Beispiel wurde von der 24jährigen Hansi Jochmann synchronisiert.

Zunächst überraschen mag die Tatsache, daß auch deutschsprachige Schauspieler wie Arnold Schwarzenegger oder Oskar Werner einen Synchronsprecher brauchen. Neben ihren Honorar-forderungen steht ihr südlicher Akzent einem Engagement im Wege. Im Synchronstudio wird meist Hochdeutsch verlangt.

Während die Sprecher häufig auch in anderen Medienbereichen arbeiten, sind Synchronautoren und Regisseure, wie auch das technische Personal, meist auf die Bearbeitung ausländischer Filme spezialisiert. Nur in Ausnahmefällen wird ein Filmregisseur auch Synchronisationen künstlerisch leiten. So übernahm etwa Wolfgang Staudte 1972 die Synchronregie für die deutsche Fassung von Stanley Kubricks „A clockwork orange".

Eine Ausbildungsstätte für Synchronisateure gibt es nur in Frankreich an der Universität Lille, wo 1983 ein Aufbaustudiengang eingerichtet wurde. Zu empfehlen ist der Beruf des Synchronautors- und Regisseurs aber nicht, denn Synchronisation ist eine anspruchsvolle, aber sehr undankbare

114

Arbeit. Je besser sie gemacht wird, desto weniger fällt sie dem Publikum auf. Anders als bei der Filmproduktion können Schauspieler, Autoren und Regisseure bei der Synchronisation nicht damit rechnen, für ihre Arbeit öffentliche Anerkennung zu erhalten. Umgekehrt bereiten sie den Weg für den Ruhm der ausländischen Leinwandstars.

10. Die Präsentation (memoria und actio)

Bevor eine deutsche Fassung ihre Premiere erleben kann, steht mit dem Ziehen von Kopien ein weiterer Arbeitsschritt an, der die Verleiher viel teurer zu stehen kommt als die Synchronisation. Über die Kosten für Kopien lassen sich keine exakten Aussagen treffen. Je nach Anzahl und Länge der Kopien variieren die Preise erheblich. Bei einem Start mit 200 oder mehr Kopien, wie er bei Hollywoodproduktionen 1997 üblich ist, wie auch bei hunderttausenden von Videokopien ist der Investitionsaufwand beträchtlich.

Der Kopiervorgang einer deutschen Fassung nimmt im System der rhetorischen Arbeitsschritte die Position der memoria, des Einprägens der Rede ins Gedächtnis ein. Ziel der memoria ist es, die Rede dem Publikum möglichst genau so präsentieren zu können, wie sie in den vorhergehenden Arbeitsschritten entwickelt wurde. Im Rahmen der Synchronisation wird darauf geachtet, daß Ton- und Farbqualitäten erhalten bleiben, wie ein Redner der Antike die Reihenfolge seiner Argumente und die Präzision seiner Formulierungen im Kopf behalten möchte. Ist dies vollzogen, folgt mit der Präsentation, der actio, die letzte Aufgabe des Redners.

Im System der Arbeitsschritte der Synchronisation meint der rhetorische Fachbegriff actio die Projektion, das Abspielen oder Senden, allgemein die Präsentation oder Aufführung einer deutschen Filmfassung. Die Vermietung oder der Verkauf von Videokassetten nimmt eine Zwischenposition zwischen memoria und actio ein, da hier zunächst nur die Voraussetzung für die Aufführung eines Films geschaffen wird.

Nun fällt auf, daß bei allen diesen Tätigkeiten die Verleiher und Fernsehredaktionen äußerlich passiv bleiben und Kinos, Sendebetriebe und Videotheken diesen Arbeitsschritt eigenverantwortlich ausführen. Die Werbung und

116

Öffentlichkeitsarbeit für einen Film, von der Pressemitteilung bis zur Premierenfeier, können als unterstützende Maßnahmen aber zur Präsentation gezählt werden. Darüber hinaus sind die Bearbeiter in Bezug auf die Aufführung auch insofern gefordert, als sie die Bedingungen der Präsentation von Anfang an in ihre Planung einbeziehen müssen. Eine Reihe dieser Faktoren ist deshalb schon bei der Besprechung der inventio erwähnt worden. Vor allem die Fragen nach dem Umfang von Sex- und Gewaltdarstellungen und der Laufzeit eines Films werden mit Blick auf den späteren Ort der Präsentation gestellt. In Extremfällen, etwa bei Pornofilmen, unterliegt die Aufführung schließlich erheblichen Einschränkungen. Zwar sind auch Fernsehserien zunächst auf nur eine Sparte der Präsentation festgelegt, aber einzelne Serien werden mittlerweile ebenfalls schon auf Video vermarktet.

Den größten Gewinn verspricht ein Film, der im Kino, in Videotheken und im Fernsehen präsentiert werden kann. Da das Kino den meisten Profit pro Zuschauer abwerfen kann und am stärksten das Interesse der Filmkritiker weckt, wird meist eine Premiere im Kino angestrebt. Nach dem Videomarkt ist das Fernsehen dann in der Regel die letzte Station einer Filmvermarktung.

Die zeitlichen Abstände verringern sich dabei zwischen den Sparten immer mehr. Auch wächst die Zahl der wechselseitigen Einflüsse untereinander. Fernsehserien entwickeln sich aus Spielfilmen und Spielfilme aus Fernsehserien.

Bis Anfang der 50er Jahre war das Kino auf dem Filmmarkt ohne Konkurrenz. Von 1000 ortsfesten Lichtspieltheatern 1910 nahm die Zahl der Kinos stetig zu, 1920 waren es 3422, 1929 bereits 5267 Lichtspieltheater.[274] Seit Einführung des Fernsehens

---

[274] vgl. Zglinicki: Der Weg des Films. S.328. Maiwald nennt in seiner Dissertation 'Filmzensur im NS-Staat' (S.19) andere Zahlen: 1910 gab es demnach nur 480 Kinos, 1920 3700, 1933 rund 5000. Maiwald gibt als Quelle seiner Zahlen an: Georg Böse.

verlieren die öffentlichen Filmvorführungen an Bedeutung. Der erzielte Umsatz mit Videokaufkassetten übersteigt heute bei weitem den Umsatz der Kinofilmverleiher.[275] Die Zahl der Filmtheater hat sich dementsprechend von 4784 im Jahre 1966 auf 3709 im Jahr 1993 verringert.[276]

Von rund 1000 Spielfilmpremieren im Jahr sind nur knapp ein Drittel auf großen Leinwänden zu sehen.[277] Doch obwohl „Video und Fernsehen, ob staatlich, privat oder Pay-TV [...] längst wichtigere, reichere Filmabnehmer als die Kinoverleihe"[278] sind, schenkt die Presse und auch die Forschung ihre Aufmerksamkeit größtenteils immer noch dem Kino. Dies liegt nicht unbedingt daran, daß im Kino die qualitativ besseren und damit bemerkenswerteren Filme anlaufen. Spätestens seit Anfang der 70er Jahre finden nämlich viele Erstaufführungen großer Filmkunst, etwa die Filme von Pasolini, Bertolucci, Buñuel oder Bergman im Fernsehen und nicht mehr im Kino statt.[279] Somit ist ein eindeutiger Trend der Aufführung aus dem öffentlichen Rahmen (Kino) hin zu mehr privaten Rezeptionssituationen (Video und Fernsehen) feststellbar.

Für synchronisierte Filme hat dies ganz praktische Folgen. Ausgerichtet ist nämlich die Synchronisation oft auf Kinoleinwände, was unter anderem dazu führt, daß ein

---

Der erhobene Zeigefinger. Die Filmzensur, ihre Geschichte und Soziologie. Baden-Baden 1948. S.33.

[275] Der Umsatz des Videomarktes lag laut Filmstatistischem Taschenbuch 1994 im Jahr zuvor mit 1,57 Milliarden DM dreimal höher als das Geschäft der Filmverleiher. Über die Hälfte des Geldes wird dabei mit Kaufkassetten erwirtschaftet.

[276] vgl. Moths: Film und Wirtschaft. S.53. und Filmstatistisches Taschenbuch 1994. S.17. Bei den 3709 Kinos 1993 sind dabei sogar die 458 Kinos in den neuen Bundesländern mitgezählt, die bei Moths nicht enthalten sind.

[277] Von 1024 erstaufgeführten Spielfilmen 1989 waren nur 323 im Kino zu sehen. vgl. Filmstatistisches Taschenbuch 1990. S.34.

[278] Donner, Wolf: Die Kino Killer 3. In: tip. Berlin Magazin. 12/92. S.66.

[279] vgl. dazu etwa Grafe, Frieda u. Enno Patalas: Warum wir das beste Fernsehen und 118 deshalb das schlechteste Kino haben. In: Filmkritik. 9/70. S.471-475.

Nachspann auf kleinen Bildschirmen unleserlich wird.[280] Auch die Entsprechung der Lippenbewegungen mit den Dialogen ist auf dem Bildschirm kaum auszumachen. Genaue Lippensynchronität ist vornehmlich eine Forderung der Kinoleinwand.

Ein spezifisches Phänomen der Präsentation im deutschen Fernsehen ist die Veränderung der Dramaturgie einer ausländischen Serie durch den Wegfall der in den USA und anderswo üblichen zeitlich exakten Werbepausen. Die visuellen, aber auch musikalischen Auf- und Abblenden vor und nach solchen Werbeblöcken sind nämlich auch in den deutschen Fassungen noch enthalten. Sie irritieren vor allem dann, wenn nach einer Abblende in die gleiche Szene sofort wieder aufgeblendet wird. Da die kommerziellen Einschübe bewußt als retardierende Momente für die Handlung eingeplant sind, werden nach einer Unterbrechung oft die wichtigsten Motive in den Dialogen wiederholt. Diese Erinnerungen sind aber für deutsche Zuschauer meist überflüssig, da sie die Handlung kontinuierlich verfolgen können.

Genauso ärgerlich wie die überflüssig gewordenen Werbeblenden sind die von deutschen Privatsendern neu eingefügten Werbeunterbrechungen. Laut einer EU-Bestimmung dürfen die Sender Spielfilme alle 45 Minuten, Reihen und Serien alle 20 Minuten durch Werbespots unterbrechen. Insgesamt darf Werbung nicht mehr als 15% der Sendezeit ausmachen und 20% pro Stunde nicht überschreiten. Häufigere Pausen werden leider von den zuständigen Landesmedienanstalten kaum geahndet, die penetrante Flut von Spots kaum gebremst. Selbst die Zusammenfassung von verschiedenen Filmen zu unverbindlichen Reihen wie „Schicksalhafte Begegnungen", die ausschließlich dazu gedacht sind, mehr Werbung einbauen zu können, wird toleriert. Die oft lauten, grellen, schnell geschnittenen

---

[280] Die Privatsender verzichten dabei sogar auf das Abspielen des Nachspanns. Ein Film kann somit nicht, wie gedacht, langsam ausklingen. Aus Angst, daß jemand umschalten könnte, werden sofort neue Attraktionen angekündigt.

Kommerzfilmchen vergiften dabei das Einfühlungsvermögen des Zuschauers und verändern die Atmosphäre gerade von sensibel inszenierten Spielhandlungen.

Ärgerlich ist nicht nur, daß Spielfilme überhaupt durch Werbespots unterbrochen werden, sondern auch die Art und Weise wie dies gemacht wird. Mitten in die Liebeserklärung Romeos platzt die Superwaschkraft von Ariel, in Lawrence's Ritt durch arabische Wüsten zischt prickelnd das König der Biere. Kurze Einblendungen mit Fahrstuhlmusik zur Ankündigung der Werbeblocks können den Schock solcher Unterbrechung nicht mildern. Unbehaglich wird es auch, wenn nach Rückkehr von der Ebene der Marktschreier, die zynischerweise 'Werbeinseln' genannt werden, die letzten 10 Sekunden des Films noch einmal gezeigt werden. Die Illusion, ein unabhängig ablaufendes Geschehen mitzuerleben, kann nicht aufrechterhalten werden.

Entfliehen kann man der Werbung im Film durch Pay-TV und Video. Die geliehene oder gekaufte Kassette läuft störungsfrei, bei Aufzeichnungen läßt sich die Werbeinsel mit dem Suchlauf umschiffen. Künftig wird der Fernsehzuschauer vielleicht spezielle Anti-Werbe-Signale über Kabel oder Satellit empfangen können, die die Aufzeichnung eines Videorecorders jeweils unterbrechen wenn Werbung kommt.

Auch im Kino ändert die Werbung zu Beginn der Vorstellung die Wirkung eines Films. Mit riesigen Budgets produzierte und aufwendig nachbearbeitete Spots für internationale Produkte, wie auch die Billigfilmchen der örtlichen Restaurants und Zeitungen stimmen den Zuschauer ein, bestärken seine Erwartung auf schnelle Schnitte, rasche Pointen, perfekte Bilder, laute Selbstverständlichkeit.

Nur ein Handicap des Fernsehens war dagegen, daß bis 1967 Farbfilme nur schwarzweiß gesendet werden konnten, wie auch Breitwandformate auf dem Bildschirm den Ausschnitt rechts und links verkleinern. Wird das Kinobildformat 1:1,85, bei 120 Cinemascope sogar 1:2,35 (Höhe zu Breite) nämlich ohne

schwarze Balken als Vollbild gesendet, schneidet man bis zu 40%
des Bildes weg. In ihrer Wirkung nicht zu unterschätzen ist auch
die um ein Bild pro Sekunde schnellere Projektion beim
Fernsehen und auch bei Videofilmen gegenüber dem Kino. Das
Indianerepos „Der mit dem Wolf tanzt" läuft deshalb auf dem
Bildschirm siebeneinhalb Minuten schneller als im Kino![281] Die
letztgenannten Phänomene der Präsentation, also Farbe,
Bildformat und Laufzeit, betreffen dabei auch deutsche Filme und
sind nicht spezifisch für synchronisierte Fassungen.

Ausschließlich beim öffentlich-rechtlichen Fernsehen kann der
Zuschauer seit 1981 durch den 2-Kanal-Ton zwischen der
ursprünglichen und der deutschen Tonspur wählen. Technische
Voraussetzung dafür ist ein stereotaugliches Fernsehgerät. Im
Mehrkanalton werden vornehmlich Spielfilme und Serien
ausgestrahlt.[282] Bisher beschränkt sich die Bandbreite der parallel
gesendeten Fremdsprachen auf Englisch, Französisch, Italienisch
und Schweizer Dialekte. Dies sind nicht nur die häufigsten
Produktionssprachen der nach Deutschland importierten
Programme, sondern auch die im Sendegebiet verbreitetsten
Fremdsprachen. Mehrkanalsendungen mit Türkisch und Deutsch
kommen deshalb nicht vor, weil es praktisch keine türkischen
Filme im deutschen Fernsehen gibt.[283] Ausländische Filme und

---

[281] Alle Angaben darüber, in welcher 'Filmminute' eine Szene, ein Dialog, ein Bild zu
finden ist, beziehen sich in dieser Arbeit auf Video- bzw. Fernsehlaufzeiten. Bei der
Projektion im Kino liegt der angegebene Zeitpunkt jeweils geringfügig, d.h. 1 bis
maximal 8 Minuten dahinter. Diese technisch bedingten Differenzen der Laufzeiten
werden leider in der für diese Arbeit benutzten Literatur an keiner Stelle erwähnt. In
Nelsons Kubrick-Monographie wird sogar behauptet, daß die 'MGM- Euro Video'-
Fassung von "2001: Odyssee im Weltraum" um "6 Minuten gekürzt" wurde (S.325),
was schlicht falsch ist. Die Differenz wurde in Unkenntnis der verschiedenen
Laufgeschwindigkeiten fehlinterpretiert.

[282] Selten werden auch Informationsprogramme wie etwa die ZDF-Reihe "Die stillen
Stars" im Mehrkanalton ausgestrahlt. Frank Elstners Gespräche mit
Nobelpreisträgern zeigen, daß nicht nur ausländische Produktionen sich für
Mehrkanaltonsendungen eignen. Kriterium ist lediglich die andersartige
Produktionssprache.

[283] Außerdem ist in vielen Kabelnetzen der türkische Fernsehsender TRT zu empfangen.

Serien, die im Mehrkanalton ausgestrahlt werden, bieten dem Zuschauer die Möglichkeit, problemlos zwischen der Ursprungs- und Synchronfassung zu wählen und sich gegebenenfalls auch wieder umzuentscheiden. Über Satellit oder Kabel lassen sich außerdem eine Reihe von ausländischen Sendern empfangen, deren Spielfilmprogramme nicht nur die hier lebenden Menschen aus den Ursprungsländern interessieren. Durch solche technische Neuerungen erreichen Ursprungsfassungen heute wahrscheinlich mehr Zuschauer, als sie das im Kino je getan haben. Trotzdem bleiben orginalsprachliche Fassungen in Deutschland eine Ausnahmeerscheinung. Das Gros der Zuschauer besitzt entweder nicht die nötigen Fremdsprachenkenntnisse oder ist nicht willens, sich Ursprungsfassungen anzusehen und vor allen Dingen anzuhören.

11. Das Publikum

Über das Publikum ist in dieser Arbeit schon verschiedentlich gesprochen worden, weil sich viele Entscheidungen am Zuschauer ausrichten. Zweck all dieser Überlegungen ist es, das Publikum in möglichst großer Zahl dazu zu bewegen, das Produkt anzuschauen. Käufer des Produkts ist der Zuschauer deswegen nicht unbedingt. Satellitenprogramme empfängt er nämlich frei Haus. Hier wird seine potentielle Kaufbereitschaft für andere Produkte angesprochen, die durch Werbung stimuliert werden soll. An der Kinokasse und in der Videothek soll der Zuschauer dagegen selbst das Portemonnaie zücken. Beim öffentlich-rechtlichen Fernsehen ist der Zuschauer fast gezwungen, das 'Produkt' als Gesamtpaket 'zu kaufen'. Dabei wird bekanntlich der Besitz eines Fernsehgeräts als ausreichendes Indiz seiner Nutzung gesehen. Fernsehen gehört damit zu den wenigen Konsummöglichkeiten, die pauschal bezahlt werden müssen. Die kommenden Jahre schränken diesen Anachronismus durch 'pay per view'- Möglichkeiten glücklicherweise ein.

Die unterschiedlichen Funktionen des Zuschauers als Zwangskunde, Käufer oder Werbeadressat haben auf die Produkte, die synchronisierten Programme, kaum einen Einfluß. Egal woher das Geld kommt, viele Zuschauer zahlen sich auf jeden Fall aus. Erst seitdem der Zuschauer durch die Zulassung von privaten Fernsehanbietern verstärkt zum Werbeadressaten wurde, spielen neben der reinen Quantität der Zuschauer dabei auch qualitative Gesichtspunkte eine Rolle. Dabei wird bei Quoten und Marktanteilen nach Geschlechtern und Altersstufen differenziert, denn Werbetreibende suchen oft ein spezifisches Publikum, wollen Streuverluste vermeiden. Ein Großteil der boomenden Zuschauerforschung ist denn auch kommerziellen Interessen zu verdanken. Für die Analyse von Synchronfassungen sind die meisten Untersuchungen aber wenig hilfreich. Im folgenden sind dementsprechend lediglich einige grundsätzliche Tatsachen und Überlegungen genannt.

Statistiken über den Kinobesuch, den Verkauf von Videokassetten und die Zahl zugeschalteter Fernsehzuschauer dokumentieren im langfristigen Vergleich den deutlichen Trend der Zuschauergunst vom Kino zu Fernsehen und Video. Während 1956 in Deutschland noch 817 Millionen Kinokarten verkauft wurden, ging der jährliche Filmbesuch bis 1989 auf 101,6 Millionen zurück.[284] Demgegenüber stiegen die Zahl der Fernsehzuschauer wie seit den 80er Jahren auch die Umsatzzahlen der Videobranche stetig. Dabei ist der Besucherrückgang im Kino nicht ausschließlich durch die Konkurrenz von Fernsehen und Video zu erklären. Moths geht davon aus, daß auch ein „tiefgreifender Wandel der Freizeitgewohnheiten [...] zu Lasten des regelmäßigen Kinobesuches gegangen"[285] ist. Als Beispiel nennt er den Wochenendtourismus. Statistisch gesehen ging jeder Bundesbürger 1991 nur noch 1,5 mal ins Kino,[286] ließ dagegen aber den Fernseher über drei Stunden am Tag laufen.[287] Der Videoboom der 80er und 90er Jahre ist wohl damit zu erklären, daß Video größere Freiheit läßt, den Zeitpunkt des Filmanfangs zu bestimmen.

Die oben genannten Zahlen lassen zwar den Schluß zu, daß fast jeder Bundesbürger täglich synchronisierte Filme oder Serien anschaut. Sie sagen aber nichts aus über die Erwartungen und Wünsche des Publikums in Bezug auf die Filme oder auf die Bearbeitung. Die Popularität ausländischer Filme läßt keinen Rückschluß zu auf die Popularität der Bearbeitung im Einzelfall oder der Synchronisation insgesamt. Es ist kaum nachweisbar,

---

[284] vgl. Moths: Film und Wirtschaft. S.65 und Filmstatistisches Taschenbuch 1990. S.4.
[285] Moths: Film und Wirtschaft. S.51.
[286] vgl. Filmstatistisches Taschenbuch 1992. S.30.
[287] Quelle: Erste gesamtdeutsche Statistik der Nürnberger Gesellschaft für Kommunikationsforschung (GfK). Zitiert nach: tele telex. In: TV tip. 30.7.-12.8.'92. 12f.S.6. (Beilage zu tip. Berlin Magazin. 16/92)

inwieweit der Erfolg oder Mißerfolg eines Films von der Synchronisation abhängt.

Die Publikumsgunst im Ursprungsland ist kein Indiz für die Erfolgsaussichten eines Films in Deutschland. Erfolgsfilme aus den USA können beim deutschen Publikum auf Desinteresse stoßen, wie umgekehrt die frühen Filme von Jim Jarmusch in Deutschland stärker beachtet wurden als in Amerika. Die Synchronisation ist, wenn überhaupt, nur zu einem Teil für die Differenz beim Publikumszuspruch verantwortlich. Auch bei mehreren deutschen Fassungen eines Ursprungsfilms, etwa „Casablanca", sollte die unterschiedliche Resonanz nicht als Indikator für den Publikumsgeschmack bezüglich der Synchronisation mißverstanden werden. Dafür unterscheiden sich beide Aufführungssituationen, in denen die jeweiligen Fassungen 1952 und 1975 entstanden, zu sehr. Zur Aufführungssituation der zweiten Fassung gehört nämlich auch der damals schon legendäre Ruhm von Humphrey Bogart und Ingrid Bergman.

Die Bedeutung des Publikums für den Synchronisationsprozeß zu klären, ist dementsprechend schwierig. Zum einen lassen sich Zuspruch oder Ablehnung einer Bearbeitung nur schwer von der Vorgabe des Ursprungsfilms trennen, zum anderen bleibt unklar, ob das Publikum bei der Einschätzung eines Films überhaupt zwischen Bearbeitung und Bearbeitetem trennt. Hesse-Quack vertrat die Meinung, daß Synchronisation eine Arbeit sei, „die vom größten Teil derjenigen, für die sie gemacht wird, überhaupt nicht zur Kenntnis genommen wird."[288] Götz und Herbst differenzierten dagegen zwischen Problemen der Lippen- und Bewegungssynchronität sowie der „Natürlichkeit" der Dialoge und stellten die Frage, „welche dieser Inkongruenzen werden vom Zuschauer überhaupt registriert?"[289] Zur Beantwortung dieser für

---

[288] Hesse-Quack: Der Übertragungsprozess bei der Synchronisation. S.216.

[289] Götz, Dieter u. Thomas Herbst: Der frühe Vogel fängt den Wurm: Erste Überlegungen zu einer Theorie der Synchronisation. (Englisch-Deutsch). In: Arbeiten aus Anglistik und Amerikanistik Jg.12. H.1 (1987). S.21.

sie „entscheidenden Frage"[290] führten sie auch erstmals Zuschauerbefragungen durch. Die Tatsache, daß es sich bei den 'Testpersonen' ausschließlich um Studenten handelte, und zum Teil mit Texten, nicht mit Filmen gearbeitet wurde, schränkt die Aussagekraft dieser Befragungen natürlich ein. Dabei relativierten schon die Autoren ihre Ergebnisse:

> „Die Befragungsergebnisse kann man so interpretieren, daß letztlich 'nichts dabei herauskommt'. Man kann aber auch die Ansicht vertreten, daß sich beim Betrachter zumindest gelegentlich eine Art von Unbehagen einstellt, das weder einfach zu formulieren ist noch sich immer einwandfrei auf einzelne Punkte fixieren läßt."[291]

Dieses gelegentliche 'Unbehagen' der Zuschauer ist allerdings ein nicht zu unterschätzendes Phänomen bei der Frage nach der Bedeutung des Publikums für die Synchronisationsarbeit. Götz/Herbst leiteten daraus zu Recht ein „wesentliches Gebot" ab:

> „Der gutwillige - und prinzipiell überwältigte - Zuschauer darf nicht mit solchen Vorkommnissen konfrontiert werden, bei denen er kritisch werden muß, d.h. eine bestimmte Toleranz- oder Kritikschwelle darf nicht überschritten werden."[292]

Implizit wird hier auch eine Analogie zur Filmproduktion angesprochen. Das Publikum will nicht nur informiert, emotional bewegt und unterhalten, sondern auch getäuscht werden. Die Illusion, im Kino oder auf dem Bildschirm 'wirkliche' Menschen zu beobachten, soll weder durch mangelhafte Tricktechnik oder deutlich grau gefärbte Haare, noch durch fehlende

---

[290] Götz/Herbst: Der frühe Vogel fängt den Wurm. S.21.
[291] Götz/Herbst: Der frühe Vogel fängt den Wurm. S.22.
[292] Götz/Herbst: Der frühe Vogel fängt den Wurm. S.21.

126

Lippensynchronität oder Stimmbrüche gestört werden. Ein wichtiges Kriterium für die Qualität einer Synchronisation, wie für Filme allgemein, ist deshalb die Unauffälligkeit der eingesetzten Mittel und der Mühe, die die Erschaffung der Illusion gekostet hat.

Dabei ist das Publikum bereit, sich an bestimmte illusionshemmende Mittel so zu gewöhnen, daß es kein oder kaum noch 'Unbehagen' verspürt. Dies gilt für die Filmproduktion, bei der das Publikum akzeptiert, daß Sean Connery sowohl den Geheimagenten 007 als auch einen mittelalterlichen Mönch in „Der Name der Rose" verkörpert, wie für die Synchronisation. Theoretisch mag es nämlich der erwünschten Illusion hinderlich sein, daß „Detektiv Rockfords" Telefon klingelt, wie es kein Gerät der Bundespost tun würde, und der Anrufbeantworter doch auf deutsch antwortet. So hat sich das deutsche Publikum weitgehend daran gewöhnt, daß in der Filmwelt überall deutsch gesprochen wird, und doch die Telefone und Polizeisirenen so fremd klingen wie die Ortsnamen und Anreden der Filmfiguren.

Dieses Paradoxon mag den meisten Zuschauern nicht bewußt werden. Für die Analyse der Wirkung einer synchronisierten Fassung ist diese 'Figur' allerdings eine wichtige Kategorie.

12. Die Figuren der Filmsynchronisation

In der Synchronisationsforschung wurde bisher fast ausschließlich mit Kategorien gearbeitet, die speziell für die jeweils analysierten Filme geeignet waren. Für künftige Untersuchungen von Synchronfassungen ist es allerdings notwendig, einen Katalog aller möglichen Wirkungsunterschiede zwischen Ursprungs- und Synchronfassungen benutzen zu können. Eine solche 'Checkliste' erleichtert nicht nur den Einstieg in die Synchronisationsforschung, sondern ermöglicht auch den direkten Vergleich verschiedener Untersuchungen.

Ein möglicher Wirkungsunterschied ist dabei nicht zu verwechseln mit einem faktischen Unterschied zwischen den Fassungen. Ein äquivalent übersetzter Dialog zum Beispiel unterscheidet sich zwar im Sprachcode vom Ursprungsdialog, muß aber nicht unbedingt unterschiedlich wirken. Umgekehrt kann ein nicht synchronisiertes Lied auf den deutschen Zuschauer ganz anders wirken als auf das Publikum im Ursprungsland. Untersucht werden müssen also nicht nur die faktischen Unterschiede zwischen Filmfassungen, sondern die Systematik aller Wirkungsaspekte.

Im einzelnen lassen sich, neben der Aufführungssituation, sechs mögliche Orte unterscheiden, in denen unterschiedliche Wirkungen ihre Ursache finden: in den gesprochenen oder gesungenen Worten, den Geräuschen, der Musik, den Bildern, den Bildausschnitten, schließlich beim Ton-Bild-Verhältnis.

Bei der Sammlung der möglichen Varianten von Unterschieden in diesen sechs Feldern fällt auf, daß diese Phänomene, sei es ein veränderter Dialog, eine fehlende Szene oder eine neue Musik, im Prinzip wie die Figuren und Tropen der Rhetorik funktionieren. Quintilian definierte Figuren als „eine Gestaltung der Rede, die abweicht von der allgemeinen und sich zunächst anbietenden Art und Weise."[293] Dabei nimmt er ein Gefälle zwischen eigentlichen und uneigentlichen Ausdrücken der Sprache an. Dieses Gefälle kann auf den Unterschied zwischen Ursprungs- und Synchronfassungen angewendet werden. Die Unterschiede zwischen den Fassungen lassen sich als Figuren und Tropen darstellen, deren Prinzip nach Quintilian „im Hinzufügen, Weglassen und Vertauschen von Wörtern"[294] besteht. Ähnlich verhält es sich bei der Synchronisation. Nur werden hier neben den Wörtern auch Bilder und Geräusche entweder hinzugefügt, weggelassen oder vertauscht. So wie die rhetorischen Figuren zwar Verstöße gegen bestimmte sprachliche Normen sind, aber keine Fehler, sondern bewußt herbeigeführte Abweichungen, die eine bestimmte Wirkung haben sollen, so sind auch Änderungen in einer synchronisierten Fassung an der mit ihnen intendierten Wirkung zu messen. Insofern ist die Liste der möglichen Unterschiede zwischen Ursprungs- und Synchronfassungen eine Art Figurenlehre der Filmsynchronisation.

Zur Erläuterung ein Beispiel. In Stanley Kubricks Film „2001: A space odyssey" singt kurz vor Erreichen des Jupiter als Ziel der Expedition der 'sterbende' Supercomputer HAL 9000 einen banalen Schlager: „Daisy, Daisy, give me your answer true, I'm half crazy all for the love of you." In der deutschen Fassung „Odyssee im Weltraum" singt HAL ein anderes Lied, nämlich „Hänschen klein."[295] Die deutsche Fassung weicht also von der Ursprungsfassung ab, und zwar auf der Ebene eines Liedes. Der Austausch der Lieder läßt sich dabei als eine Figur der Filmsynchronisation verstehen. Die englische Fassung von „2001" ist die Ebene des eigentlichen Ausdrucks, die deutsche Fassung die Ebene des uneigentlichen Ausdrucks. Dies ist nicht nur eine formale Abweichung vom Ursprungsfilm, sondern verändert auch die Bedeutung des Films. „Hänschen klein" in der

---

[293] Quintilianus: Ausbildung des Redners. 9,1,4.
[294] Quintilianus: Ausbildung des Redners. 9,4,147.
[295] "2001: Odyssee im Weltraum": TC: 1.44.30ff.

deutschen Fassung von „2001" ist mehr als nur ein beliebiger, formaler Austausch für den „Daisy, Daisy"-Schlager. Der Text des Kinderliedes, das HAL bei seiner Programmierung, seiner 'Geburt' beigebracht wurde, und das er am Ende singt, dieser Text beschreibt in ganz einfachen Worten das bevorstehende Ende der Expedition: Hans ist wohlgemut in die weite Welt hinausgezogen, doch die Mutter weint und Hans kehrt zurück. HALs Gesang endet bei den Zeilen, „da besinnt sich das Kind und kehrt heim geschwind." „Hänschen klein" paßt dabei nicht nur ideal zur Rückführung des allmächtigen Computers in eine infantile Maschine durch Abschaltung seiner höheren Funktionen. Das Lied paßt auch zur Figur des Astronauten David Bowman, den der wohlerzogene, weil wohlprogrammierte Computer gefragt hatte, ob er sein Lied überhaupt hören wolle. Bowmans Zustimmung zu „Hänschen klein" deutet so seine spätere Rückkehr als durch Jupiter geläutertes Kind zur 'Mutter Erde' an. Der Austausch der Lieder zeigt deutlich den möglichen positiven Effekt einer Synchronisationsfigur. Die Herausnahme von 23 Minuten aus „Casablanca" weist dagegen in die andere Richtung.

Mit Blick auf „2001" und „Casablanca" wird klar, daß die Figuren der Synchronisation so „zweischneidig" sind, wie Quintilian die „Waffen der Redefertigkeit"[296] charakterisiert. Quintilian folgert aus dieser Zweischneidigkeit, daß es „nicht billig ist, etwas für schlecht zu halten, das auch zum Guten zu gebrauchen ist."[297] Die Feststellung einer Figur impliziert also noch nicht eine bestimmte Wertung. Figuren sind keine Fehler der Synchronisation.

Austausch-, Auslassungs- oder Hinzufügungsfiguren basieren auf faktischen Unterschieden der Filme. In einer vierten Kategorie, die als Übernahme bezeichnet werden kann, finden sich die Figuren, die nicht auf einer Veränderung des

---

[296] Quintilianus: Ausbildung des Redners. 2,16,10.
[297] Quintilianus: Ausbildung des Redners. 2,16,10.

Filmmaterials oder der Tonspur beruhen. Quintilian schreibt: „Eine Figur kann mit Worten in ihrer eigentlichen Bedeutung und Wortstellung zustande kommen."[298] Dies ist auch bei der Filmsynchronisation möglich. In Milos Formans „Amadeus" etwa wird die 'Zauberflöte' auf englisch gesungen, um im Kontrast mit den italienischen Opern des Films, Mozarts Hinwendung zur einfachen Volkssprache zu demonstrieren. Auch in der deutschen Fassung erlebt der Zuschauer diese deutsche Oper aber auf englisch, was sie fremd erscheinen läßt und gar nicht volksnah. Obwohl bzw. gerade weil nichts verändert, synchronisiert wurde, wirkt die 'Zauberflöte' und damit diese Filmpassage in Deutschland anders. Götz/Herbst haben dieses Phänomen, diese Figur einmal als das „Amadeus-Paradox"[299] bezeichnet, was schon andeutet, daß die Figuren der Filmsynchronisation andere Namen tragen sollen als die bekannten Figuren der rein sprachlichen Rede. Dafür gibt es zwei Gründe. Obwohl nämlich die Figuren und Tropen der Synchronisation prinzipiell ähnlich funktionieren wie die der Rede, wirken sie aber nicht genauso auf den Zuschauer. Der Zuschauer einer Synchronfassung nimmt nämlich nur die uneigentliche Ebene wahr und kann nicht auf die eigentliche Ebene schließen, weil er den Ursprungsfilm in aller Regel nicht kennt. Bei einer mit Figuren geschmückten Rede ist das anders. Die Wirkung einer Metapher zum Beispiel lebt von der Ähnlichkeit zum eigentlichen Ausdruck, den sich der Zuhörer auch immer erschließen kann, was bei einer Synchronfassung selten möglich ist. Die eigentliche Redeweise ist nicht implizit verständlich. Deshalb kann es für den Zuschauer auch keine metaphorische Synchronisation geben. Eine Figur der Filmsynchronisation, d.h. eine Auslassung, eine Hinzufügung, ein Austausch oder eine Übernahme wirkt auf den Zuschauer immer

---

[298] Quintilianus: Ausbildung des Redners. 9,1,7.
[299] Götz/Herbst: Der frühe Vogel fängt den Wurm. S.23.

als eigentlicher Ausdruck. Die Figuren der Synchronisation sind deshalb äußerst glaubwürdig.

Zweiter Grund für die Unterscheidung von rhetorischen und Synchronfiguren ist die Verwechslungsgefahr. Rhetorische Figuren und Tropen kommen in den Filmdialogen, den Bildern sowohl der Ursprungs- als auch der Synchronfassungen vor. Eine Metapher, eine Metonymie in einem Dialog des Ursprungsfilms, die eine Metapher, eine Metonymie auch in der synchronisierten Fassung bleibt, interessiert in diesem Zusammenhang allerdings nicht. Die Wirkung der entsprechenden Filmpassage bleibt ja in der Regel erhalten. Fällt eine metaphorische Wendung oder auch ein eigentlicher Ausdruck des Ursprungsfilms in der Synchronfassung aber weg, wird ein neuer hinzugefügt oder ausgetauscht, dann entsteht eine neue Figur auf der Vergleichsebene der beiden Fassungen. Angewendet wird also nur das Prinzip der rhetorischen Figurenlehre auf Synchronisation, nicht die Figuren selbst.

Bei sechs möglichen Orten und jeweils vier Kategorien ergeben sich 24 Grundtypen der Figuren. Im Einzelnen muß allerdings noch weiter differenziert werden. Bei der Übernahme von gesprochenen, gesungenen Worten zum Beispiel ist es sinnvoll, neben dem 'Amadeus-Paradox' die Übernahme von fremdsprachlichen Namen und Anreden, von Idiomen, Anspielungen und atmosphärischen Hintergrunddialogen zu unterscheiden.

Im folgenden sollen die Figuren der Filmsynchronisation im Einzelnen definiert und durch Beispiele illustriert werden. Aus pragmatischen Gründen werden dabei einzelne Aspekte der vorangegangenen Kapitel verkürzt wiederholt.

Die Reihenfolge der Figuren stellt keine Hierarchie dar. Nacheinander werden die sechs Orte der Figuren mit jeweils Auslassungen, Hinzufügungen, dem Austausch und Übernahmen behandelt, wie es die folgende Übersicht zeigt:

1. Gesprochene, gesungene Worte: Auslassungen

2.	Hinzufügungen
3.	Austausch
4.	Übernahme
5. Geräusche:	Auslassungen
6.	Hinzufügungen
7.	Austausch
8.	Übernahme
9. Musik:	Auslassungen
10.	Hinzufügungen
11.	Austausch
12.	Übernahme
13. Bilder:	Auslassungen
14.	Hinzufügungen
15.	Austausch
16.	Übernahme
17. Bildausschnitte:	Auslassungen
18.	Hinzufügungen
19.	Austausch
20.	Übernahme
21. Verhältnis Ton-Bild:	Auslassungen
22.	Hinzufügungen
23.	Austausch
24.	Übernahme

1. Gesprochene, gesungene Worte: Auslassungen

1.1 Werden einzelne Worte oder ganze Themen bei der Synchronisation ausgelassen, fehlen sie in der deutschen Fassung. Da die Sprecher oft im Bild zu sehen sind, muß diese Figur mit Figur 3 (Austausch von Worten), häufiger noch mit Figur 13 (Auslassung von Bildern) kombiniert werden.

In der ersten deutschen Fassung von Hitchcocks „Notorious" mit dem Titel „Weißes Gift" fehlen zum Beispiel alle Hinweise, daß es sich bei der Bande in Rio um deutsche Nazis handelt.

133

1.2 Oft gehen wichtige Sprachcharakteristika wie Akzente und Dialekte durch die Bearbeitung verloren.
Der von Gérard Depardieu verkörperte französische Einwanderer in „Green Card" zum Beispiel spricht in der Ursprungsfassung englisch mit deutlichem französischen Akzent. In der deutschen Fassung spricht er wie alle anderen Figuren aber akzentfreies Deutsch. Der Unterschied wird nivelliert.

2. Gesprochene, gesungene Worte: Hinzufügungen
2.1 Hinzugefügt werden vor allem Worte von Erzählern/Erklärern. In der Stummfilmzeit war dies die übliche Praxis im Kino, in der 70er Jahren wurden viele Stummfilme dadurch fürs Fernsehen 'angereichert'. Ganze Reihen wie 'Männer ohne Nerven' oder 'Väter der Klamotte' wurden so bearbeitet.
Der von Hanns Dieter Hüsch gesprochene Kommentar in „Die trunkenen Kurgäste" ist eine solche Hinzufügung gegenüber Chaplins Ursprungsfassung von 1917.

2.2 Auch einzelne Worte oder Sätze können hinzugefügt werden, um zum Beispiel fremdsprachliche Texte im Bild verständlich zu machen.
In „Rosemaries Baby" wird die Übersetzung von Mia Farrows Versuchen, aus Scrabble-Buchstaben das Versatzrätsel zu lösen, aus dem OFF gesprochen.[300] Von Mia Farrows Synchronsprecherin gesprochen, wirkt diese Hinzufügung plausibel, da Mia Farrow kurz darauf auch im ON laut ihre Gedanken äußert, obwohl niemand im Raum ist. Einziger Einwand kann sein, daß die Scrabbleszene bewußt leise inszeniert wurde. Es herrscht fast atemlose Spannung, die durch die Übersetzungen aus dem OFF unterbrochen wird.

---

[300] 'Rosemaries Baby" TC: 1.24.35ff.

134

2.3 Selten werden auch bei lippensynchronen Fassungen Sätze hinzugefügt. Das zusätzliche Material muß durch höheres Sprechtempo kompensiert werden oder in OFF- bzw. Counter-Passagen fallen.

In „Die 2" fand Toepser-Ziegert 40 Aussagen der Protagonisten, wo in den „Persuadors" gar kein Text vorlag.[301]

2.4 Aus Angst vor dem Umschalten der Zuschauer werden bei Privatsendern aus dem OFF Programmankündigungen über den Nachspann des gerade abgelaufenen Films gesprochen. Diese Hinzufügungen verhindern einen allmählichen Ausstieg aus dem Film, versuchen den Zuschauer zum nächsten Ereignis zu hetzen.

3. Gesprochene, gesungene Worte: Austausch

3.1 Zu einem Austausch von fremdsprachlichen durch deutsche Dialoge kommt es in allen lippensynchronen Fassungen. Dadurch geht die Authentizität der Schauplätze verloren. Ob im afrikanischen Dschungel, der texanischen Wüste, den Höhen der Anden oder den Hütten Polynesiens, überall wird deutsch gesprochen. Bleiben fremdsprachliche Anreden und ausländische Geräusche erhalten, entsteht das Mallorca-Syndrom (Figur 4.1).

3.2 Durch den Austausch können gewalttätige oder erotische Aussagen abgeschwächt werden.

In „Pulp Fiction" spricht Killer Jules von sich als „bösem schwarzen Mann", obwohl in der Ursprungsfassung von einem „bad motherfucker" die Rede ist.

3.3 Beim Austausch können Inhalte auch verstärkt werden, also gewalttätiger, anzüglicher, ordinärer werden.

---

[301] vgl. Toepser-Ziegert: Theorie und Praxis der Synchronisation. S.210.   135

So ist Sex in „Die 2" „im Gegensatz zum Original ein zentrales Thema in den Dialogen."[302]

3.4 Mehrsprachigkeit kann in einer deutschen Fassung nivelliert werden.

„Im Würgegriff der schwarzen Hand" sprechen alle Figuren deutsch, obwohl in „Le Scorpion" zwei Figuren holländisch reden.

Klingonische und amerikanische Dialoge in „Star Trek" wurden im „Raumschiff Enterprise" alle durch deutsche Dialoge ausgetauscht. In einigen Szenen führt dies zu einem Verlust an Spannung.[303]

3.5 Ein äquivalenter Austausch von Akzenten und Dialekten ist kaum möglich. Werden Unterscheidungen innerhalb der Ursprungsfilme durch Hochdeutsch nivelliert, handelt es sich um Figur 1.2 Ein Austausch von Akzenten führt dagegen zu neuen Assoziationen über die jeweilige Filmfigur.

In „My fair lady" wird dem Blumenmädchen Elisa Doolittle Cockney ausgetrieben, in der deutschen Fassung spricht sie anfangs Berlinerisch. Da auch in der deutschen Fassung kein Zweifel gelassen wird, daß die Handlung in London spielt („Wie kommst Du mein Täubchen nach London-Ost?"; Rennen in Ascot; Scotland Yard usw.), die Arbeiterklasse aber berlinerisch redet (kieken, ick statt ich usw.) entsteht ein Paradox. Da der Film aber vom Überwinden der Klassenschranken durch Aneignung der Hochsprache handelt, mußte auch in der deutschen Fassung ein Gefälle von Dialekt und Hochsprache installiert werden.

3.6 Idiome sind besonders schwierig auszutauschen, wenn sie im Bild thematisiert werden. (siehe auch Figur 24.2)

---

[302] Toepser-Ziegert: Theorie und Praxis der Synchronisation. S.166.
[303] vgl. Sander, Ralph: Das Star Trek Universum. München 1990. S.306.

Das 7. Ehejahr wird in den USA wie in Deutschland als besondere Hürde gesehen. Aus Billy Wilders „The seventh year itch" wurde aber nicht das 'Jucken im siebten Jahr', sondern „Das verflixte siebente Jahr". Als sich der von Tom Ewell gespielte Strohwitwer heftig kratzt, als er einen Ratgeber über das sexuelle Jucken im 7. Jahr liest, fehlt dem deutschen Zuschauer der Bezug.[304]

3.7 Anspielungen sind außerhalb des Ursprungslands oft unverständlich. Anspielungen können aber ausgetauscht werden.
In Woody Allens „Annie Hall" wird gefragt: „What did you, grow up in a Norman Rockwell painting?" In der deutschen Fassung heißt es: „Sind sie in einem Heimatfilm aufgewachsen?"[305]

3.8 Liedtexte werden nur selten übersetzt und ausgetauscht. Lippensynchrones Singen ist äußerst schwierig, gute Sänger selten zu haben. Bei vielen Liedern in Spielfilmen rangiert die Bedeutung der Texte außerdem hinter den erhaltenswerten Stimmen, etwa denen von Marilyn Monroe oder Yves Montand. Übernimmt man die Lieder aus der Ursprungsfassung, kommt es zu einem Stimmbruch (vgl. Figur 4.4) Zu einem Austausch kommt es häufig bei Kinderfilmen und -serien. Vor allem Vorspannlieder werden ausgetauscht.
In den lippensynchron bearbeiteten „Muppets shows" sind alle Liedtexte ausgetauscht. In der Eröffnungsmusik etwa singen die Muppets auf deutsch: „Jetzt tanzen alle Puppen, macht auf der Bühne Licht" etc.

3.9 Schwierig ist der lippensynchrone Austausch von bekannten Texten, bei denen sich eine Übersetzung etabliert hat.

---

[304] "Das verflixte siebente Jahr" TC: 0.56.00ff.
[305] vgl. Whitman-Linsen: Through the dubbing glass. S.137.

In der deutschen Fassung der Shakespeare-Verfilmung von Franco Zeffirelli, „Giuletta e Romeo", meint Julia am Morgen nach der ersten Liebesnacht: „Willst, Liebster, Du schon gehen? Der Tag ist lange noch nicht da. Es war die Nachtigall und nicht die Lerche, die eben jetzt dein banges Ohr durchdrang. Sie singt des Nachts auf dem Granatbaum dort. Glaub, Liebster, mir, es war die Nachtigall."[306] Dies folgt weitgehend der literarischen Übersetzung von A.W. Schlegel, dessen Text lediglich 4 Silben kürzer ist. Daß es im Film „Liebster" statt 'Lieber' wie bei Schlegel heißt, ist wohl mit Rücksicht auf das Sprechtempo verändert worden. Die drei Worte „Glaub', Lieber, mir" könnten schnell gesprochen mit „Glaub lieber mir", also „glaube mir und nicht Dir" verwechselt werden. Die Stelle offenbart eine typische Schwierigkeit des Synchrontextens, die bei literarischen Übersetzungen oder auf der Bühne nicht besteht.

3.10 Durch deutsche Sprecher kann mit der neuen Stimme der Charakter der Filmfigur interpretiert werden.
Die deutsche Stimme machte zum Beispiel aus Lt. Saavik in „Star Trek IV." eine „Kombination aus Kettenraucher und Alkoholiker" und „Gillian Taylor bekam einen sehr arroganten Anstrich, obwohl das in keiner Weise dem Original entsprach."[307]

3.11 Beim Austausch der Stimmen erwartet das Publikum, daß ein Schauspieler immer wieder vom gleichen Synchronsprecher bearbeitet wird. Zwei Sprecher für einen Schauspieler können irritieren.
Humphrey Bogart etwa wird in „Der Tiger" und in „Casablanca" (1975) von zwei verschiedenen Sprechern synchronisiert.

---

[306] "Romeo und Julia". TC: 1.29.50ff.
[307] Sander: Das Star Trek Universum. S.309.
138

3.12 Wenn ein Synchronsprecher, wie dies üblich ist, mehrere ausländische Schauspieler synchronisiert, kann die dominante Bindung auf die anderen Rollen abstrahlen.

Die charakteristische, deutsche Stimme von Ernie in der „Sesamstraße" synchronisiert auch den Familienvater Cosmo in „Mondsüchtig", was die Figur vollends ins Lächerliche zieht. Ein solcher ´Ernie-Effekt´ wird eine Filmfigur nicht völlig neu charakterisieren, bestimmte Eindrücke aber durchaus verstärken können. Die Stimme des ewig nörgelnden, in einer Mülltonne lebenden Oscar aus der „Sesamstraße" synchronisiert auch den Schauspieler F. Murray Abraham, der in ähnlich unsympathischen Rollen als Antonio Salieri in „Amadeus" und als Inquisitor im „Namen der Rose" bekannt wurde. Daß ein Helmut Kohl-Imitator den Bösewicht in „Prinzessin Aline und die Groblins" spricht, stellt ebenfalls einen Ernie-Effekt dar.

3.13 Ein Nebeneffekt des Dialogaustauschs ist die bessere Tonqualität der Synchronfassungen gegenüber den Ursprungsfilmen. Bei der Synchronisation im Studio herrschen ideale Aufnahmebedingungen, die fast keine Originalproduktion erreicht. Einen direkten Vergleich der Tonspuren erlauben neben 2-Kanal-Sendungen auch nachträglich ergänzte Fassungen. Die eingefügten und untertitelten Passagen in „Der Fremde im Zug" (1995) zeigen deutlich das Gefälle zwischen der ursprünglichen und der Synchrontonspur.

3.14 Beim Austausch der persönlichen Anreden wird meist versucht, den deutschen Konventionen des 'Sie' und 'Du' zu entsprechen. Das kann Figurenkonstellationen eines Films verändern. Bei der Bearbeitung muß für jedes Figurenpaar festgelegt bzw. interpretiert werden, ob sie sich duzen oder nicht bzw. wann sich die vertrautere Form einstellt. Eine Behelfslösung ist die Anrede mit 'Sie' und dem Vornamen. Subtile Irritationen sind nicht ausgeschlossen.

139

In „Tote schlafen fest" siezen sich Marlowe und Mrs. Rutledge bis sie sich küssen. Bis auf eine Ausnahme, als der verärgerte Marlowe wieder auf Distanz gehen möchte, duzen sie sich nach diesem Kuß.

In „Verbrechen und andere Kleinigkeiten" siezen sich Cliff (Woody Allen) und Halley (Mia Farrow) selbst noch bei Cliffs Liebeserklärung: „Heiraten Sie mich! Ich bin verrückt nach Ihnen!"[308] Dies verdeutlicht die distanziert verkrampfte Beziehung der beiden Figuren, die niemals wirklich zueinander finden können. Daß Whitman-Linsen die förmliche Art seltsam findet, basiert auf ihrem Mißverständnis, die beiden seien „undeniably involved in a close friendship with each other."[309] Das Erkennen einer Synchronfigur und ihre Deutung sind, wie man sieht, unterschiedlich schwierige Aufgaben.

3.15 Einen dem deutschen Publikum gegenüber unangemessenen Austausch stellen die vielen Anglizismen in deutschen Synchrontexten dar. Dabei werden Redewendungen aus dem Englischen wörtlich und nicht sinngemäß oder dem Kontext entsprechend ausgetauscht. Typische englische Redeweisen, die durch Synchronfassungen importiert werden sind „Ich traf meinen Mann" (statt 'ich lernte ihn kennen'), „Ich liebe Erdbeer-eis" (statt 'ich mag es'), „wie ist seine Adresse?" (statt 'wo wohnt er?'), „wir machten Liebe zusammen" (statt 'wir gingen miteinander ins Bett').

Die Titelfigur in „Forrest Gump" sagt gleich zu Beginn „Mein Name ist Forrest Gump" obwohl im Deutschen „Ich heiße Forrest Gump" üblich ist.

In „Crimes and other Misdemeanors" wird ein Gast auf einer Party mit den Worten „I'm so glad to see you" begrüßt. In „Verbrechen und andere Kleinigkeiten" wurde daraus „Bin ich

---

[308] "Verbrechen und andere Kleinigkeiten" TC: 1.20.54ff.
[309] Whitman-Linsen: Through the dubbing glass. S.223.

froh, Dich zu sehen," als ob der Gast gerade aus dem Krieg zurückkehrt wäre. 'Schön, daß Du da bist' hätte der Situation viel eher entsprochen.[310]

4. Gesprochene, gesungene Worte: Übernahmen
4.1 Bei der Übernahme von Namen und Anreden aus der Ursprungsfassung bewahrt man Lokalkolorit. Werden die restlichen Dialogteile ausgetauscht, entsteht das Mallorca-Syndrom: Das Ausland wird als Fortsetzung der Heimat verstanden, man erwartet, daß alle perfekt deutsch sprechen.

4.2 Bei der kostengünstigen Übernahme von fremdsprachlichen Hintergrunddialogen in Bars, auf Schulhöfen usw. wird Lokalkolorit erhalten. Umgekehrt entsteht das Paradox, daß die handlungsrelevanten Figuren daneben deutsch sprechen.
In „My fair lady" wurden zwar alle Lieder synchronisiert, auf dem Diplomatenball sind aber noch die ursprünglichen, englischen Hintergrunddialoge zu hören.[311]

4.3 Werden Anspielungen übernommen, die nur im Ursprungsland verständlich sind, kann dies die Zuschauer irritieren. Bei Fassungen mit deutschen Sprechern kann eine Anspielung durch eine andere Anspielung ersetzt werden. Bei Untertiteln muß eine Anspielung übernommen werden, auch wenn sie unverständlich bleibt.
„What are you gonna do?" - „Kinsey from cover to cover" heißt es in „Tote tragen keine Karos". Die Untertitel übernehmen die

---

[310] vgl. Whitman-Linsen: Through the dubbing glass. S.297.
[311] "My fair lady" TC: 1.39.32ff.

Anspielung auf Kinseys Sex-Reports[312]: „Was machen wir jetzt?"
- „Kinsey von vorne bis hinten."[313]

4.4 Die Übernahme von Gesang in einem ansonsten
lippensynchron bearbeiteten Film führt zu einem deutlichen oder
subtilen 'Stimmbruch'. Der Zuschauer hört also sowohl die
Originalstimme, die singt, als auch die (andere) Synchronstimme,
die spricht. Ein Stimmbruch schadet der Unauffälligkeit der
Synchronisation, die die Illusionswirkung des Films fördern soll.
Besonders häufig und wichtig sind Gesangspassagen in Musicals
wie „Hair". Hier leiden alle Figuren an Stimmbrüchen, sobald die
übernommenen Lieder von den synchronisierten Dialogen
abgelöst werden.
Einen Stimmbruch erleidet auch Charlie Chaplin im „Großen
Diktator". Seine deutsch klingende, aber nichtssagende Rede als
Diktator wurde nicht synchronisiert. Als er aber kurz darauf
Generalfeldmarschall Hering zurechtweist („Wir sprechen uns
noch!"), hören wird die Stimme des deutschen
Synchronsprechers.[314] Chaplin spricht also mit zwei Stimmen.
Um diesen Stimmbruch zu vermeiden, hätte man die
lautmalerische Glanzleistung, nämlich Chaplins Nonsens-Rede
als Diktator, synchronisieren müssen, was sich zu Recht niemand
wagte.

4.5 Das Amadeus-Paradox entsteht, wenn bei einer Übernahme
die umgekehrte Wirkung der Ursprungsfassung erzielt wird. Es
zeigt, daß nicht nur Veränderungen der Ursprungsfassungen für
andersartige Wirkungen verantwortlich sind, sondern auch das

---

[312] Gemeint ist Alfred C. Kinsey vom Institut for Sex research an der Indiana University
und seine populären Bücher 'Sexual behavior in the human male' (1949) und 'Sexual
behavior in the human female' (1953).
[313] "Tote tragen keine Karos" TC: 0.32.10ff.
[314] "Der große Diktator" TC: 0.14.25ff und 0.20.51ff.

„Original" in einer anderen Aufführungssituation neu rezipiert wird.

Bei „Amadeus" wollte Milos Forman Mozarts Hinwendung zur volkstümlichen, deutschsprachigen, nicht elitär italienischen Oper dadurch deutlich machen, daß die Zauberflöte in der Sprache des Publikums, englisch gesungen wurde. Nach Deutschland importiert wurden die Dialogpassagen synchronisiert, die Opern aber übernommen, was die Zauberflöte gar nicht mehr volksnah, sondern im Gegenteil fremd erscheinen läßt.

5. Geräusche: Auslassungen

Fehlen Geräusche in einer deutschen Fassung, liegt dies häufig daran, daß kein IT-Band vorlag. Diese Internationale Tonspur sollte alle Geräusche und die komplette Musik ohne Dialoge erhalten. Bei alten oder billig produzierten Filmen fehlt häufig diese Tonspur und wird nicht rekonstruiert.

In „Tote schlafen fest" ist das Donnern des Gewitters nicht zu hören, als Bogart (Marlowe) Lauren Bacalls Arm faßt, obwohl die Gewitterblitze deutlich zu sehen sind.[315] Ein gellender Frauenschrei fehlt in der deutschen Fassung genauso wie das Geräusch einer Handbremse und einer Türklingel. Auch das Umdrehen einer Leiche macht in der deutschen Fassung kein Geräusch mehr. Dafür donnert es dabei im Hintergrund, was in der Ursprungsfassung nicht der Fall ist (siehe Figur 6).[316]

6. Geräusche: Hinzufügungen

Geräusche werden bei Rekonstruktionen der IT-Spur ergänzt oder bei Kommentarfassungen von Stummfilmen hinzugefügt. Bis zur Tonfilmzeit wurden Geräusche live im Kino mit speziellen Geräten (z.B. Soundbox) eingespielt. Eine Imitation dieser frühen

---

[315] "Tote Schlafen fest" TC: 0.24.53ff.
[316] "Tote Schlafen fest" TC: 0.20.19ff.

Praxis stellen die Fernsehfassungen von Slapstickfilmen dar, die neben Kommentaren und neuer Musik auch Geräusche hinzufügen. Diese hinzugefügten Geräusche sind meist unrealistisch.

In „Die Trunkenen Kurgäste", der deutschen Bearbeitung eines Chaplinfilms von 1917, kracht und quietscht es, als der stämmige Kurmasseur einen Gast durchknetet. Charlies Hände knirschen, sobald sie gedrückt werden und bei einer Prügelei werden Kopftreffer mit Trommelschlägen begleitet.

7. Geräusche: Austausch

7.1 Wenn die IT-Spur fehlt oder Originaldialoge mit Geräuschen zusammen aufgenommen wurden, müssen Spezialisten diese Geräusche in Deutschland nachmachen, so daß sie ausgetauscht werden können. Dies gilt für die Atmosphäre einer Szene (belebte Einkaufsstraße, Wald etc.), wie für Türklingeln, Schritte, Schüsse, Autos und anderes.

7.2 Denkbar ist auch der Austausch der Raumcharakteristika durch die Neuaufnahme von Geräuschen und Dialogen. In aller Regel wird aber versucht, die Geräusche dem im Bild sichtbaren Raum entsprechen zu lassen, also in einer Turnhalle den Ton halliger zu gestalten usw. Die erzielten Ergebnisse sind meist sehr gut.

In der deutschen Fassung von „Citizen Kane" wurde die Raumcharakteristik des Tons im Thatcher-Archiv und in Xanadu ausgetauscht. Der starke Hall der Stimmen in den weiten, unheimlichen Räumen fehlt in der deutschen Fassung. Die Vereinsamung Kanes in seinem Schloß Xanadu wird durch den Ton nicht mehr pointiert.

8. Geräusche: Übernahme

8.1 Die Übernahme von Geräuschen in lippensynchronen [144]Fassungen führt oft zu einem Paradox. Durch Geräusche wie

Polizeisirenen oder Telefonklingeln läßt sich der Ort der Handlung zwar als Ausland identifizieren, die Einwohner sprechen aber alle deutsch.

Wenn „Detektiv Rockfords" amerikanisches Telefon klingelt und sein Anrufbeantworter anspringt, hören wir gleich darauf Rockford auf deutsch um eine Nachricht bitten. Amerikanisches Telefon und deutscher Sprecher stehen im direkten Gegensatz. An das Rockford-Paradox ist der Zuschauer aber so gewöhnt, daß es keine Irritationen auslöst.

8.2 Übernommen wird bei Fernsehserien meist auch das vom Band zugespielte Publikumslachen. Diese 'Rezeptionshilfe' zwingt den Synchrontexter dazu, Gags in der deutschen Fassung an denselben Stellen zu plazieren. Verzichtet man auf das Konservenlachen oder setzt es auf der Tonspur um, fallen die kleinen Dialogpausen nach den Punchlines auf.

In einer Folge von „Alf" lacht das imaginäre Publikum 96 mal in gut 23 Minuten. Zuweilen besteht kaum Ansteckungsgefahr, da der Gag auf Anspielungen oder Idiomen beruht, wie im folgenden Fall, als Brian und Alf ein Gewitter beobachten:

Brian: „Wow, es regnet Hunde und Katzen."

Alf: „Es regnet Katzen? Dann mach' die Dachfenster auf! Ich hol' schon mal die Mayonnaise. (Lachen)"[317]

9. Musik: Auslassungen

Fehlende Originalmusik in der deutschen Fassung basiert meist auf mangelhaften IT-Spuren. Je nach Funktion der jeweiligen Musik kann dies die Wirkung eines Films erheblich verändern.

In „Tote schlafen fest" fehlt die komplette Originalmusik. An vielen Stellen ist sie ausgetauscht worden. In den Anfangsszenen ist kaum Musik zu hören, was diese Passagen spröder wirken läßt.

---

[317] "Alf. Der mysteriöse Fremde" TC: 0.06.15ff.

10. Musik: Hinzufügungen

10.1 In der Stummfilmzeit mußte die begleitende Musik ausgetauscht werden, da sie meist nicht aufgezeichnet wurde.

So spielte man in deutschen Kinos Schallplatten nach eigener Wahl zum importierten Film. Die ersten Großkinos ließen neben der Leinwand einen Tenor singen oder ganze Orchester spielen, während die kleineren Lichtspieltheater einen Pianisten oder kleine Kapellen engagierten. Obwohl dies ähnlich auch in den Ursprungsländern der Filme praktiziert wurde, handelte es sich aus Sicht der Akteure nicht um einen Austausch, sondern um neue, dem importierten Bildstreifen hinzugefügte Musik. Nur im abstrakten Vergleich von Kinovorstellungen desselben Films in New York und Berlin ließe sich von einem Austausch sprechen. Dieser Austausch fand aber schon in verschiedenen New Yorker Kinos statt, dem deutschen Importeur und Musiker stand kein Vergleich zur Verfügung, er konnte nicht austauschen, nur hinzufügen. Ähnlich verhält es sich bei vielen späteren Tonfilmfassungen von Spielfilmen, z.B. bei den „Trunkenen Kurgästen". Die gesamte Musik dieser Fassung ist 1973 in Deutschland entstanden, ohne daß eine feste Vergleichsgröße existierte.

10.2 Musik kann nicht nur komplett zu einem Film, sondern auch zu einzelnen Szenen hinzugefügt werden, woraus sich erhebliche Wirkungsunterschiede ergeben können.

In der deutschen Fassung von „Citizen Kane" wurde die komplette Musik ersetzt. In einer Szene ist dabei Musik zu hören, als in der Ursprungsfassung bewußte Stille herrscht. Wenn Kane als neuer Eigentümer zum ersten Mal die verschlafenen Redaktionsräume des 'Inquierer' betritt, ist kein Laut zu hören. Niemand telefoniert, redet, raschelt oder spitzt seinen Bleistift. Erst das zarte Läuten des Chefredakteurs mit einer Glocke bricht das Schweigen. In der deutschen Fassung dudelt die neue Musik ₁₄₆dagegen von der Anfahrt Kanes bis weit in die

Redaktionsräume herein, der Satire auf die klosterähnlichen Zustände der Redaktion wird die Spitze genommen.[318]

11. Musik: Austausch

Zu einem seltsamerweise wenig beachteten Austausch von Musik kommt es selbst in wichtigen Klassikern wie „Tote schlafen fest" oder „Citizen Kane". Neben den Passagen, wo in der deutschen Fassung Musik fehlt oder neue Musik hinzukommt, können auch die zeitlich kongruenten Musiken unterschiedlich wirken.
Die neue Musik in „Tote schlafen fest" etwa ist jazziger, vielseitiger angelegt als in „The big sleep". Die deutsche Musik betont außerdem einzelne Momente stärker (Kuß, Tod), wirkt insgesamt aber ruhiger, weniger pathetisch als die Ursprungsmusik.

12. Musik: Übernahme

Wie Worte kann auch Musik Anspielungen auf Phänomene des Ursprungslands transportieren, die bei der Übernahme weniger stark oder gar nicht mehr wirken. Dies gilt für die Übernahme von fremden Nationalhymnen oder Volksliedern, wie für musikalische Zitate anderer Filme oder lokaler Bands in den Ursprungsfassungen.

13. Bilder: Auslassungen

Bilder werden aus politischen oder ästhetischen Gründen ausgelassen. Oft dienen Bildauslassungen zur 'Entschärfung' von dargestellter Gewalt oder Sexualität. Manchmal fehlen in der deutschen Fassung nur einzelne Einstellungen, öfter ganze Szenen. Auch das Auslassen von einzelnen Folgen einer Serie kommt vor. Bei längeren Bildauslassungen ist ein gleichzeitiger Verlust der entsprechenden Töne unvermeidlich. Der Grund für

---

[318] "Citizen Kane" TC: 0.30.42ff.

die Auslassung liegt meist aber im Bild, da unerwünschte Dialoge austauschbar sind, nicht unbedingt geschnitten werden müssen.

In der ersten deutschen Fassung von „Viridiana" fehlte unter anderem die Einstellung einer brennenden Dornenkrone am Ende des Films. Sie gehörte zu den von der FSK diagnostizierten 'Blasphemien' des Films.

Aus „Casablanca" wurden 1952 alle Szenen herausgenommen, die die Präsenz der Wehrmacht in Nordafrika zeigen.

Die Episode Nr. 51 der Science-fiction Serie „Star Trek" ist im deutschen Fernsehen anders als die anderen 79 Folgen noch nicht zu sehen gewesen. Die Besatzung des Raumschiffs Enterprise muß darin einen Naziplaneten bekämpfen.[319]

14. Bilder: Hinzufügungen

14.1 Als Alternative zu den Erklärern im Kino wurden in der Stummfilmzeit auch Dias mit Ankündigungen und Zwischentiteln gezeigt. Zglinicki weiß dies schon von den ersten Vorführungen Max Skladanowskys zu berichten.[320] Sicherlich wurden solche Dias auch zu ausländischen Filmen hinzugefügt.

14.2 Mit zusätzlichen Bildern, meist Texten kann versucht werden, die Rezeption der Zuschauer zu lenken.

Zu Rosselinis Film „Rom, offene Stadt" mußte 1960 ein erläuternder Vorspruch in die Filmrolle aufgenommen werden. „Der Film, so hieß es darin, richte sich nicht gegen das deutsche Volk und klage nicht den deutschen Soldaten an."[321]

14.3 Musikalische Ouvertüren, wie sie in den vierziger Jahren bei geschlossenem Vorhang im Kino zu hören waren, werden im

---

[319] Diese Folge („Patterns of Force") wurde im März 1996 von CIC aber in Deutschland auf Video veröffentlicht.
[320] vgl. Zglinicki: Der Weg des Films. S.240.
[321] Hochheiden, Gunar: Filmzensur. In: Kienzle, Michael u. Dirk Mende (Hg.): Zensur 148n der BRD. Fakten und Analysen. München 1980. S.157.

Fernsehen oft durch Bilder ergänzt, da ein dunkler Bildschirm irritiert. Meist werden (Stand-) Bilder aus dem Film in diese Ouvertüre kopiert, um den Zuschauer 'auch visuell auf den Film einzustimmen', wie es in einer ZDF-Ansage heißt. Dadurch wird die Rezeption in bestimmte Richtungen gelenkt, einzelne Momente betont.

Als das ZDF am 25.12.1984 „Vom Winde verweht" ausstrahlte, wurden Standfotos 'unter' die Ouvertüre von Max Steiner gelegt. Am Ende des dreiminütigen Vorspiels sieht der Zuschauer Scarlett auch schon in den Armen von Rhett Butler liegen, ihre Romanze wird vorweggenommen, wie es das Kinoplakat allerdings auch schon tat.

14.4 Hinzugefügt werden bei Privatsendern leider auch Werbespots, die die aufgebaute Atmosphäre beim Zuschauer zerstören können.

15. Bilder: Austausch

15.1 Werden einzelne Einstellungen ausgetauscht, handelt es sich meist um Texte im Bild, die auf deutsch nachgedreht werden, um Motive verständlich zu machen. Ein solcher Austausch von Briefen, Buchdeckeln, Notizen oder Schildern ist teuer, so daß er heute im Gegensatz zu den 60er Jahren nur selten praktiziert wird. In Stanley Kubricks „Shining" macht Jack seine Frau glauben, daß er einen Roman schreibt. Tatsächlich hat er auf Dutzende von Schreibmaschinenseiten immer nur den gleichen Satz getippt: „All work and no play makes Jack a dull boy." Drei Einstellungen auf sein Typoscript und wie die Hände seiner Frau darin blättern, wurden für die deutsche Fassung nachgedreht. Hier liest man: „Was Du heute kannst besorgen, das verschiebe nicht auf morgen."[322] Der Austausch läßt Jacks Selbstreflexion also zugunsten eines naiven Spruches fallen.

---

[322] "Shining" TC: 1.15.21ff.

15.2 Ausgetauscht wurden und werden auch Zwischentitel (Kartons) in Stummfilmen. Problematisch ist dieser Austausch meist nicht. Die Übersetzungsschwierigkeiten sind die gleichen wie bei literarischen Texten, der technische Aufwand gering.

15.3 Der Austausch des ursprünglichen Vor- und Nachspanns (credits) gehörte in den 50er und 60er Jahren zum Standard einer deutschen Bearbeitung. Seitdem wird aus Kostengründen darauf meist verzichtet und lediglich der Filmtitel ausgetauscht.
Einen kompletten deutschen Vorspann haben aber zum Beispiel „Sein oder Nichtsein", „Arsen und Spitzenhäubchen" (1962), „Casablanca" (1975), „Tote schlafen fest", „Berüchtigt", „2001: Odyssee im Weltraum".

15.4 Ganze Szenen werden in der Regel nur in Kooperationsfassungen ausgetauscht.
In der „Sesamstraße" zum Beispiel sieht man neue, deutsche Szenen mit Lilo, Tiffy und Co. und zwischendurch die amerikanischen Szenen mit Ernie, Oscar und anderen Figuren.

16. Bilder: Übernahme
Die Übernahme von Bildern wirkt anders, sobald die Bilder kulturspezifische Aspekte beinhalten. Im schlimmsten Fall handelt es sich um gänzlich unverständliche Bilder.
In „Easy Rider" werden die Protagonisten am Ende von Rednecks erschossen, nachdem sie auf deren Provokation mit dem abgespreizten Mittelfinger antworteten. Diese 'fuck-you-Geste' ist 1997 zwar auch in Deutschland heimisch, 1970 war sie allerdings wenig bekannt. Die Eskalation der Gewalt im Film mag also für die Erstzuschauer nicht ganz verständlich gewesen sein.[323]

---

[323] vgl. Müller: Die Übertragung fremdsprachigen Filmmaterials. S.217.

17. Bildausschnitte: Auslassungen

17.1 Fehlende Bildausschnitte haben meist mit den verschiedenen Bildformaten zu tun. Kinoleinwände und TV-Monitore haben nicht das gleiche Verhältnis von Bildhöhe zu Bildbreite. Das gängige Kinoformat ist heute 1:1.85, Cinemascope-Filme sind mit 1:2.35 noch breiter. Fernsehmonitore zeigen aber nur ein Bild mit 1:1.33 (3:4). Mitte der Neunziger Jahre stellen sich Hersteller und Sender gerade auf ein neues Bildformat 16:9 um, das „den menschlichen Sehgewohnheiten wesentlich mehr" entsprechen soll und einen „akzeptablen Kompromiß für die verschiedenen Filmbildformate" darstellt.[324] Wird ein Kinofilm im Fernsehen oder auf Video als Vollbild, also ohne schwarze Balken oben und unten gezeigt, geht ein Teil des ursprünglichen Bildes verloren.

Schon 1963 wurde in der Zeitschrift 'Filmkritik' beklagt, daß bei Cinemascopefilmen im Fernsehen nur das „Aktionszentrum der Bilder" sichtbar wäre. „Von der Komposition der Bilder, auf die der Kameramann einmal seine ganze Arbeit verschwendet hat, bleibt nicht viel übrig."[325]

In „Flucht aus Absolom" zeigt jemand auf etwas und brüllt: 'Vorsicht, aufpassen!' Da das Videovollbild nur 70% des ursprünglichen Bildes wiedergibt, weiß der Zuschauer aber nicht, worum es geht. Die Gefahr ist nicht zu sehen.[326] Diese Praxis wird von Verleihern mit Zuschauerpräferenzen verteidigt. So wird eine Mitarbeiter von Fox zitiert: „Als wir 'Mrs. Doubtfire' mit Balken veröffentlichten, beschwerten sich zahlreiche Kunden, ihre Kassette sei kaputt." In der zweiten Auflage gab es Haushaltshilfe Robin Williams deshalb heil, „als kastriertes Vollbild."[327]

---

[324] Maschmann, Einar: Anarmorphot-Objektive, Überwinkler, Wiederformer, gequetschte Bilder. In: Film & TV Kameramann. Fachzeitschrift für Bildaufnahme, Ton- und Fernsehtechnik. Jg. 42. Nr.9. September 1993. S.133.
[325] Berghahn, Wilfried: Im Fernsehen. In: Filmkritik. 2/63. S.49.
[326] vgl. Gricksch, Gernot: Kastrierte Bilder. In: TV today. 4/95. S.54.
[327] Gricksch: Kastrierte Bilder. S.54.

Formatanpassungen können diese Problematik nicht beheben. „Stirb langsam" etwa wurde für die Videoauswertung „dermaßen gedehnt, daß Bruce Willis einen stattlichen Eierkopf bekam."[328]

17.2 Im erweiterten Sinne soll auch die Farbe als Bildausschnitt gelten. Bis 1967 strahlte das deutsche Fernsehen aber nur s/w aus und viele Fernsehgeräte konnten auch Jahre später immer noch keine Farben wiedergeben. Die Farbe der Ursprungsfilme ist in Deutschland oft auch nicht zu sehen, weil die frühen handkolorierten Filme nicht adäquat kopiert vorliegen. Zum einen verblassen diese Farben schnell, zum anderen sind die Kosten für angemessene Kopien hoch. Tatsache ist, daß viele frühe Filme bis zur Durchsetzung von Technicolor Mitte der 30er Jahre vielfältig eingefärbt waren, sie aber meist in s/w- Kopien gezeigt werden. Die „verbreitete Vernachlässigung dieser Farbigkeit von Stummfilmen [...] ist ein nicht zu unterschätzender Grund für die Schwierigkeit der Rezeption vieler Stummfilme" heißt es im RoRoRo Filmlexikon richtig.[329] Nachträgliche, computergesteuerte Einfärbungen, wie sie seit 1985 produziert werden, schaffen dagegen neue Ursprungsfassungen für die deutsche Bearbeitung, die übernommen oder ignoriert werden können.

18. Bildausschnitte: Hinzufügungen
Bei hinzugefügten Bildausschnitten handelt es sich meist um deutsche Texte, die ursprüngliche Texte im Bild, credits, Dialoge oder Lieder übersetzen. Da diese neuen Texte meist unter den ursprünglichen Texten oder am unteren Bildrand erscheinen, hat sich dafür der Begriff Untertitel etabliert. Ihre Funktionen sind genauso vielfältig wie die möglichen Wirkungsunterschiede zu den Ursprungsfassungen, die sich aus den Untertiteln ergeben.

---

[328] Gricksch: Kastrierte Bilder. S.54. Zu Bildformaten vgl. auch Monaco, James: Film verstehen. Kunst, Technik, Sprache, Geschichte und Theorie des Films. Reinbek 1980. S.99-103.
[329] Bawden, Liz-Anne (Hg.): rororo Filmlexikon. Reinbek 1978. S.195.

Im engsten Sinne ein Untertitel ist die Hinzufügung von 'Der Tanzpalast' unter den Filmtitel „Le Bal". Ansonsten wurde interessanterweise nichts an diesem Tanzfilm ohne Worte von Ettore Scola bearbeitet. „Le Bal" stellt mit dieser einzigen Hinzufügung das Minimum einer deutschen Bearbeitung dar. Figuren gibt es durch anders wirkende Übernahmen aber mehrere. So wird ein deutscher Zuschauer die zahlreichen musikalischen Anspielungen des Films wohl kaum genau so verstehen wie ein Franzose. „Le Bal" kann zeigen, wie auch Originale in Deutschland anders wirken können.

Untertitel für Dialoge können ebenfalls gänzlich andere Wirkungen hervorbringen als die Ursprungsfilme. Untertitel sind, wie in Kapitel 9 diskutiert,

1. kürzer als der Ursprungstext

2. handelt es sich um Texte, nicht um gesprochenen Worte,

3. binden die Untertitel den Blick auf die untere Partie des Bildes und 4. kann ein Verständnis der ursprünglichen charakterlichen Eigenschaften und Emotionen der Schauspieler aufgrund des Originaltons nicht vorausgesetzt werden.

Auch die das Verständnis erleichternden Regeln für die Produktion der Untertitel werden nicht immer eingehalten, wie auch alle Übersetzungsschwierigkeiten literarischer Texte auf Untertitel in verschärfter Form zutreffen. Wirkungsunterschiede ergeben sich daneben aus neuen Wirkungsabsichten der Synchronisateure.

In „Night on earth" scherzt Taxifahrerin Corky mit einem Fahrgast: „Guys, can't live with them, can't shoot them." Der Untertitel entschärft den Satz durch „Männer, man kann nicht mit ihnen leben und ohne sie auch nicht."[330]

Untertitel für Texte im Bild sind manchmal vorhanden, manchmal nicht. In „Der verrückte Professor" ist der einzige Text-Untertitel fast überflüssig, in „Duell" fehlen sie bedauerlicherweise. Ein

---

[330] "Night on earth" TC: 0.14.33ff.

schlichter Übersetzungsfehler ist der Untertitel „Armut lutscht am Daumen" für den Klospruch „Poverty sucks" in „Mel Brooks letzte Verrücktheit: Silent Movie".[331]

Gesangsuntertitel vermißt man in „Hair", in der deutschen Fassung von „Jesus Christ Superstar" wurden dagegen alle Liedtexte in deutsche Untertitel übertragen.

Videotext-Untertitel wenden sich an Gehörlose, weswegen auch die jeweiligen Sprecher gekennzeichnet und auch Geräusche untertitelt werden müssen. Im Schweizer Beitrag zur ARD-Reihe Tatort „Howards Fall" wird ein Telefonpiepser mit „Piep! Piep! Piep!" untertitelt, an anderer Stelle kann man „Türglocke klingelt" lesen.

19. Bildausschnitte: Austausch

19.1 Neue deutsche Credits werden zuweilen auf Originalbilder gelegt. In „Casablanca" (1975) wurden die deutschen credits des Vorspanns über die englische Afrikakarte der Ursprungsfassung gelegt. Manchmal wird über den Ursprungstitel auch ein schwarzer Balken kopiert, der dann den Hintergrund für den neuen deutschen Titel bietet.

19.2 Der Austausch von Untertiteln kann die Mehrsprachigkeit eines Ursprungsfilms erhalten.

In „Der mit dem Wolf tanzt" wurden die englischen Untertitel für die indianischen Dialoge durch deutsche Untertitel ausgetauscht.

20. Bildausschnitte: Übernahme

Die Übernahme von z.B. englischen Untertiteln für deutsche Dialoge in einem ansonsten fremdsprachlichen Film ist überflüssig. Selten lassen sich diese Untertitel nicht aus der Filmkopie entfernen.

21. Verhältnis Ton-Bild: Auslassungen

---

[331]'Mel Brooks letzte Verrücktheit: Silent Movie" TC: 0.34.39ff.

Gänzlich ausgelassen werden kann das Ton-Bild-Verhältnis nicht. Es entsteht immer sofort ein neues Verhältnis dieser beiden Ebenen.

22. Verhältnis Ton-Bild: Hinzufügungen
In Voice-Over-Fassungen wird dem ursprünglichen lippensynchronen Ton-Bild-Verhältnis eine asynchrone Ebene hinzugefügt.
In „Die Eselin Fary" hört man zeitversetzt nach dem Originalton deutsche Sprecher.

23. Verhältnis Ton-Bild: Austausch
23.1 Bei lippensynchronen Fassungen wird versucht, das ursprüngliche, natürliche Verhältnis von Lippenbewegungen und Dialogen auch mit deutschen Texten zu erreichen. Dies ist insbesondere bei synchronisierten Liedern schwierig.
Keine Lippensynchronität wurde in „My fair lady" beim Lied von Elisa Doolittles Verehrer Freddy erreicht. Während die deutsche Stimme fröhlich trällert („Plötzlich schweb' ich so, oben irgendwo, weil ich weiß in der Straße wohnst Du!") bewegt der Schauspieler seine Lippen auffällig zu einem anderen Text.[332]

23.2 Synchronität zu den Bewegungen und der Mimik eines Schauspielers ist oftmals schwieriger herzustellen, als sich seinen Lippenbewegungen anzupassen.
Wird etwa eine Verneinung vom Schauspieler mit einem Faustschlag auf den Tisch unterstrichen, muß die deutsche Verneinung unabhängig vom Satzbau an die selbe Stelle gerückt werden, um das Ton-Bild-Verhältnis weiterhin natürlich wirken zu lassen.

---

[332] "My fair lady" TC: 1.56.32ff.

23.3 Die Laufgeschwindigkeit von 24 Bildern pro Sekunde im Kino (und 25 Bildern pro Sekunde im Fernsehen) ist seit Einführung des Tonfilms weltweiter Standard. Vorher wurden Filme unterschiedlich schnell gedreht und projiziert. Generell bestand die Neigung, Bewegungen schneller als in der Realität abzubilden. Die jeweiligen Musiken unterstützten dieses Tempo. Bei der Projektion oder Sendung eines Stummfilms heute verlangsamt man allerdings die Bewegungen häufig. Da die Musiken meist nicht erhalten sind und neue Kompositionen zu den Bildern gestellt werden, handelt es sich zwar wiederum um ein abgestimmtes Verhältnis von Ton (Musik) zum Bild, nicht allerdings um das ursprüngliche Verhältnis.

23.4 Ist das Ton-Bild-Verhältnis unverständlich, kann durch andere Dialoge die Rezeption gelenkt werden.
Um das ständige Lächeln der Soldaten in einem vietnamesischen Film plausibel zu machen, wurde der deutsche Dialog „insgesamt etwas lockerer, etwas heiterer" und mit „Wortspielen, Wortplänkeleien" angereichert.[333]

24. Verhältnis Ton-Bild: Übernahme
24.1 Durch die fehlende Aufzeichnung von Originalmusiken der Stummfilmzeit kann das Ton-Bild-Verhältnis bei alten Filmen nicht übernommen werden. Dies trifft allerdings auch auf die Situation in den Ursprungsländern zu, ist also ein Phänomen des historischen Abstands, nicht genuin eine Figur der Filmsynchronisation.

24.2 Andere Wirkungen entstehen bei der Übernahme vor allem, wenn komische Momente auch im Bild verankert sind, ein Austausch nur auf der Wortebene entsprechend nicht möglich ist.

---

[336]Wanschura-Nawroth: Filmsynchronisation in der DDR. S.109.

Als Stargast Sylvester Stallone in der „Muppets show" gefragt wird, ob es ihm gut gehe, antwortet er „Oh yeah, I'm happy as a clam." Weil danach eine Gruppe Muscheln jammernd und klagend über die Bühne zieht, heißt es auch in der deutschen Fassung: „Ja, ja, ich bin fröhlich wie eine Muschel." Das Ton-Bild-Verhältnis wurde übernommen, aber der Witz ist dahin.[334]

---

[334] Müller: Die Übertragung fremdsprachigen Filmmaterials. S.281.

13. Normen und Stile der Filmsynchronisation

Wie verschiedene Synchronisationsfiguren in einem Film zusammenwirken, eine Untersuchung des Stils und der Argumentationsweise, ist das Ziel einer rhetorischen Betrachtung der Synchronisation. Erst in diesem zweiten Schritt kann eine fundierte Bewertung vorgenommen werden. Zu diesem Zweck sollen neben der Figurentheorie weitere Instrumente der klassischen Rhetorik genutzt werden. Vor allem die Normen bzw. Qualitätskriterien der Rhetorik lassen differenzierte Wertungen zu.

Im 'Offenen Brief' der Filmkritiker von 1973 wird, was die Qualität von Synchronfassungen angeht, dagegen eine höchst simple Unterscheidung getroffen: „Auch teilen wir die allgemeine Überzeugung, daß wie jedes Ding auch die Synchronisation ihre zwei Seiten hat, daß es also gute und schlechte Synchronisationen gibt."[335] Nicht weiter ausgeführt wird, wodurch sich eine gute Synchronisation auszeichnet. Angesprochen werden lediglich handwerkliche Schlampereien, was umgekehrt aber wohl kaum bedeuten soll, daß eine handwerklich präzise Synchronisation schon das Prädikat 'gut' verdient.

In der Rhetorik gilt eine Rede als gut, wenn sie ethischen Ansprüchen genügt, den Gattungs- und Stilgesetzen gehorcht, ihre Argumentation überzeugen kann und vor allem die Wirkungsabsicht eingelöst wird. Daneben nennt Quintilian vier Tugenden, die der gute Redner anstreben sollte: die Ausdrücke sollen sprachlich richtig (puritas bzw. latinitas), deutlich (perspicuitas), schmuckvoll (ornatus) und dem Gegenstand und der Aufführungssituation gegenüber angemessen sein (aptum).[336]

---

[335] Filmkritiker Kooperative: Offener Brief. S.392.
[336] Diese Zusammenfassung der Qualitätskriterien auf wenigen Zeilen mag zwar gegenüber der Komplexität der Rhetorik unangemessen sein, doch "Hauptvorschrift

Nützlich können diese Qualitätskriterien auch für die Analyse von Synchronfassungen sein, da sie alle wichtigen Aspekte der Produktion und Rezeption eines bearbeiteten Films betreffen, dabei aber flexibel genug sind, um auf die verschiedensten Aufführungssituationen und Ursprungsfilme angewendet werden zu können.

Für die Analyse der sprachlichen Richtigkeit (puritas) einer deutschen Fassung sollte als Maßstab nicht die Ursprungsfassung, sondern die Regeln der deutschen Sprache angewendet werden. Analog zu Quintilians Forderung nach „echt lateinischen"[337] Ausdrücken sind bei der Synchronisation deutsche Redeweisen zu bevorzugen. Allzuoft werden aber fremdsprachliche Ausdrücke Wort für Wort übersetzt. 'Ich habe mit Ihnen zu sprechen,' ist keine deutsche, sondern eine typisch amerikanische Aufforderung: 'I have to talk to you.' Ebenfalls der Sprachrichtigkeit widersprechen Ausdrücke wie 'Wie ist seine Adresse?' ('What is his adress?') aber auch Einzelwörter wie O.K., Job oder Chance, wo es 'in Ordnung', 'Arbeit' und 'Möglichkeit' heißen sollte. Die Anforderungen an die Sprachrichtigkeit müssen dabei mit den Veränderungen des allgemeinen Sprachgebrauchs (consuetudo) Schritt halten. Fremdsprachliche Ausdrücke werden schließlich in wachsender Zahl in den deutschen Sprachschatz aufgenommen, woran die Synchronisation wohl einen erheblichen Anteil hat. Trotzdem darf bei der Erörterung der Auswirkung der Synchronisation auf Sprache und Kultur insgesamt nicht einseitig gegen Synchronisationen argumentiert werden. Ludwig Harig etwa bedauert, daß in Deutschland die Wendungen 'ich bitte um Nachsicht, um Entschuldigung, um Verzeihung' kaum noch

---

für die Erzählung ist nach Cicero die Kürze (brevitas) und die Klarheit (perspicuitas)." (Ueding/Steinbrink: Grundriß der Rhetorik. S.243.)
[337] Quintilianus: Ausbildung des Redners. 8,1,1.

gebraucht werden, weil sich nur 'Tut mir leid' dem englischen 'I'm sorry' lippensynchron anpaßt. „Mundraum und Nasenhöhle, Ober- und Unterzähne, Zungenspitze und Gaumenflügel entscheiden über Ach und Weh der Sprache, nicht Gedankentiefe und Gefühlsbreite."[338] Und nach Harigs Ansicht ist nicht nur die deutsche Sprache gefährdet. Das „Synchronisierdeutsch" führe dahin, „daß wir mit unserem synchronisierten Sprechen eine andere, die amerikanische Lebensführung imitieren, ihr uns am Ende unterwerfen und mit ihr selbst synchron werden."[339] Die intellektuelle Zwangsvorstellung, daß Synchronisation nichts Gutes bringen kann, führt wieder einmal ausschließlich zu Klagen.

Dabei soll nicht bestritten werden, daß die Synchronisation für viele Anglizismen im deutschen Sprachgebrauch mitverantwortlich ist. Die interkulturelle Angleichung der Mode, der Gesten (z.B. der gespreizte Mittelfinger), wie auch der Tänze, der Ess- und Trinkgewohnheiten findet ihre Ursache allerdings in den Bildern der Ursprungsfilme. Und diese werden nur selten bearbeitet. Strikt getrennt werden muß deswegen zwischen den Auswirkungen amerikanischer Filme und ihrer Synchronisation.

Harigs heimliche Angst vor einem Kulturimperialismus sieht in der Synchronisation zu Unrecht einen Erfüllungsgehilfen der Amerikanisierung der deutschen Kultur. Im Gegenteil könnte das Fehlen von Synchronfassungen dazu führen, daß zumindest die jugendlichen Filmzuschauer so viele englische Filmdialoge hören, daß sie statt 'Tut mir leid' bald direkt 'I'm sorry' sagen. Bei Rockkonzerten wird nämlich längst schon von der Bühne englisch mit dem Publikum geredet, und auch die Computerspiele tragen

---

[338] Harig, Ludwig: Gelingt immer und klebt nicht! Vom Segen und Fluch der Synchronisation. In: Hoven, Herbert (Hg.): Guten Abend: Hier ist das deutsche Fernsehen. Zur Sprache der Bilder. Darmstadt, Neuwied 1986. S.105.

[339] Harig: Gelingt immer und klebt nicht! S.105.

160

heute zur Inflation englischer Ausdrücke und Redeweisen viel stärker bei als der Film.

Bei aller berechtigten Sorge um den Erhalt einer kulturellen Identität in einer immer enger zusammenwachsenden Welt darf außerdem nicht vergessen werden, daß deutsche Zuschauer freiwillig und gerne amerikanische Filme sehen, wie sie auch zu amerikanischen Sportarten und Lebensmitteln nicht gezwungen werden. Sicherlich hat sich die Besatzungsmacht USA durch Zerstückelung der deutschen Filmwirtschaft die Bundesrepublik als Exportmarkt gesichert. Sicherlich wurde die Synchronisation nach dem 2. Weltkrieg auch als Umerziehungsmittel von den Alliierten wiederbelebt. Genauso beeinflussen die gigantischen Werbekampagnen der Hollywoodstudios die Vorlieben des deutschen Filmpublikums. Letztlich geht aber niemand ins Kino, nur weil ein amerikanischer Film läuft, sondern weil damit bestimmte Qualitäten in Bezug auf Unterhaltung, Spannung oder Kunstgenuß verbunden werden. Ein schlechter amerikanischer Film wird an der Kinokasse oder im Fernsehsessel genauso abgelehnt wie eine schlechte deutsche Produktion. Die Klage über die 'Unterwerfung' der Deutschen unter die amerikanische Lebensweise richtet sich, wenn überhaupt, gegen deutsche Vorlieben, nicht gegen Hollywood. In diesem Sinne ist eine Ablehnung der Synchronisation oder auch das Beklagen eines „Originalfassungsnotstandes"[340] immer auch eine Klage über das deutsche Publikum. Es gibt nämlich keinen ersichtlichen Grund, warum bei größerer Beliebtheit nicht mehr Originalfassungen gezeigt werden sollten.

Daß dieses Interesse allerdings aus „Respekt vor der Filmkunst"[341] wächst, ist weniger wahrscheinlich, als daß die englische Sprache nicht nur in der internationalen Popmusik,

---

[340] Gunske: Ausser Betrieb. S.54.
[341] Patalas: Schneiden für Deutschland. S.273.

sondern auch im Film selbstverständlich wird und Synchronfassungen in Zukunft als Anachronismus gelten. Damit hätte sich die Frage der Sprachrichtigkeit dann erledigt.

Die Deutlichkeit oder Verständlichkeit eines ausländischen Films für das deutsche Publikum zu erreichen, ist die Grundmotivation der Synchronisation. Anders als bei der Sprachrichtigkeit kann bei der Zielvorstellung der Verständlichkeit keine objektive Bewertung vorgenommen werden. Das Massenpublikum der modernen Medien ist dafür zu vielschichtig. Nicht nur bei Filmen aus 'exotischen' Kulturen kann außerdem nur eine Annäherung an Verständlichkeit Ziel der Synchronisation sein. Bewertet werden kann somit nur die potentielle Verständlichkeit, nicht die tatsächliche. Zu beachten sind außerdem dramaturgisch intendierte Unverständlichkeiten etwa in Kriminalfilmen. Die Synchronisation kann solche bewußten Unverständlichkeiten übernehmen, aber auch abschwächen oder verstärken. Der Synchronisation dürfen Verständnisprobleme nicht angelastet werden, unter denen schon die Ursprungsfilme leiden. Ungenügend motivierte Handlungen und unlogische Dialoge können auch durch die deutsche Bearbeitung nicht immer ausgeglichen werden.

Probleme der Verständlichkeit von Synchronfassungen ergeben sich immer dann, wenn kulturspezifische Inhalte nicht nur im Filmdialog, sondern auch in den Bildern auftauchen. Grundsätzlich hat der Synchronisateur dann zwei Möglichkeiten. Erstens kann die unverständliche Passage ausgetauscht werden, wie es Jürgen Schau von Columbia Tri Star bei „Hudson Hawk" legitim fand: „No one would have understood some of the American jokes," sagt er über die Ursprungsfassung, „so we used similar ideas and gave them a German mentality."[342] Eine solche

---

[342] Groves: Yank pix mine b.o. gold as Euro dubbers get in synch. S.72.

162

Bearbeitung gewährleistet Verständlichkeit, gerät aber in Konflikt mit der Authentizität, der Angemessenheit der Bearbeitung gegenüber dem Ursprungsfilm. Die zweite Lösung gerät in ein ähnliches Dilemma. Fügt man im Dialog Erklärungen hinzu, versorgt den deutschen Zuschauer also mit den spezifischen Hintergrund-informationen, die bei den Zuschauer im Ursprungsland vorausgesetzt wurden, wird wiederum die Verständlichkeit über die Angemessenheit gesetzt. Hesse-Quack hält das für den richtigen Weg. Er forderte, daß unverständliche Anspielungen „erklärend verändert werden" sollten.[343] Genau umgekehrt argumentiert Wanschura-Nawroth. „Die nationale Psyche muß so genau wie möglich erhalten werden," schreibt sie, „auch auf die Gefahr hin, daß es einige Zuschauer befremdet, sie es nicht verstehen."[344] Whitman-Linsen hält das Ausbuchstabieren von kultur-spezifischen Phänomenen gar für ein 'Verbrechen': „The crime of spelling it out," heißt es bei ihr, „is far more damaging to artistic impact than a misunderstood allusion."[345] Kaum eine Frage bei der Synchronisation wird so kontrovers diskutiert wie diese 'spell it out'-Problematik. Den Ehrgeiz anderer Autoren, eine Wertehierarchie als Norm festzulegen, hat diese Arbeit nicht. An dieser Stelle genügt es, darauf hinzuweisen, daß deutsche Fassungen für deutsche Zuschauer gemacht werden. Wer würde wohl kritisieren, daß die Lenkräder englischer Jaguar-Limousinen für den deutschen Markt auf die linke Seite umgesetzt werden, auch wenn dies nicht dem Original entspricht. Da auch viele Filme eher Industrieprodukte als Kunstwerke sind, sollte die Diskussion gelassener geführt werden. In einem Fall mag das Ausbuchstabieren eines Phänomens unangemessen sein, in einem anderen Film mag man

---

[343] zitiert nach: Whitman-Linsen: Through the dubbing glass. S.130.
[344] Wanschura-Nawroth: Filmsynchronisation in der DDR. S.42.
[345] Whitman-Linsen: Through the dubbing glass. S.131.

nicht darauf verzichten können. Statt Dogmen zu verbreiten, muß man sich auf die einzelnen Filme einlassen und den möglichen Konflikt der Qualitätskriterien untereinander ertragen können.

Auch die Klärung der Angemessenheit einer deutschen Bearbeitung ist abhängig vom Einzelfall in seiner jeweiligen Aufführungssituation. So war es unangemessen, die 'Zauberflöte' in Milos Formans „Amadeus" dem deutschen Publikum auf englisch zu präsentieren. Umgekehrt war es wohl 1952 dem Publikumsgeschmack gegenüber angemessen, den 2. Weltkrieg als Hintergrund für die Geschehnisse in „Casablanca" auszublenden. Die erste Synchronfassung von „Casablanca" wird mit Blick auf die Nachkriegsjahre zwar nicht legitimiert, aber zumindest erklärlich.

Neben dieser Angemessenheit dem Publikum, der Zeit und den Umständen gegenüber, dem äußeren aptum, ist auch die innere Angemessenheit der Synchronisation zu beachten. So entsprach es durchaus dem Ort der Handlung, einige Figuren in „Amadeus" mit österreichischem Akzent zu synchronisieren. Unangemessen sind dagegen die Kürzungen in „Casablanca" mit Blick auf die Motivationen der Figuren. Schließlich verabschiedet sich Rick Blaine am Ende von Ilsa, weil er den politischen Kampf Victor Laszlos unterstützen möchte, denn „zu der Erkenntnis, daß die Probleme dreier Menschen in dieser verrückten Welt völlig ohne Belang sind, gehört nicht viel."[346] Umgekehrt waren allerdings die Probleme der drei Hauptfiguren in der deutschen Fassung 1952 ohne den Hintergrund der 'verrückten Welt' ohne Belang.

Die Anwendung der aus der antiken Rhetorik abgeleiteten Qualitätskriterien kann durchaus zu widersprüchlichen Ergebnissen führen. Die Erfüllung der äußeren Angemessenheit 1952 etwa kann den Anforderungen an die innere

---

[346] "Casablanca" (1975): Schlußszene auf dem Flugplatz. TC: 1.33.11ff.

164

Angemessenheit zuwiderlaufen. Der Konflikt zwischen der schöpferischen Praxis der Synchronisationsbranche und der Forderung nach 'Respekt vor der Filmkunst' ist auch eine Auseinandersetzung über die Gewichtung von äußerer und innerer Angemessenheit.

Weitgehend der Prämisse einer möglichen schöpferischen Leistung der Synchronisation verpflichtet ist die Bewertung des ornatus, des Schmucks einer deutschen Bearbeitung. Unter dem Reproduktionsgebot steht eine Ausschmückung den Synchronisateuren nämlich gar nicht zu. Ohne den Maßstab des Schmucks fällt ein gelungenes deutsches Wortspiel bei der Bewertung auch gar nicht auf. So erwähnt bezeichnenderweise Hesse-Quack in seiner Analyse von „Yeah! Yeah! Yeah!" den folgenden Streit um das Öffnen eines Zugfensters mit keinem Wort: „Wir möchten gerne Zug haben, denn ein Zug ohne Zug ist kein Zug. - Bedaure [...] Zug im Zug ist mir nicht zuträglich."[347]

Wenn für die Analyse nur das Kriterium der Richtigkeit, im Sinne der Übereinstimmung von Synchron- und Ursprungsfassung zur Verfügung steht, dann lassen sich zudem Musik und Geräusche für 'Stummfilme' im Einzelnen nicht einordnen. Bei den schon erwähnten Fassungen von Chaplins „The Cure" muß aber auffallen, daß die in beiden Fällen neue und damit dem Schmuck zuzuordnende Musik einmal an den Nerven der Zuschauer sägt („Die Kur") und sich im anderen Fall harmonisch in die auf Unterhaltung ausgerichtete Bearbeitung einfügt („Die trunkenen Kurgäste").

Man mag einwenden, daß die Anwendung der rhetorischen Qualitätskriterien die Bewertung von Synchronfassungen unnötig erschwert. Der Vorteil dieser Methode liegt allerdings darin, daß sie in gleicher Weise auf alle Einzelfälle angewendet werden kann

---

[347] "Yeah! Yeah! Yeah!": 1.Szene im Zugabteil. TC: 0.08.50ff.

und dabei große Differenziertheit ermöglicht. Gerade die Tatsache, daß die Befolgung eines Kriteriums einem anderen im Wege stehen kann, schließt Pauschalurteile über Synchronisation aus.

Die rhetorischen Beurteilungskriterien können als Maßstab für einzelne Figuren wie für ganze Filme verwendet werden. Bei einer umfassenden Bewertung einer Synchronfassung kann auch der Stil definiert werden. Als wenig brauchbar erweist sich dafür die Dreistillehre der klassischen Rhetorik, die den Einsatz der genera dicendi immer mit Bezug auf die verschiedenen Gegenstände, Umstände und Teile von Reden lehrte. Der Stil einer Synchronisation wird aber meist einheitlich für alle Teile eines Films gewählt. Dies entspricht viel eher der „Unterscheidung zwischen attischen und asiatischen Rednern, wobei die einen als knapp und gesund, die anderen als schwülstig und hohl galten," wie Quintilian schreibt.[348] Abhängig ist der Stil einer Synchronisation von Häufigkeit und Art der Figuren. Bei einer Synchronisation im einfachen (attischen) Stil lassen sich nur wenige Figuren feststellen, wie das etwa bei der zweiten Fassung von „Casablanca" der Fall ist. Kommentarfassungen von Stummfilmen, etwa „Die trunkenen Kurgäste," sind dagegen fast immer im figurenreichen (asiatischen) Stil bearbeitet. Quintilians strenge wie eindeutige Bevorzugung des einfachen Stils[349] kann dabei mit Blick auf die Unterhaltung im 20. Jahrhundert gemildert werden. Bei Strafprozessen ist der Schwulst weniger verzeihlich als z.B. in Chaplins Kurhotel. Im Einzelfall ist jedoch zu prüfen, ob der Stil einer Synchronisation durchgängig und konsequent gehandhabt wurde oder ob es Brüche gibt. Außerdem ist der Stil des Ursprungsfilms zu beachten. Ein schwülstiges Hollywood-

---

[348] Quintilianus: Ausbildung des Redners. 12,10,16.
[349] An anderer Stelle (8,Vorrede,17) tadelt Quintilian den attischen Stil allerdings auch als "trocken".

Melodram der 30er Jahre wird kaum jemand zu einem schlichten Dokumentarspiel umsynchronisieren können.

Wie Synchronisation die Argumentation eines Films neu gestalten kann, ist im Zusammenhang mit Eisensteins „Alexander Newsky" schon deutlich geworden. In diesem Fall sind die Szenen, die die Grausamkeiten der Ordensritter in Rußland darstellen, als Argumente für den Feldzug des Großfürsten von Nowograd zu verstehen. Als sie für die deutsche Fassung herausgenommen wurden, argumentierte der Verleiher umgekehrt gegen die russische Kampfhaltung. Wenn Uwe Nettelbeck in seinem Kommentar noch von der Verschiebung der „Akzente" spricht, so läßt sich durch die rhetorische Betrachtungsweise präziser von der Verschiebung der Argumente „zugunsten des Angegriffenen"[350] sprechen. Wie schon bei der Frage des Stils muß sich aber auch die Übertragung des Begriffs der Argumentation noch im Einzelfall bewähren.[351]

Unentbehrlich sind die ethischen Bewertungsmaßstäbe, die auch für Quintilian von entscheidender Bedeutung waren. Nur die Ethik kann nämlich Grenzen markieren, sobald die schöpferische Synchronisation legitimiert ist und das Reproduktionsgebot nicht mehr die Wahrhaftigkeit gegenüber der Ursprungsfassung einfordern kann. Seine schöpferische Tätigkeit kann auch einen Synchronredner nicht von jeglicher Verantwortung entbinden. Quintilians Postulat, „daß nur ein wirklich guter Mann ein Redner sein kann,"[352] darf bei einer rhetorischen Analyse der Synchronisation als Rede nicht übersehen werden. Denn obwohl sich die Synchronfassung von „Aleksander Newskij" als sprachlich richtig, verständlich, schmuckvoll und angemessen

---

[350] Nettelbeck: Filmzensur. S.306.

[351] Klaus Kanzog hat dabei schon einen Anfang gemacht. vgl. seine 'Einführung in die Filmphilologie.' § 15: Der Weg zum Argument. S.97-108.

[352] Quintilianus: Ausbildung des Redners. 1,Vorrede, 9.

erweisen könnte, widerspricht sie doch den Anforderungen an einen „vir bonus", einen Ehrenmann, von dem Quintilian „alle Mannestugenden"[353] fordert. Gemeint sind damit vor allem die aus der stoischen Ethik abgeleiteten vier Kardinaltugenden der Klugheit (prudentia), Gerechtigkeit (justitia), des Mutes (fortitudo) und der Mäßigung (modestia). Eine bewußte Täuschung des Publikums bezüglich der wahren historischen Gegebenheiten als Hintergrund von „Aleksander Newskij" widerspricht allerdings dem Ideal des vir bonus. Dabei ist unerheblich, ob schon Eisenstein wider besseres Wissen die Historie zum Zweck der Propaganda verdrehte. Bei der rhetorischen Bewertung geht es um das Geschichtsbild, das die deutsche Bearbeitung zeichnet. Und der deutsche Verleiher hat in diesem Fall nicht den Mut gehabt, alles zu zeigen.

Die rigorose Anwendung des Reproduktionsgebots könnte umgekehrt dazu verleiten, eine äquivalente Übertragung eines menschenverachtenden Propagandafilms zu rechtfertigen. Der Sinn einer Rhetorik der Filmsynchronisation liegt aber gerade darin, die Bearbeitung nicht mehr an den Ursprungsfilmen allein zu messen, sondern zugleich die schöpferische Eigenleistung der Bearbeitung wahrzunehmen sowie ihre Ethik genau zu prüfen.

---

[353] Quintilianus: Ausbildung des Redners. 1, Vorrede, 9.

III. Die Geschichte der Filmsynchronisation

14. 1895-1929 Wenn Stummfilme reden

Am 16. April 1896 wurden die Filme der Gebrüder Lumière in der Volksküche der Firma Stollwerck in Köln gezeigt. Nach dokumentarischen Streifen wie der „Ankunft eines Zuges auf dem Bahnhof von Ciotat" oder „Babys Frühstück" bildete wohl auch in Köln wie knapp vier Monate zuvor in Paris ein kurzer Spielfilm den krönenden Abschluß des Spektakels. Der kaum eine Minute lange Film mit dem Titel „Der begossene Rasensprenger" zeigt eine für den frühen Film richtungsweisende Klamaukszene. Ein Herr tritt dem nichtsahnenden Gärtner auf den Gartenschlauch und gibt den Wasserstrahl erst wieder frei, als der 'Rasensprenger' prüfend ins Schlauchende blickt. So spritzt das Wasser ins Gesicht des Gärtners, während der Schelm schadenfroh das Weite sucht. Diese fiktive, inszenierte Handlung ohne Worte kann als erster ausländischer Spielfilm in Deutschland gelten.

Die im besten Sinne selbstverständliche Handlung ohne Tonspur und ohne Zwischentitel brauchte dabei für das Kölner Publikum nicht bearbeitet zu werden. Das rund 15minütige Gesamtprogramm der Filme in Köln bedurfte allerdings sehr wohl einer Erläuterung durch einen deutschsprachigen Conférencier. In den Anfangsjahren mußte zunächst der technische Hintergrund des Kinematographen und seiner Bilder erklärt werden. Auch die Rezeption der ungewohnten Leinwandillusion wollte gelenkt sein, um Hysterie beim Einfahren des Zuges 'in den Kinosaal' zu verhindern, die in Paris durchaus vorgekommen sein soll. Die Sprache des Films mußte also erst erläutert werden, bevor das

Kinovergnügen möglich wurde. Diese Aufgabe übernahm analog zum Varieté ein Conférencier, ein 'Kinoerklärer', der neben der Rezeptionslenkung auch Hauptwerbeträger für das Programm war.

Wie schon bei der ersten öffentlichen Präsentation der Lumière-Filme in Paris am 28.12.1895 begleitete wohl auch in Köln ein Pianospieler das Leinwandgeschehen. Obwohl die ersten Filme also stumm waren in dem Sinne, daß die Sprache der Leinwandfiguren nicht zu hören war, präsentierten schon die Pioniere Filme als audiovisuelle Medien, die Augen und Ohren 'ansprachen'. Erklärungen und Musikbegleitung wurden allerdings nicht aufgezeichnet und können deshalb nicht eingehender analysiert werden.

Betrachtet man die in Köln gezeigten Kurzfilme als Gesamtprogramm, wie sie auch vermarktet wurden, so läßt sich noch eine dritte aufschlußreiche Figur feststellen. Neben den in Frankreich gedrehten Dokumentarstreifen wurden auch lokale Bilder zum Beispiel von Besuchern einer Sonntagsmesse im Kölner Dom vorgeführt. Die Filmzuschauer hatten also die Möglichkeit, die erstaunliche Realistik der Kinematographenbilder an einem ihnen gut vertrauten Objekt zu erleben. Lokale Bilder wurden auch auf den weiteren Stationen der Gebrüder Lumière in Berlin, Wien, Stuttgart und Hamburg hinzugefügt. Die dahinter stehende Absicht, das Fremde, nämlich die seltsamen Kinematographenbilder, heimisch wirken zu lassen, wird in der Geschichte des ausländischen Films in Deutschland immer wieder deutlich werden. Nur die innere Nähe des Zuschauers zum Leinwandgeschehen kann nämlich Identifikation mit den Figuren und schließlich dramatische Wirkung hervorbringen. Die Hinzufügung der Bilder vom Kölner Dom im April 1896 verfolgt schon eine ähnliche Absicht wie die aufwendigen lippensynchronen Bearbeitungen hundert Jahre
170

später. Große Kontinuität seit den Anfängen zeigt sich auch in dem raschen Drängen der Lumières auf den internationalen Markt. Wie Verleiher noch 100 Jahre später bedienten sich die Lumières dabei eines nationalen Partners. In Deutschland hatte die Kölner Schokoladen- und Automatenfirma Stollwerck das exklusive Recht, Lumière-Filme aufzuführen. Ludwig Stollwerck, der schon mit Edison und dem britischen Filmpionier Birt Acres Geschäftsbeziehungen unterhielt, hatte am 26. März 1896 einen Vertrag abgeschlossen, demzufolge die Gebrüder Lumière bis zu fünf Apparate und zwei Operateure zur Verfügung stellen mußten und dafür 60% der Bruttoeinnahmen erhalten sollten.[354] Am 16. April begann die Deutsche Automaten-Gesellschaft Stollwerck & Co. mit den Vorführungen, die ab dem 20. April im ersten deutschen Kinematographen Theater am Kölner Augustinerplatz Nr.12 stattfanden. Die als „Kinematograph Lumière - Lebende Photographien" angekündigten Vorführungen begannen jeweils zur vollen und halben Stunde und kosteten die Zuschauer 50 Pfennige, die reservierten Plätze 1 Mark.[355]

Geschäftstüchtig waren auch andere im Im- und Export tätig. Thomas Edison zeigte seine 30 Sekunden dauernden Filme schon im März 1895 in 'Castans Panopticum' Unter den Linden in Berlin. Durch ein Schauglas konnte jeweils ein Zuschauer an einem Gerät, dem Kinetoskop, einen Endlosfilm betrachten. Bearbeitet zu werden brauchten diese Filme ohne Zwischentitel oder credits nicht. Der Unterschied zu den Vorführungen in England oder Amerika lag ausschließlich in der deutschsprachigen Werbung und Erläuterung.

Der Spielfilmanteil in diesen frühen, importierten Programmen stieg analog zum wachsenden Anteil von Spielfilmen in der

---

[354] Diese Informationen verdanke ich Uschi Baetz, der stellvertretenden Geschäftsführerin des Imhoff-Stollwerck Museums in Köln.
[355] Laut einer Anzeige im Kölner-Stadt-Anzeiger vom 23.Mai 1896.

Gesamtproduktion. Laut Beller machten um 1900 Dokumentationen noch 97% der gesamten Filmproduktion aus, 1904 waren es 43%, 1908 nur noch 4%.[356]

Zglinicki berichtet in seinem 'Weg des Films' nicht nur vom großen Volumen der ersten Filmimporte nach Deutschland, bis zur Jahrhundertwende waren darunter erstaunlich viele britische Produktionen, er schwärmt vor allem von der Resonanz. „Die englischen Filme wurden ebenso begeistert aufgenommen wie später die französischen, italienischen und amerikanischen Erzeugnisse."[357] Dieser leider nicht in konkreten Zahlen faßbare Erfolg ausländischer Filme spricht für die Internationalität der neuen Kunstform Film. Die einfachen Handlungen auf der Leinwand waren in den USA und Europa gleichermaßen gut zu verstehen. Deswegen vom „Visual Esperanto" des Stummfilms zu sprechen, wie Whitman-Linsen es tut, ist voreilig und schlecht pointiert.[358] Zum einen setzt 'visual Esperanto', wie die Bevorzugung von Originalfassungen mit Untertiteln, eine Internationalität der Gesten und Verhaltensweisen voraus, die nicht existiert, zum zweiten ist Esperanto eine Sprache, die kaum jemand beherrscht. Wirkungsunterschiede durch die Übernahme von kulturspezifischen Bildern hat es auch im Stummfilm gegeben, nur waren im Stummfilm insgesamt viel weniger Synchronisationsfiguren möglich, als in den technisch und inhaltlich komplexeren Tonfilmen.

Wirkungsunterschiede, also Synchronisationsfiguren, ergaben sich durch die ab 1907 üblichen Zwischentitel und durch den Einsatz von Schallplatten im Kino. Die verschiedenen Verfahren und technischen Patente der Nadeltonfilmzeit zu beschreiben, ist

---

[356] Beller, Hans: Aspekte der Filmmontage. In: ders. (Hg.): Handbuch der Filmmontage. Praxis und Prinzipien des Filmschnitts. München 1993. S.14.

[357] Zglinicki: Der Weg des Films. S.227.

[358] Whitman-Linsen: Through the dubbing glass. S.12.

hier nicht der Platz.[359] Für eine Betrachtung der Entwicklung der Filmbearbeitung in Deutschland sind vor allem zwei Phänomene wichtig. Mit dem Einsatz aufgezeichneter, nicht live gespielter Filmmusik stellte sich erstmals das technische Problem der exakten Synchronisation von Bild und Ton im Kino. Die elektrischen Synchronmotoren zur Steuerung von Projektor und Phonograph konnten allerdings, wie die Tonqualität insgesamt, nicht befriedigen und wurden von der Live-Musik abgelöst. Schallplattenmusik zu Filmen stellte zweitens eine definierbare, feste Größe dar, an die man sich bei der Präsentation in Deutschland halten konnte oder nicht. Die Entscheidungsspielräume der Bearbeiter ausländischer Filme wuchsen dadurch.

Kurz vor dem ersten Weltkrieg beginnt eine erste Glanzzeit des Kinos. Die Pioniere Skladanowsky, Lumière, Méliès, Edison und Porter, um einige wenige zu nennen, werden langsam von Künstlern wie Chaplin, Griffith, Eisenstein und Murnau abgelöst. Mit steigender Popularität und öffentlicher Anerkennung des Films wächst aber auch der Grad staatlicher Überwachung. Die schwierige Aufführungssituation während des ersten Weltkriegs und der Weimarer Republik sind in Kapitel 7 erörtert worden. Der Nationalismus und der oft verlogene Moralismus im Deutschland der 20er Jahre führt zu zahlreichen Auslassungen von Bildern und Verboten. Eine wichtige Tendenz ist dabei der Versuch, Fremdes nicht heimisch werden zu lassen. Der Import von Filmen soll gerade nicht zum Kennenlernen fremder Lebensweisen, Sitten, Ideen oder künstlerischer Ausdrucksweisen führen. Selbsternannte Kulturbewahrer sehen im Film einen lästigen Störenfried der inneren Ordnung. „Das Fehlen elterlicher

---

[359] vgl. dazu etwa Zglinicki: Der Weg des Films. S.280ff.

Autorität," urteilt zum Beispiel die Berliner Oberprüfstelle 1924 über einen US-Film

> „tritt hier in einer für deutsche Verhältnisse unerträglichen und der sittlichen Entwicklung jugendlicher Beschauer abträglichen Weise in Erscheinung. Der amerikanischen Erziehungsmethode mag es entsprechen, Kinder wie Erwachsene zu behandeln. Für deutsche Kinder und jugendliche Beschauer ist eine solche Darstellung geeignet, das Autoritätsgefühl gegenüber ihren Eltern und gegenüber Erwachsenen abzustumpfen und zu verflachen. Damit ist aber eine Gefährdung der sittlichen Entwicklung gegeben."[360]

Was die vom Reichsinnenministerium eingesetzten Filmprüfer den Amerikanern zustanden, sollte der deutschen Gesellschaft also abträglich sein. Das sahen die amerikanischen Filmproduzenten ganz anders und drängten mit Macht auf den europäischen Markt. Da sich ihre Produkte, wie schon erwähnt, auf dem großen US-Markt bereits amortisiert hatten, konnten sie ihre Filme konkurrenzlos billig anbieten. Einer der erfolgreichsten Filmemacher Hollywoods wurde der Engländer Charles Spencer Chaplin, der bei insgesamt 61 Stummfilmen Regie führte, die alle noch in der Stummfilmzeit in Deutschland zu sehen waren.[361] Drei später entstandene deutsche Fassungen seines Stummfilms „The Cure" sollen im 18. Kapitel ausführlich besprochen werden. Über das Schicksal dieses und anderer Filme während der Stummfilmära läßt sich meist nur etwas über die erhaltenen

---

[360] zitiert nach Petzet: Verbotene Filme. S.66.

[361] Für die Filmographie Chaplins vgl. Hembus: Charlie Chaplin. Für die Aufführungen der Filme in Deutschland vgl. Birett: Das Filmangebot in Deutschland. 1895-1911. München 1991, vom gleichen Herausgeber das 'Verzeichnis in Deutschland gelaufener Filme. Entscheidungen der Filmzensur 1911-1920.' München, New York, London, Paris 1980.

Zensurkarten, vereinzelt auch mittels Zeitungskritiken erfahren. Die Einzelforschung steckt hierbei noch in den Anfängen, die bisherige Synchronisationsforschung erwähnte kein einziges Phänomen der Stummfilmzeit. Auch diese Ausführungen müssen notwendig Skizze bleiben, können höchstens den Rahmen für künftige Analysen abstecken. Die Schwierigkeiten solcher Forschung sind dabei nicht nur in der schlechten Quellenlage begründet. Die Filmpräsentationen im Stummfilmkino waren durch Erklärer, Live-Musik, uneinheitliche Kopien und wechselnde Laufgeschwindigkeiten jeweils einzigartige Veranstaltungen. Der Gesamt-eindruck einer deutschen Fassung, wie ihn das zeitgenössische Publikum erfuhr, ist kaum zu rekonstruieren. Bis in die späten 20er Jahre wurden schließlich bei den meisten Filmen mit mehreren Kameras gleichzeitig gedreht, da man für die Vielzahl von Kopien mehrere Negative benötigte. Das eine „Original" eines Stummfilms gibt es deshalb genauso wenig wie die eine deutsche Fassung.

Mit Sicherheit sahen die damaligen Zuschauer aber Vorgänge auf der Leinwand schneller ablaufen, als sie in der Realität erscheinen. Die üblichen 30 bis 40 Bilder pro Sekunde, die nach dem 1.Weltkrieg projiziert wurden, ließen gerade Slapstick-Komödien zu einem hektischen Spektakel werden. Der Grund dafür ist kein genuin ästhetischer. Friedrich von Zglinicki berichtet, daß man dem Zuschauer in einer Vorstellung mehrerer Kurzfilme schlicht so viel wie möglich bieten wollte.[362] Heutige Präsentationen von Stummfilmen mit realistisch schnellen Bewegungen entsprechen also in aller Regel nicht den zeitgenössischen Umständen.

Eine für die Bearbeitung ausländischer Filme in Deutschland eminent wichtige Entwicklung ist schließlich die Konfrontation

---

[362] vgl. Zglinicki: Der Weg des Films. S.260.

politischer Systeme nach dem ersten Weltkrieg und die Entdeckung des Films als Propagandamittel. Nachdem lange Zeit die sittliche Gefährdung im Vordergrund stand, sieht der Staat zunehmend eine politische Gefahr des Films. Das „traurig lächerliche Schauspiel der Filmzensur," wie es Wolfgang Petzet 1931 bezeichnete, bekam eine neue Dimension.[363] Eisensteins ästhetisch und politisch revolutionärer Fünfakter „Panzerkreuzer Potemkin" zum Beispiel wurde 1925 in Deutschland zunächst verboten, dann nur mit Schnittauflagen freigegeben. Die Berliner Oberprüfstelle gewann nämlich

„aus den spontanen Beifallskundgebungen des Publikums die Überzeugung, daß der Bildstreifen geeignet sei, durch Unterhöhlung des Autoritätsprinzips in Heer und Marine den Bestand des Staates und seiner Machtmittel zu gefährden, was eine Gefährdung der öffentlichen Sicherheit bedeute."[364]

Dieses Urteil zeigt nicht nur, welche Wirkungsmöglichkeiten einem Film zugesprochen wurden, sondern auch, daß man einer Bearbeitung, nämlich der Auslassung bestimmter Szenen, das Potential zutraute, einen an sich gefährlichen Film zu entschärfen. Mit anderen Worten wird schon in der Stummfilmzeit von Staats wegen die enorme Bedeutung der Bearbeitung ausländischer Spielfilme erkannt.

Zu Beginn der Tonfilmära wächst dann auch für Produzenten und Verleiher die Relevanz der Synchronisation erheblich, da das Publikum übernommene fremdsprachliche Dialoge nicht akzeptiert.

---

[363] Petzet: Verbotene Filme. S.11.
[364] Petzet: Verbotene Filme. S.26.

15. 1929-1945 Tonfilm und Isolation

Mit der Durchsetzung des Tonfilms 1928/29 brach die Vorherrschaft amerikanischer Produktionen auf dem Weltmarkt zusammen. Die fremdsprachlichen Dialoge waren nicht nur in Deutschland, Frankreich oder Italien unverkäuflich, auch England ging zeitweise als Markt für Hollywood verloren, „da der amerikanische Dialekt in den Tonfilmen bei dem englischen Volk auf Widerstand stieß."[365] Das Verfahren, die Tonspur am Rande des Filmstreifens zu plazieren, setzte sich mit erstaunlicher Geschwindigkeit durch. Ende 1929 besaßen in Deutschland bereits 223 Kinos eine Tonfilmapparatur, ein Jahr später waren es 1864. 1932 existierten in Deutschland schon dreimal mehr Tonfilmkinos als stumme Lichtspielhäuser.[366]

Hollywood reagierte auf die neue Situation mit mehrsprachigen Versionen seiner Filme. Auf dem gleichen Set wurde nacheinander mit Schauspielern aus verschiedenen Ländern gedreht. Für die deutschen Fassungen dieser Hollywoodfilme machte man sich dabei auch die wachsende deutsche Exilgemeinde in den USA zunutze. 'Double shooting', also das Drehen mehrerer Versionen, resümiert Fraenkel, „war zwar die kostspieligste aber auch die sicherste Methode, die Auslandsmärkte zu bedienen, auf denen die großen Weltkonzerne ohnehin ihre seit Jahren eingerichteten Vertriebsorganisationen hatten."[367] Um die Kosten zu verteilen, aber auch um die Mitarbeit namhafter ausländischer Schauspieler zu gewinnen, wurden Versionen oft auch in Co-Produktion mit europäischen Firmen hergestellt. So spielte Heinrich George zum Beispiel die Hauptrolle in dem von Metro Goldwyn Mayer produzierten

---

[365] Zglinicki: Der Weg des Films. S.612.
[366] vgl. Fraenkel: Unsterblicher Film. S.22.
[367] Fraenkel: Unsterblicher Film. S.41.

deutsche Version von „The big house" mit dem Titel „Menschen hinter Gittern".

Nur wenige Schauspieler konnten, wie die Schwedin Greta Garbo, in mehreren Versionen spielen. Gleich in ihrem ersten Tonfilm, „Anna Christie" aus dem Jahre 1930, sprach und spielte sie sowohl in der englischen, als auch in der deutschen Version. „Americans are more familiar with the English version, but critics prefer the German", heißt es in der New York Times dazu.[368] Auch Versionen sind dementsprechend von unterschiedlicher Qualität, können wie Fassungen verglichen werden.

Schon nach wenigen Jahren wurde die Methode der nacheinander gedrehten Versionen wieder fallen gelassen. „It was such a clumsy thing to do," gibt der New Yorker Filmhistoriker William K. Everson als Grund an.[369] Neben der 'Schwerfälligkeit' mögen auch ökonomische Gesichtspunkte eine Rolle gespielt haben, als man sich in Hollywood und in Europa zwei anderen Verfahren zuwendete, um die Internationalität des Films wiederherzustellen: Untertitel und lippensynchrone Bearbeitungen.

Vor allem chemische Untertitel, laut Luyken 1933 in Schweden und Ungarn entwickelt,[370] waren viel billiger als Versionen, die außerdem nur in wenigen, weitverbreiteten Sprachen hergestellt werden konnten und zum Beispiel für Schweden oder Ungarn keine Lösung darstellten. Die Hinwendung der Amerikaner zu Untertiteln erklärt Everson mit der schlechten Qualität der US-Synchronisationen im Vergleich zu den europäischen Bearbeitungen.[371] In Deutschland wendete man sich sehr bald

---

[368] Shulevitz, Judith: Subtitles have the last word in foreign films. In: New York Times. 7. Juni 1992. S.H24.

[369] zitiert nach Shulevitz: Subtitles have the last word in foreign films. S.H24.

[370] vgl. Luyken: Overcoming language barriers in television. S.31.

[371] vgl. Zitat bei Shulevitz: Subtitles have the last word in foreign films. S.H24.

nach Einführung des Tonfilms der lippensynchronen Bearbeitung zu, auch wenn, wie Fraenkel berichtet, man in den Anfangsjahren noch „sehr pessimistisch" von den Entwicklungsmöglichkeiten des neuen Verfahrens sprach. „Man ahnte noch nicht," schreibt Fraenkel,

> „daß diese Methode schon in wenigen Jahren sehr erheblich und fast bis zum Höchstgrad der technisch möglichen Vollkommenheit verbessert werden würde; aber man wußte sofort, daß man auf diese Methode allezeit und auf Gedeih und Verderb angewiesen war, um den Weltvertrieb eines Films zu ermöglichen und um die Internationalität der Filmindustrie zu retten. Denn diese Methode - und das war ihr entscheidender Vorteil - bot die einzige Möglichkeit, den eigenen Stars und Spitzendarstellern den teuer erkauften Weltruhm wenigstens teilweise zu erhalten."[372]

Mit einem originellen Star, wie zum Beispiel Buster Keaton, wollte Hollywood selbstverständlich auch in der Tonfilmzeit die europäischen Kinokassen füllen. Ein deutsche Synchronautor setzte dabei bei der Produktionsgesellschaft MGM durch, daß Keaton selbst den deutschen Text in den wichtigsten Großaufnahmen sprach, damit die Lippenbewegungen des deutschen Synchronsprechers später besser paßten.[373] Eine solche Vorgehensweise mußte aus praktischen Gründen singulär bleiben. Die Episode offenbart aber durchaus die Unbeholfenheit der ersten Synchronisationen.

Wann genau mit der Arbeit an lippensynchronen Fassungen begonnen wurde, konnte im Rahmen dieser Untersuchung leider

---

[372] Fraenkel: Unsterblicher Film. S.12.
[373] Den Filmtitel nennt Fraenkel, der die Bearbeitung wohl selbst leitete, leider nicht. vgl. Fraenkel: Unsterblicher Film. S.40.

nicht geklärt werden. Mit Sicherheit falsch sind aber die Angaben bei Luyken, der die ersten lippensynchronen Fassungen auf 1936 datiert[374] und auch bei Müller, der 1933 angibt.[375] Schon im Dezember 1930 bespricht Siegfried Kracauer nämlich die lippensynchrone Bearbeitung von „Im Westen nichts Neues", der am 4.12.1930 in Berlin seine Deutschlandpremiere feierte. „Leider passen sich die nachträglich einmontierten deutschen Worte den Mundbewegungen der Amerikaner oft nur mangelhaft an," bedauert Kracauer.[376] Dabei kritisiert er die neue Technik der lippensynchronen Bearbeitung nicht nur wegen der handwerklich schlechten Umsetzung:

> „Soll der tönende Film die Internationalität des stummen bewahren, so muß man entweder das Schwergewicht von den Dialogen zurück auf die Bilder und auch auf die Geräusche verlegen oder jeden Film von vornherein in allen Hauptsprachen drehen. Der Versuch, amerikanische Sprecher für deutsche auszugeben, ist ein Unding."[377]

Neben seiner Bedeutung als einer der ersten lippensynchron bearbeiteten Filme ist auch die Zensurgeschichte von „Im Westen nicht Neues" bemerkenswert. Die von dem nach Hollywood ausgewanderten Schwaben Carl Lämmle produzierte Verfilmung des Remarque-Romans war 1930 in den USA mit dem Oscar als bester Film des Jahres ausgezeichnet worden, rief in Deutschland allerdings einen unglaublichen Skandal hervor, bei dem Josef Goebbels eine entscheidende Rolle spielen sollte. Laut Petzet

---

[374] Luyken: Overcoming language barriers in television. S.31.
[375] Müller: Die Übertragung fremdsprachigen Filmmaterials. S.18.
[376] Kracauer, Siegfried: „Im Westen nichts Neues." Zum Remarque-Tonfilm. In: Frankfurter Zeitung. 6.12.1930. S.1.
[377] Kracauer: „Im Westen nichts Neues." S.1.

wurde zudem „das politische Gesicht der Filmzensur [...] ganz Deutschland erst beim Falle Remarque deutlich."[378]

Die Chronologie der Ereignisse liest sich wie ein Filmstoff. Die gewalttätigsten Bilder einer Grabenkampfszene werden schon vor der amerikanischen Premiere am 21.4.1930 in Los Angeles herausgeschnitten. Die Berliner Filmprüfstelle verlangt im Sommer weitere Auslassungen, nämlich die Herausnahme einer Drillszene und einer Liebesszene eines deutschen Soldaten mit einer Französin. Eine weitere Auslassung und ein Austausch sind im Dialog einer wichtigen Szene zu beobachten. Der von der Front heimgekehrte Paul soll in einer Schulklasse von seinen Kriegserlebnissen berichten. In der deutschen Fassung sagt er einfach: 'Ich kann nicht'. „In der englischen spricht er sich in großer Rede aus, wobei er unter anderem die Worte gebraucht: 'It's dirty and painful to die for your country.'"[379] Die auf die nationalen wenn nicht gar nationalsozialistischen Kreise hoffende deutsche Filmbranche wollte „nicht zu pazifistisch werden," resümiert Wolfgang Petzet die Absicht der Synchronisation.[380] Den Nazis war dies noch nicht genug. In der Nachmittagsvorstellung des 5. Dezember 1930 schreit Goebbels die Besucher des Theaters am Nollendorfplatz in Berlin an: 'Ist denn hier niemand, der noch Nationalgefühl hat?'[381] Als anschließend Stinkbomben in den Kinosaal geworfen werden, wird das Licht im Saal angemacht. Der Vorführer läßt den Film noch eine Weile bei aufgehelltem Licht laufen, bis er die Vorführung abbricht. Auch die nachfolgenden Vorführungen des Films werden von den Nazis gestört, bis einige deutsche Länder

---

[378] Petzet: Verbotene Filme. S.93.
[379] Petzet: Verbotene Filme. S.96.
[380] Petzet: Verbotene Filme. S.96.
[381] vgl. Beller, Hans: Geschundenes Zelluloid. Das Schicksal des Kinoklassikers Im Westen nichts Neues. ZDF 15.11.1984. TC: 0.17.42ff.

Widerruf gegen die erste Zensurentscheidung einlegen, weshalb die Oberprüfstelle das Antikriegsdrama erneut prüft und „hastig verurteilt."[382] Am 11. Dezember 1930, sieben Tage nach seiner deutschen Premiere, wird „Im Westen nichts Neues" verboten, da er das Ansehen der Wehrmacht herabsetze, das deutsche Ansehen gefährde und der Film „jedes ethische Moment auf deutscher Seite vermissen läßt."[383] „Mit der Würde eines Volkes wäre es nicht vereinbar, wenn es seine eigene Niederlage, noch dazu verfilmt durch eine ausländische Herstellungsfirma, sich vorspielen ließe," zitiert Petzet die Oberprüfstelle.[384] Im Sommer 1931 wird der Film im Reichstag debattiert und für geschlossene Vorstellungen freigegeben. Die völlige Freigabe in Deutschland erfolgt wiederum, als sich MGM verpflichtet, den Film im Ausland nur noch in der für Deutschland genehmigten Fassung, also zum Beispiel ohne die Szene des Frontkämpfers in der Schulklasse, vorzuführen. Die deutsche Schnittfassung wird somit zur internationalen Einheitsfassung des Films. In Deutschland konnte der Film trotzdem nicht lange gezeigt werden, da eine der ersten Amtshandlungen von Goebbels 1933 das Verbot des Films war. Den Kriegstreibern der NSDAP war der Film allzu deutlich pazifistisch, als daß sie ihn dulden wollten.

Mit Goebbels Einzug ins Propagandaministerium verschärft sich die Aufführungssituation ausländischer und deutscher Verleihe erheblich, wie es in Kapitel 7 bereits dargestellt wurde. Außergewöhnlich ist dabei, daß die Nazis ab 1939 die Aufführungssituation Deutschland auf die besetzten Gebiete ausweiteten und auch dort die Filmproduktion und den Verleih streng kontrollierten. Doch gelang es gerade den französischen Filmschaffenden mehrmals, geschickt die deutsche Zensur zu

---

[382] vgl. Beller, Hans: Geschundenes Zelluloid. TC: 0.20.02ff.
[383] Petzet: Verbotene Filme. S.96.
[384] Petzet: Verbotene Filme. S.94.

182

unterlaufen und Widerstandsfilme zu produzieren, die auch nach Deutschland importiert wurden. Ein gutes Beispiel mag Marcel Carnés „Les visiteurs du soir" aus dem Jahre 1942 sein. Die Handlung spielt 1485 und erzählt vom Konflikt eines jungen Liebespaares mit den Sendboten des Satans. Die teuflische Kraft kann die Liebenden zwar in Stein verwandeln, ihre Herzen schlagen aber weiter. So deutlich die Parallele zum besetzten Frankreich auch war, Goebbels Zensoren in Paris fiel sie nicht auf, so daß der Film auch in Deutschland unter dem bezeichnend eindeutigen Titel „Die Nacht mit dem Teufel" anlaufen konnte. Für die Synchronisationsgeschichte interessant ist dabei vor allem die Tatsache, daß auch in rigoros eingeschränkten Aufführungssituationen Schlupflöcher bestehen, in denen man auch kritische ausländische Filme synchronisieren kann. Die Tugend der Bearbeitung besteht in diesem Falle darin, das allegorisch-kritische Potential des Ursprungsfilms so getreu wie möglich dem deutschen Publikum zu präsentieren. Angewiesen ist der Bearbeiter dabei auf die partielle Blindheit der Zensoren.

16. 1945-1961 Nachkriegsdeutschland

Nach der Kapitulation der deutschen Wehrmacht im Mai 1945 ging die Filmkontrolle in die Hände der Alliierten über, die vornehmlich ihre eigenen Produktionen in die deutschen Kinos brachten. In Berlin, wo fast die Hälfte der Kinos im Krieg zerstört wurde, begann der neue Kinobetrieb am 27. Mai 1945 mit dem sowjetischen Film „Um sechs Uhr abends nach dem Krieg". Der Film lief in russischer Sprache, „aber jede Vorstellung war ausverkauft."[385] Noch im gleichen Jahr wurde auch wieder mit der Bearbeitung ausländischer Spielfilme begonnen. Da eine deutsche Filmproduktion, die von den Nazis bis in die letzten Kriegstage aufrecht gehalten wurde, durch Demontage der Ateliers unmöglich war, wandten sich viele Schauspieler der Synchronisation als neuer Einnahmequelle zu. O.E.Hasse zum Beispiel sprach im ersten lippensynchronen Film nach dem Krieg die Rolle des Lenin.[386]

Nicht nur die sowjetische Militärregierung förderte die deutsche Synchronisationsarbeit. Alle Siegermächte sicherten sich so den deutschen Filmmarkt und konnten Filme als Umerziehungsmittel benützen. Jary sieht bei den Sowjets zudem das Motiv, daß „für Unterhaltung gesorgt werden müsse, um zur Normalität zurückkehren zu können."[387] Dabei ist 'Normalität' ein wenig sensibel gewählter Begriff für den Versuch, eine von der Diktatur befreite Gesellschaft zu kontrollieren. Als erster US-Film nach dem Krieg wurde im August 1945 die Jane Austen-Verfilmung

---

[385] Jary, Micaela: Traumfabriken made in Germany. Die Geschichte des deutschen Nachkriegsfilms 1945-1960. Berlin 1993. S.11.

[386] vgl. Jary: Traumfabriken made in Germany. S.12. Bei dem angesprochenen Film handelt es sich um "Der Feiertag der Werktätigen der Sowjetunion im Film", bei dem Eugen York als Synchronregisseur fungierte.

[387] Jary: Traumfabriken made in Germany. S.12.

„Stolz und Vorurteil" mit Laurence Olivier und Greer Garson in den Hauptrollen gezeigt. Der Filmtitel mußte dabei wie ein Kommentar zur Nazidiktatur anmuten.

Konkurrenz konnte den ausländischen Filmen 1945 zwar nicht durch neue deutsche Produktionen erwachsen, wie Fraenkel berichtet, kehrte das Publikum aber schon bald nach Kriegsende zu eigenen, wenn auch alten Filmen und Gewohnheiten zurück. „Es wurde also sofort und sehr viel synchronisiert [...] Es wurde auch sehr schnell synchronisiert," schreibt Fraenkel.

„Daß begreiflicherweise die Qualität der Produktion darunter litt, war ein weiterer Grund dafür, daß bald auch die bescheidensten, schon vor vielen Jahren abgespielten deutschen Filme erheblich größeren Zulauf hatten als die allerneuesten ausländischen Spitzenproduktionen."[388]

Solche Spitzenproduktionen hatten vor allem die Amerikaner zu bieten, denen der Zugang zum deutschen Markt lange Jahre praktisch, ab 1942 auch theoretisch versperrt war. Viele Filme, die zwischen 1933 und 1945 in den USA produziert wurden, brauchten allerdings noch Jahre, bis sie auf deutschen Leinwänden zu sehen waren. „Vom Winde verweht" zum Beispiel kam 1953 nach Deutschland, Chaplins „Großer Diktator" 1958, „Sein oder Nichtsein" 1960, „Citizen Kane" 1961, Hawks „Leoparden küßt man nicht" 1966, „Tarzan und die Nazis" 1971 und Hitchcocks „Rettungsboot" 1974.

Bestimmte Themen/Filme wurden im Nachkriegsdeutschland nicht gerne bearbeitet. Bei der Benennung der Verantwortlichen sollte dabei mit größter Vorsicht vorgegangen werden. Wie Garncarz' Analyse des Briefwechsels zu „Casablanca" zeigt,

---

[388] Fraenkel: Unsterblicher Film. S.137.

betrieben nicht nur Deutsche, sondern auch ausländische Verleiher, die Auslassungen deutscher Vergangenheit im Film der 50er Jahre.[389] Zudem lassen sich auch Auslassungsfiguren feststellen, die sich inhaltlich auf die Zeit vor den Nazis beziehen. Kurze Beispiele mögen dies illustrieren.

1952, bei der deutschen Premiere der neuvertonten Fassung von „Im Westen nichts Neues", der bekanntlich im 1. Weltkrieg spielt, wurden immer noch wichtige Szenen ausgelassen, so zum Beispiel der Mord im Graben. „Ein deutscher Soldat ersticht keinen Franzosen mehr, hatten die französischen Alliierten zu verstehen gegeben," heißt es in Bellers Fernsehdokumentation dazu.[390]

Die von Wolfgang Staudte in der DDR 1951 inszenierte Heinrich Mann- Verfilmung „Der Untertan" kam erst 1957 in einer rund 10 Minuten kürzeren Fassung in die bundesdeutschen Kinos. Der Interministerielle Ausschuß, den Blum treffend als „bundesdeutsche McCarthy-Spielart" bezeichnet,[391] setzte außerdem durch, daß die geschilderten Vorgänge aus der Kaiserzeit im Vorwort des Films als Einzelfall ausgewiesen wurden. In der deutschen Fassung von John Hustons „African Queen" wurden 1958 einige Passagen ausgelassen, die deutsche Greueltaten in Kolonialgebieten Afrikas zeigten oder davon berichteten. Wie Garncarz dokumentiert, hatte die Arbeitsgemeinschaft deutscher Filmjournalisten schon 1952 auf dem Festival von Locarno bei der Festivalleitung wegen der „Deutschfeindlichkeit" von „African Queen" protestiert.[392] Auch auf die Darstellung des deutschen Kaiserreichs reagierten Sieger

---

[389] vgl. Kapitel 3.

[390] Beller, Hans: Geschundenes Zelluloid. TC: 0.28.38ff.

[391] Blum, Heiko R.: 30 Jahre danach. Dokumentation zur Auseinandersetzung mit dem Nationalsozialismus im Film 1945 bis 1975. Köln 1975. S.53.

[392] Garncarz: Filmfassungen. S.118.

und Verlierer des 2. Weltkriegs also durchaus empfindlich, wozu auch die beginnende Ost-West-Konfrontation beitrug, über die im nächsten Kapitel noch zu reden sein wird.

Besonders auffällig sind im Überblick der fünfziger Jahre allerdings Auslassungsfiguren, die den Nationalsozialismus betreffen. Ein prominenter Fall ereignet sich 1951 bei der deutschen Fassung von Alfred Hitchcocks „Notorious". Der Film handelt in groben Zügen von der Entlarvung einer Naziverschwörung in Südamerika nach dem 2. Weltkrieg. Die Verschwörer handeln mit Uranerz, das sie im Weinkeller aufbewahren. Im deutschen Synchrondialog ist allerdings von Rauschgift die Rede, die Verbrecher haben keine politischen Motive, sie sind Schmuggler. Der Titel dieser deutschen Fassung lautet entsprechend „Weißes Gift". Nazis tauchen im Film nicht mehr auf. Diese Umdeutung wurde dadurch möglich, daß Hitchcock auf jeden visuellen Hinweis, wie etwa ein Hakenkreuz verzichtet, und die Verbrecher ausschließlich im Dialog identifiziert werden, der leicht ausgetauscht werden konnte. Verantwortlich für die andersartige Wirkungsabsicht ist vornehmlich der amerikanische Verleih RKO, der sich bereit erklärte, einige Stellen zu verändern, nachdem die FSK den Film nicht für alle Feiertage freigegeben hatte.[393]

Keine Rolle bei der Auslassung der Nazifiguren spielte die FSK im Falle „Casablanca". Wie weiter oben schon dargestellt wurde, kürzten Warner Brothers selbst den Film und ließen Austauschfiguren im Text einbauen, um dem deutschen Publikum den Anblick von Nazis auf der Leinwand zu ersparen. Die FSK bemerkte das Verschwinden des Major Strasser bei der Prüfung nicht. Die Geschichte des skandinavischen Physikers Larsen alias Victor Laszlo war für die FSK offensichtlich eine plausible

---

[393] vgl. Garncarz: Filmfassungen. S.102.

Geschichte.[394] Daß die Firma Warner Brothers als Produzent des Ursprungsfilms und Verleiher in Deutschland ohne Zwang die neue Fassung herstellen ließ, mag auch darin wurzeln, daß Hollywood stets zu Änderungen von Filmgeschichten aufgelegt ist, wenn die Hoffnung auf ein größeres Publikum besteht. So hatte man schon das Drehbuch der Ursprungsfassung nach Vorgabe der Selbstzensur der amerikanischen Filmindustrie geändert. So wurde zum Beispiel Ilsas Ehebruch mit Rick in Paris nachträglich damit legitimiert, daß sie ihren Gatten Victor Laszlo für tot hält. Im produzierten Film fehlt außerdem jede Anspielung darauf, daß Ilsa und Rick in Casablanca miteinander schlafen. Die vielfach eingeforderte Authentizität von deutschen Fassungen fehlt dementsprechend schon manchen Ursprungsfassungen. Für die deutsche Fassung 1952 ging man bei Warner Brothers dann noch einen Schritt weiter und nahm nach dem anstößigen Ehebruch auch die anstößigen Nazis aus dem Film. Die Absicht zielte klar auf einen möglichst unverbindlichen Agentenkrimi.

Welche Szenen 1952 ausgelassen wurden, läßt sich leicht rekonstruieren. Schon die visuell notwendigen Auslassungen der Nazis machen gut 21 Minuten aus (Prolog, Strassers Ankunft am Flughafen, Konflikt mit einem Vertreter der Deutschen Bank, Strasser in Ricks Café bei der Verhaftung Ugartes, Rückblende, Strasser und Laszlo in Ricks Café, Victor und Ilsa auf der Präfektur, 'Sängerstreit' zwischen Franzosen und deutschen Soldaten in Ricks Café, Renaults Telefonat mit Strasser und Showdown auf dem Flughafen). Kürzt man nun noch einige Dialogpassagen, etwa die, als Rick mit Renault vor dem Café über Strasser spricht, so kommt man auf die 23 Minuten, die der Film 1952 kürzer war.

---

[394] Wenn Whitman-Linsen auf Seite 159 ihrer Dissertation von der Umwandlung der Casablanca-Nazis "into Scandinavian drug dealers" schreibt, liegt sie falsch.

Neben den aus „Notorious" und „Casablanca" verschwundenen Nazis lassen sich fast zeitgleich Austauschfiguren beobachten, bei denen Nazis in Filmdialogen auftauchen, obwohl in den Ursprungsfassungen von Deutschen die Rede ist. Rosselinis „Roma citta aperta" aus dem Jahre 1945 wurde 1952 von der FSK nur für geschlossene Gesellschaften, ab 1960 dann mit einem erläuternden Vorwort freigegeben. Im Synchrontext wurden die Folterer niemals als Deutsche, sondern immer nur als Nazis bezeichnet.[395] In dem Afrikafilm „Katanga" schließlich „macht die Synchronisation aus einem amerikanischen Söldner kurzerhand einen deutschen, damit dem unsympathischen Germanen ein positiver Heldentyp gegenübersteht."[396] Die Auslassung eines Nazis und auch der Austausch eines Amerikaners durch einen Deutschen verfolgen letztlich die gleiche Absicht, nämlich dem deutschen Publikum die Erinnerung an die in deutschem Namen begangenen Greueltaten zu ersparen. Dies ändert sich erst, als die Gleichsetzung von Deutschen und Nazis nach Garncarz' Einschätzung Mitte der 60er Jahre von einem differenzierteren Bild abgelöst wird.[397] Demnach ließe sich die Entwicklung des (west-) deutschen Selbstwertgefühls nach dem 2.Weltkrieg auch am Umgang mit historischen Motiven in ausländischen Spielfilmen beobachten. Die fünfziger Jahre offenbaren, auch nach Garncarz' Beurteilung, wenig deutsche Bereitschaft, sich der Geschichte zu stellen.

Im gleichen Zeitraum läßt sich noch ein anderes allgemeines Phänomen der Synchronisation feststellen, das in der Branche „Alemannitis" genannt wird. Müller faßt treffend zusammen:

---

[395] vgl. Blum: 30 Jahre danach. S.92.
[396] Blum: 30 Jahre danach. S.46.
[397] vgl. Garncarz: Filmfassungen. S.116.

„Mit Akribie deutschte man alles ein, was nur irgendwie eindeutschbar war: Ein hamburger wurde zur Frikadelle [...] und manch ein pub oder bistro(t) zur schlichten Kneipe. Erst in den 60er und 70er Jahren erkannte man diese Krankheit als solche und kurierte sie allmählich aus.“[398]

Leider verzichtet Müller darauf, den 'Krankheitserreger' der Alemannitis zu suchen oder einen Zusammenhang mit dem 'Verschwinden' von Major Strasser herzustellen. In beiden Fällen handelt es sich aber um Versuche, Fremdes, sei es in Form kritischer Geschichtsdarstellung oder in Form von Hamburgern, durch Auslassung oder Austausch der entsprechenden Filmmotive nicht heimisch werden zu lassen. Verleiher bewahren das deutsche Publikum auf diese Weise vor fremden Einflüssen. Daß im gleichen Zeitraum die junge Generation begeistert amerikanische Lebensgewohnheiten vom Kaugummi bis zum Rock'n Roll aufnimmt, kann als Widerspruch dazu gesehen werden, und man kann spekulieren, daß die Absichten der Verleiher in den fünfziger Jahren nicht dem Publikum entsprachen. Dies gilt wahrscheinlich nur in eingeschränktem Maße für die politisch brisanten Filmmotive, die Alemannitis allerdings stellt wohl weniger eine Krankheit als einen Anachronismus dar.

Eine Vielzahl weiterer Figuren in deutschen Fassungen der fünfziger Jahre beabsichtigen die Reduzierung von zwei Topoi, nämlich Sexualität und unorthodoxer Religiosität.

Louis Malles „Les Amants" zum Beispiel thematisiert das Scheitern einer Ehe in einer Weise, die für die FSK nicht akzeptabel war. In der von Pallas im März 1959 herausgebrachten deutschen Fassung „Die Liebenden" wurde das gemeinsame Kind

---

[398] Müller: Die Übertragung fremdsprachigen Filmmaterials. S.26.

der Eheleute Jeanne (Jeanne Moreau) und Henri (Alain Cuny) dann auch ausgelassen, die Ehebruchsequenz mit Bernard gekürzt. In einem Schreiben des Verleihs an die FSK heißt es dazu unter anderem: „Durch diese sehr erheblichen Schnitte wird diese Szenengruppe nach unserer Auffassung entscheidend gemildert, so daß an ihr kein Anstoß mehr genommen werden kann."[399] Durch Austauschfiguren im Dialog, die zum Teil bei Garncarz belegt sind, wurde der Ehemann negativer, der Liebhaber positiver charakterisiert. Die Absicht dahinter zielt auf eine Stärkung der Motive von Jeanne, sowie auf eine Entschärfung ihrer Tat, die in der deutschen Fassung nun kein Kind mehr allein zurückläßt. Eigenaussagen des Verleihs benennen auch hier die Wirkungsabsicht: „Wir sind der Auffassung, daß der deutsche Dialog in dieser Fassung auch das Verhalten von Jeanne menschlich und im Hinblick auf die angestrebte dauernde Verbindung rechtfertigt."[400] Keine Rechtfertigung gab es 1959 für homosexuelle Anspielungen in Stanley Kubricks „Spartacus", weshalb diese Szenen ausgelassen wurden. Sexualität im Film stellt einen der interessantesten Topoi der Filmsynchronisation dar. Im Fernsehen ist er das bis heute geblieben, während das Kino ab den späten 60er Jahren kaum genug davon bekommen konnte.

Dies gilt keinesfalls für den Topos unorthodoxer Religion, der zum Beispiel im Falle von „The last temptation of Christ" noch 1988 für Aufsehen sorgte. Als gutes Beispiel für die Bearbeitung kirchenfremder religiöser Motive in Filmen der hier diskutierten Zeitspanne erweist sich Luis Buñuels „Viridiana". Wie „Casablanca" unterlag auch „Viridiana" bereits der Zensur im Ursprungsland. Die spanischen Filmbehörden verlangten bereits nach Vorlage des Drehbuchs einige Änderungen, verboten den

---

[399] zitiert nach Garncarz: Filmfassungen. S.48.
[400] zitiert nach Garncarz: Filmfassungen. S.49.

fertigen Film dann allerdings trotzdem. Buñuel erzählt die Geschichte der Nonne Viridiana, die aus dem Kloster austritt, um auf dem Hof ihres Onkels eine private karitative Einrichtung aufzubauen und damit kläglich scheitert, als ihre obdachlosen Schützlinge in ihrer Abwesenheit das Haus bei einer Orgie verwüsten. Der Film wurde auf dem Festival in Cannes 1961 zwar mit der Goldenen Palme ausgezeichnet, in Deutschland allerdings nur in gekürzter Fassung freigegeben. Die von der FSK verlangten Auslassungen betrafen die krassesten Bilder der Orgie am Ende des Films, die im Feuer verbrennende Dornenkrone und eine an sich harmlose Szene zu Beginn, deren Symbolgehalt aber auch der FSK nicht entgangen war. Viridiana wird darin von einem Knecht des Hofes freundlich aufgefordert, es beim Melken der Kühe doch selbst einmal zu probieren. Die Zitzen des Euters zu berühren, kann sich die junge Frau aber nicht überwinden. Die aus dem Kloster kommende Viridiana wird so nicht nur als weltfremd, sondern auch als sexuell verklemmt charakterisiert. Die Auslassungen, gegen die in der Zeitschrift 'Filmkritik' schon im Januar 1962 heftig protestiert wurde, sollten die Polemik gegen die selbstgerechte Caritas der Hauptfigur entschärfen. Damit wurde wieder einmal gegen das Kriterium der Angemessenheit gegenüber dem Ursprungsfilm verstoßen. Sowohl im Falle von „Casablanca" und „Notorious", als auch bei „Les Amants" und „Viridiana" versuchen sich Verleiher und FSK am Kriterium der äußeren Angemessenheit, nämlich gegenüber dem Publikum zu orientieren. Die Funktion der meisten Synchronisationsfiguren in den oben genannten Filmen ist es, Anstößigkeiten zu vermeiden. Auffälligerweise eignen sich dafür nicht nur Auslassungen wie bei „Die Liebenden" oder „Casablanca", sondern auch Hinzufügungen („Rom, offene Stadt") und Austauschfiguren (Dialoge in „Die Liebenden").

Komplizierter ist die Funktionsbestimmung und Bewertung bei den Figuren in der deutschen Fassung von „Citizen Kane". Zwei Figuren dienten bereits als Beispiele für die Systematik der Figuren in Kapitel 12, nämlich der Austausch der Raumcharakteristika des Tons und der Austausch der Musik. Beim Vergleich der deutschen Fassung mit dem amerikanischen Ursprungsfilm von 1940 zeigen sich allerdings noch viele weitere Figuren, von denen einige hier genannt sein sollen. Beim Redaktionsfest des Inquierers wurde auch das Loblied auf Charlie Kane, das ein Entertainer mit seinen Showgirls singt, durch eine deutsche Aufnahme ausgetauscht.[401] Einige englische Zeitungsschlagzeilen werden auf der anderen Seite übernommen, ohne Untertitel oder ein Übersprechen hinzuzufügen. Das gilt zum Beispiel für die Schlagzeilen „Kane elected"[402], „Kane marries singer"[403] oder „Kane builds opera house."[404] Der des Englischen unkundige Zuschauer ist in diesen Fällen darauf angewiesen, sich die Inhalte aus den Szenen herzuleiten, was nicht immer einfach ist. Bei den ausgetauschten Stimmen sind zwei Figuren besonders auffällig. So spricht der Butler in Kanes Schloß Xanadu in der deutschen Fassung ohne jeden Akzent, wodurch eine Nuance der durchweg höchst individuell gestalteten Nebenfiguren wegfällt.[405] Susan Alexander, Kanes Geliebte, die er trotz ihrer stimmlichen Mängel zur Operndiva macht, spricht und singt in der Ursprungsfassung mit einer noch piepsigeren Stimme als in der deutschen Fassung. Eine angemessenere Synchronstimme für diese Rolle wäre für die Darstellung von Kanes manischem Drang ausgesprochen wichtig gewesen. Der

---

[401] "Citizen Kane" TC: 0.40.25ff.
[402] "Citizen Kane" TC: 1.06.53ff.
[403] "Citizen Kane" TC: 1.11.39ff.
[404] "Citizen Kane" TC: 1.12.20ff.
[405] vgl. z.B. "Citizen Kane" TC: 1.42.25ff.

tatsächliche Austausch der Stimmen kann der inneren Angemessenheit aber nicht gerecht werden. Ärgerlich ist schließlich der ausgetauschte deutsche Schlußcredit für Bernard Herrmann als Komponist der Filmmusik, obwohl doch eine andere, zuweilen völlig mißratene Musik für die deutsche Fassung benutzt wurde.

Die Absichten, die der Konzeption dieser Figuren zugrunde liegen, sind schwer zu ermessen. Der teure Austausch der Musik beruht meist auf einer fehlenden IT-Spur, was bei einer RKO-Produktion schlecht vorstellbar ist. Selbst wenn die Übernahme der Originalmusik technisch nicht möglich war, bleibt es verwunderlich, wieso mit der neuen Musik auch die Musikdramaturgie geändert wurde, wie es bei Kanes erstem Besuch in der Zeitungsredaktion so unangenehm auffällt.[406] Nimmt man die Figuren bei den Stimmen hinzu, läßt sich die deutsche Fassung von Manfred R. Köhler nur als Schlamperei bezeichnen. Ärgerlich ist das deshalb, weil diese deutsche Fassung auch heute noch gesendet wird. Das ZDF etwa präsentierte 1995 Köhlers für den Constantin-Verleih hergestellte figurenreiche Fassung selbst in ihrer Jubiläumsreihe '100 Jahre Film' und ließ den Film als einen 'Meilenstein der Filmgeschichte' ankündigen. Daß dieses Lob auf den Ursprungsfilm zutrifft, bestreitet niemand, die deutsche Fassung von „Citizen Kane" darf umgekehrt als ein Tiefpunkt deutscher Filmsynchronisation gelten.

---

[406] vgl. Kapitel 12.

17. 1961-1981 Die Rückkehr des Major Strasser

Die Jahre ab 1961[407] bringen dem deutschen Filmpublikum unter anderem eine Reihe von neuen deutschen Fassungen zu Filmen, die bereits einmal in Deutschland bearbeitet wurden und unter anderem zur Rückkehr Major Strassers nach „Casablanca" führen. In der 1975 von der ARD in Auftrag gegebenen Neubearbeitung, über die später noch zu sprechen sein wird, waren nämlich alle 1952 ausgelassenen Passagen wieder enthalten. Weitere Filme, die ab 1961 ein zweites Mal für den deutschen Markt bearbeitet wurden, sind zum Beispiel „Arsenic and old lace" („Arsen und Spitzenhäubchen" 1962), „Alexander Newsky" 1966, „Notorious" („Berüchtigt" 1969) und „Panzerkreuzer Potemkin" 1978. „Citizen Kane" ist in der Reihe solcher zweiter deutscher Fassungen leider nicht enthalten.

Wenn lediglich kurze, früher ausgelassene Passagen wieder aufgenommen werden sollten, kam es zu Nachbearbeitungen, wie dies unter anderem bei „African Queen" 1967, „Viridiana" 1970, „Les Amants" 1984, „Spartacus" 1992 oder Hitchcocks „Der Fremde im Zug" 1994 der Fall war.

Eine wichtige Rolle für die Rückkehr Major Strassers und anderer ehemals ausgelassener Filmmotive spielt das öffentlich-rechtliche Fernsehen. Dies hat mit der wachsenden Beachtung der inneren Angemessenheit zu tun, welche wohl auch auf die an Bedeutung gewinnende Filmwissenschaft zurückzuführen ist. In Filmseminaren geschulte Filmkritiker und Fernsehredakteure gewichteten die Angemessenheit der deutschen Fassung gegenüber dem Ursprungsfilm höher als die Angemessenheit gegenüber dem Publikum. Das Fernsehen als Abspielort konnte

---

[407] Garncarz nennt 1967 als Schwelle für die neue Entwicklung, wobei er "Arsen und Spitzenhäubchen" und "Alexander Newsky" nicht berücksichtigt. vgl. Garncarz: Filmfassungen. S.116.

sich diese innere Angemessenheit als gebührenfinanzierter Anbieter dabei auch besser leisten als kommerzielle Kinofilmverleiher.

Besonders das Zweite Deutsche Fernsehen bemühte sich stets um die Qualität der von ihm gesendeten deutschen Fassungen, weshalb eine Fernsehzeitschrift auch vom ZDF als der „aktivsten Pflegestätte des Kinofilms in Deutschland" sprach.[408] Seit 1967 arbeiten beim ZDF Redakteure wie Jürgen Labenski an neu- oder nachbearbeiteten deutschen Fassungen, wobei sie unter anderem auf filmwissenschaftliche Untersuchungen aufbauen, wie sie auch in dieser Arbeit unternommen werden. Manchmal, wie im Falle des Paul Newman-Western „Man nannte ihn Hombre" brachte sie aber auch „ein Zufall darauf," daß Filmfassungen unangemessen sind.[409] So ergänzte das ZDF 13 Minuten aus amerikanischem Privatbesitz in den Film, dessen Auslassungen „niemand zuvor bemerkt hatte," was wiederum ein Armutszeugnis für die Filmwissenschaft ausstellt.[410]

Auch die zum zweiten Mal bearbeiteten Filme sind keinesfalls immer authentisch. Die neue deutsche Fassung von „Arsen und Spitzenhäubchen", mit der 1962 die Reihe der neu bearbeiteten Filme beginnt, basiert nach Garncarz' Meinung nämlich auf der gekürzten Kopie der ersten Bearbeitung. Einige Auslassungen sind in dieser Fassung entsprechend nicht ergänzt. Hauptabsicht der Neubearbeitung durch die Berliner Synchron im Auftrag von atlas war es, den in der ersten deutschen Fassung hinzugefügten Schmuck aufzugeben, um das steuergünstige Prädikat 'besonders wertvoll' von der FBW zu erhalten. Die Filmbewertungsstelle hatte im Januar 1962 nämlich wegen allzu 'knalliger Pointen und Effekte' die deutsche Fassung lediglich als 'wertvoll' eingestuft.

---

[408] Millies, Stephan: Klassiker im neuen Glanz. In: TV today. 3/95. S.39.
[409] zitiert nach Millies: Klassiker im neuen Glanz. S.39.
[410] Millies: Klassiker im neuen Glanz. S.39.

Nach der erneuten Synchronisation, die weniger figurenreich angelegt war, wurde im September 1962 dann das höhere Prädikat an „Arsen und Spitzenhäubchen" vergeben.[411]

Die ARD-Fassung von „Casablanca" aus dem Jahre 1975 ist nicht nur wegen der Übernahme aller Bilder dem einfachen Stil zuzurechnen. In der neuen, von Wolfgang Schick produzierten Fassung, die den Kultstatus des Films in Deutschland begründete, wurden nämlich auch Dialogpartien angemessen ausgetauscht, die in den 50er Jahren wahrscheinlich anders bearbeitet worden wären.[412] Dazu gehört vor allem die Szene, als ein Deutscher von Rick (Humphrey Bogart) nicht in den Spielsalon eingelassen wird. „Das ist ja wohl unerhört!", beschwert sich der Gast in dieser deutschen Fassung, „das melde ich dem Angriff."[413] Von Ugarte erfährt der Zuschauer danach, daß der Abgewiesene der Deutschen Bank angehört.

Berühmt geworden ist vor allem ein Satz aus der zweiten deutschen Fassung von „Casablanca": „Ich seh' Dir in die Augen Kleines." Rick Blaine (Humphrey Bogart) spricht ihn viermal im Film zu Ilsa (Ingrid Bergman). In der Rückblende, in der sich Rick an seine Beziehung zu Ilsa in Paris erinnert, sitzen sie tagsüber verliebt auf seinem Bett, als er eine Flasche Champagner öffnet, zwei Gläser füllt und sie gemeinsam auf ihr Glück anstoßen: „Ich seh' Dir in die Augen Kleines."[414] Wohl einige Tage später wollen sie in einem Pariser Restaurant 'Champagner vernichten', bevor er den deutschen Besatzern in die Hände fällt. Das Glas erhebt auch der schwarze Pianist Sam, der gerade 'As time goes by' auf dem Klavier intoniert. Mit der gefüllten

[411] vgl. Garncarz: Filmfassungen. S.50 und 108.
[412] Laut Garncarz: Filmfassungen. S. 184 wurde 1968 'zwischendurch' eine Untertitelfassung von "Casablanca" in Deutschland herausgebracht.
[413] "Casablanca" (BRD 1975) TC: 0.09.20ff.
[414] "Casablanca" (BRD 1975) TC: 0.36.45ff.

Champagnerschale wendet sich Rick zu Ilsa und sagt zum zweiten Male: „Ich seh' Dir in die Augen Kleines."[415] Beide Male wird der Satz vom Synchronsprecher rasch und völlig unromantisch gesprochen. Das ist bei den folgenden Gelegenheiten schon etwas anders. Als Ilsa Rick nachts in seiner Wohnung überrascht und ihm ihre Liebe gesteht, wirkt der Satz wie Bogarts Antwort auf ihre Annäherung.[416] Beim Abschied auf dem Flughafen schließlich versucht Rick Ilsa zu erklären, warum sie beide auf Dauer nicht zusammenpassen. Wie zum Trost für die traurige Geliebte wiederholt er den Satz, diesmal etwas langsamer und mit mehr Gefühl. Die Art und Weise, wie der Satz in den verschiedenen Situationen von Synchronregisseur Wolfgang Schick inszeniert wird, ist dem zynischen Charakter Ricks durchaus angemessen. Der englischen Ursprungszeile entspricht er aber nur teilweise. „Here is, looking at you kid" heißt es im amerikanischen Original von 1942. Der Satz ist also eigentlich ein abgewandelter Trinkspruch, der traditionell mit 'Here is' beginnt, dann aber eine fast zärtliche Wendung nimmt und mit einem Kosenamen endet. 'Kid' offenbart im Gegensatz etwa zu 'Honey' oder 'Darling' deutlich die Distanz, die die beiden noch zueinander einnehmen und charakterisiert Rick als eine Figur, die nicht willens oder nicht in der Lage ist, tiefe Gefühle auszudrücken. So versteckt er eine zärtliche Note in einem Trinkspruch.

Der Austausch durch „Kleines" ist in der deutschen Fassung recht glücklich gewählt. Nicht nur, daß die Wortfamilie Kind in deutschen Kosenamen nicht auftaucht, die positiven Figuren in Casablanca sind wirklich meist kleinerer Gestalt. Während Humphrey Bogarts kleine Figur im Film unkenntlich gemacht wird, läßt die Kamera keinen Zweifel, daß der Pianist Sam, der

---

[415] "Casablanca" (BRD 1975) TC: 0.41.19ff.
[416] "Casablanca" (BRD 1975) TC: 1.21.44ff.

Wiener Kellner, Ugarte und auch der windige Louis Renault 'Kleine' sind, während die Deutschen, allen voran der stramme Major Strasser, groß gewachsen einmarschieren. „Kleines" ist im Sprachschatz Rick Blains durchaus positiv belegt. „Ich seh' Dir in die Augen Kleines" hat aber auch einen Nachteil gegenüber dem Ursprungsdialog. Der deutsche Satz stellt keinen Bezug zur Geste des Zuprostens her. „Ich seh' Dir in die Augen Kleines" könnte in vielen intimen Momenten gesprochen werden, „Here is, looking at you kid" ist eng an die Handlung im Bild gebunden. Durch die deutsche Synchronisation geht ein Teil des Text-Bild-Bezuges also verloren, weil sich der abgewandelte Trinkspruch im Deutschen nicht leicht wiederholen läßt. Dabei ist das Trinken kein beliebiger Anlaß, keine Hintergrundhandlung für Rick. Trinken und Liebe gehören in der Pariser Zeit zusammen, einsam in Casablanca wird der Barbesitzer Rick zum strengen Antialkoholiker, der erst wieder trinkt, als Ilsa überraschend in Casablanca auftaucht.

Auf dem Flughafen besteht kein Text-Bild-Zusammenhang mehr zwischen Trinken und Bogarts Zeile. Hier am Ende des Films hat sich der Satz verselbständigt, er wird zum Liebescode der beiden, wie auch das Lied 'As time goes by' zur Melodie ihrer Beziehung geworden ist. Da Rick gleichzeitig Ilsas Kinn hebt, nachdem sie traurig und beschämt ihren Kopf gesengt hatte, verschiebt sich der Text-Bild-Bezug auf den zweiten Teil des Ursprungssatzes 'looking at you kid'. Hier paßt die deutsche Übersetzung, die den ersten Teil, den Ansatz eines Trinkspruchs ohnehin ausgelassen hatte. Die Verselbständigung als Liebescode konnte die deutsche Zeile durchaus transportieren. „Ich seh' Dir in die Augen Kleines" ist zum wahrscheinlich bekanntesten Satz der deutschen Synchrongeschichte geworden, obwohl er keine äquivalente Übersetzung darstellt. Es mag dem seltsamen Zauber des gesamten Films zuzuschreiben sein, daß „Ich seh' Dir in die

Augen Kleines" in Deutschland eine solche Wirkung entfaltet hat. Die deutsche Synchronisation hat dieses Wirkungspotential wenn nicht komplett ausgeschöpft, so doch wenigstens nicht entscheidend behindert.

Ärgerlich ist, daß Ursprungs- und Synchrontext in populärwissenschaftlichen Büchern wie dem aus dem Amerikanischen übersetzten Werk 'Casablanca. Mythos und Legende eines Kultfilms' von Frank Miller als identisch präsentiert werden. Wenn von den Dreharbeiten berichtet wird und wie einzelne Schauspieler ihre Sätze vortrugen, dann wird der Text der zweiten deutschen Synchronisation zitiert, was die naive Vorstellung offenbart, Synchrontexte seien Übersetzungen.

Aber Bogart hat 1942 auf dem Set in Hollywood eben nicht „Louis, ich glaube, dies ist der Beginn einer wunderbaren Freundschaft" gesagt, sondern „I think this is the beginning of a wonderful friendship." Auch wenn der Sprachcode hier unproblematisch ausgetauscht wurde, darf dies nicht automatisch bei allen Passagen erwartet werden.

„Louis, ich glaube daraus könnte sich eine echte Freundschaft entwickeln"[417] heißt es zum Beispiel in der deutschen Fassung von „Play it again Sam". Die von Woody Allen gespielte Hauptfigur des Films orientiert sich an seinem Idol Bogart und wird auch zunächst in einem Kinosaal gezeigt, wo gerade die Schlußszene aus „Casablanca" läuft. Da die deutsche Fassung von „Play it again Sam" 1973 zwei Jahre vor der ARD-Fassung entstand, mußte der Dialog des Films im Film eigens synchronisiert werden. Dadurch kommt es zu „Ich glaube, daraus könnte sich eine echte Freundschaft entwickeln," was heute jedem Filmfreund seltsam in den Ohren klingt. Der Konjunktiv ist eine

---

[417] "Mach's noch einmal, Sam" TC: 0.03.50ff.

unangemessene Hinzufügung zum eindeutigen Ursprungstext: „I think this is the beginning of a wonderful friendship."

Aus der ersten deutschen Fassung von 1952 können die beiden Zitate aus „Casablanca" in „Mach's noch einmal Sam" nicht stammen, da in ihnen von Victor Laszlo die Rede ist, die Figur, die 1952 noch als Larsen angesprochen wurde.

Die 1975 durchgeführte Neubearbeitung „Casablancas", die zur Rückkehr Major Strassers führte, ist wie oben angeführt, kein Einzelphänomen. Möglich wurde sie in einer Zeit, als Deutsche und Nazis in unserem Selbstverständnis nicht mehr synonym gebraucht wurden, auch wenn Hollywood diese Gleichsetzung bis heute betreibt. Die größere Bedeutung der inneren Angemessenheit in der Synchronisationspraxis der 60er und 70er Jahre, die sich an Nazimotiven exemplarisch zeigt, macht allerdings wiederum an bestimmten Topoi halt. Neben den bekannten Topoi Politik, Sexualität und unorthodoxe Religion rückt mit Gewaltdarstellungen ein weiterer Topos ins Blickfeld der Bearbeiter.

Bei den politisch motivierten Synchronisationsfiguren spielt auch noch in den 60er Jahren die vermeintlich anstößige Erinnerung an den Nationalsozialismus eine Rolle. Während anderswo, etwa in der zweiten deutschen Fassung von „Notorious", Nazis wieder als solche kenntlich gemacht werden, werden sie gleichzeitig aus anderen Filmen herausgenommen. So geschehen etwa in der deutschen Fassung von Michael Andersons „Quiller Memorandum" 1966. Wie Blum berichtet, sollte Agent Quiller in Berlin eigentlich Neonazis unschädlich machen, die in der deutschen Fassung „Gefahr aus dem Dunkel" aber lediglich zu „verdammt harten Burschen" werden, deren politische Haltung nicht definiert wird.[418] Noch 1972 wird bei „Cabaret" mit Liza

---

[418] Blum: 30 Jahre danach. S.47.

Minelli ein singender Hitlerjunge ausgelassen, der „mit seinem leidenschaftlichen Nazilied ein Wirtshauspublikum zu Tränen rührt.“[419]

Auch der hinzugefügte Deutsche ist keine Figur ausschließlich der 50er Jahre. In dem Afrikafilm „Katanga“ („The Mercenaries“) tauscht die Synchronisation 1967 einen amerikanischen Söldner durch einen Deutschen aus, „damit dem unsympathischen Germanen ein positiver Heldentyp gegenübersteht.“[420]

Ebenfalls noch aus deutschen Schuldkomplexen motiviert, sind die massiven Auslassungen in der deutschen Fassung von Eisensteins „Aleksander Newskij“ 1963, die weiter oben schon beschrieben wurden. Da in diesem Falle der Interministerielle Ausschuß für Ost-West-Fragen die Kürzungen durchsetzte, kommt hier neben deutschen Nachkriegsempfindlichkeiten auch die Ost-West-Konfrontation zum Tragen. Die Zahl der potentiell anstößigen Filme aus Osteuropa und aus anderen marxistischen Ländern wie Vietnam oder Kuba war dabei recht klein.

Bearbeitet wurden aus politischen Gründen auch Filme aus der DDR. Neben dem schon erwähnten „Untertan“ von Wolfgang Staudte war Konrad Wolfs „Sterne“ (DDR, Bulgarien 1959) ein prominentes Opfer. Der Film erzählt die Geschichte des Wehrmachtssoldaten Walter, der sich 1943 in Bulgarien in eine internierte griechische Jüdin verliebt, deren Abtransport nach Auschwitz er aber nicht verhindern kann. Bevor der Film 1960 in die bundesdeutschen Kinos kam, wurde die Schlußszene geschnitten, in der Walter „zu bulgarischen Widerstandskämpfern übergeht, seiner Erkenntnis also eine Tat folgen läßt, die gegen den Ehrenkodex eines 'aufrechten Deutschen' auch heute noch verstoßen würde,“ wie Blum 1975 sarkastisch kommentiert.[421]

---

[419] Blum: 30 Jahre danach. S.5.
[420] Blum: 30 Jahre danach. S.46.
[421] Blum: 30 Jahre danach. S.8.

Die Herausnahme der letzten gut zwei Minuten verändert dabei kaum die Argumentation des Films. Schließlich hatte Unteroffizier Walter längst mit den Widerständlern kooperiert und ihnen heimlich geholfen, Medikamente aus Wehrmachtsbeständen ins Judenlager zu schmuggeln. Am Schluß willigt er schließlich auch ein, Waffen an den Widerstand zu liefern, der humanitären Tat den bewaffneten Kampf folgen zu lassen. Gegen den 'Ehrenkodex eines aufrechten Deutschen' hatte er zuvor schon verstoßen. Die Auslassung der Schußszene ließ den Film traurig und pessimistisch mit dem Abtransport der Juden ins Konzentrationslager enden. Lediglich die Absicht der DEFA, einen im Ansatz optimistischen Schluß zu setzen, wurde in der bundesdeutschen Fassung also verändert. Die erzählte Geschichte ändert sich dadurch weniger, als Blum den Leser Glauben machen will.

Interessanterweise wurden in der Bundesrepublik auch Filme synchronisiert, die parallel dazu in der DDR bearbeitet wurden. Von Krzystof Zanussis 1973 in Locarno mit dem großen Preis ausgezeichneten Film „Iluminacja" etwa gibt es eine deutsche Synchronfassung der DEFA und eine, die im Auftrag des ZDF in den Alster Studios produziert wurde. Der Film schildert die Sinnsuche eines jungen polnischen Studenten in der Liebe, der Familie, der Naturwissenschaft, der Religion. Der Film wurde mit wenigen Schauspieler und einigen Laien an Originalschauplätzen gedreht, ist also bewußt semidokumentarisch konzipiert.

Beim Vergleich der beiden deutschen Fassungen fällt auf, daß gewichtige Unterschiede bereits in der Planungsphase angelegt wurden. Bei der DEFA entschied man sich nämlich, die dokumentarischen Passagen, vor allem die Wissenschaftlerinterviews und eine Diskussion unter Studenten in voice-over Technik zu bearbeiten, während in den Alster Studios lippensynchron eingedeutscht wurden. Die westdeutsche

Bearbeitung reduziert auf diese Weise den dokumentarischen Charakter dieser Filmpassagen, die wie fiktionale, inszenierte Szenen wirken. Die DEFA synchronisierte angemessener, weil sie mehr Gespür für die semidokumentarische Gestaltungsweise des Films bewies.

Bei der Produktion betrieb die DEFA, wie es bei Wanschura-Nawroth beschrieben ist, außerdem erheblich größeren Aufwand. Nicht nur, daß sie einen naturwissenschaftlichen Fachberater hinzuzog und drei Texte im Bild, unter anderem eine Wohnungsanzeige neu anfertigte; für die medizinischen Texte im Film wurde außerdem ein Arzt als Sprecher engagiert. Dadurch sollte verhindert werden, daß ein renommierter Sprecher von Dokumentarfilmtexten „ein Bravourstück" daraus macht, sich also durch seine Sprachkunst vom möglichst Authentischen des Ursprungsfilms entfernt.[422] In der Bundesrepublik wurde dagegen Tagesschausprecher Waigel für die medizinischen Texte engagiert, was einen leichten Ernie-Effekt zur Folge hat.[423] Waigel muß aber auch andere Texte, vornehmlich solche, die im Bild zu sehen sind, übersprechen, dies allerdings nicht konsequent, da einige Texte, z.B. eine Wohnungsanzeige, nicht übersprochen werden.

So sehr tugendhaft die DEFA sich im Falle von „Iluminacja" verhielt, nimmt man etwa die gute Verständlichkeit der Texte im Bild oder die Wahl der Bearbeitungsform voice-over, so rücksichtslos verhielt sie sich auf der anderen Seite gegen politisch mißliebige Inhalte. Letztlich bestimmte politische und daraus abgeleitete künstlerische Opportunität das Handeln der DEFA-Studios für Synchronisation. Als wichtigste Qualifikation für einen Synchrontexter oder -regisseur der DDR galt

---

[422] Wanschura-Nawroth: Filmsynchronisation in der DDR. S.170.
[423] vgl. Kapitel 12, Figur Nr. 3.12.

entsprechend „Marxistisch-leninistisches Wissen."[424] Erst an sechster Stelle der Rangliste der geforderten Kenntnisse und Fähigkeiten stand „Musisches Empfinden, [...] Gefühl für Sprachklang und -stil."[425]

Diagnostizierte die DEFA etwa beim Import eines Films „eine verwaschene kritische Position" war der Autor nach den Regeln zunächst einmal gefordert, die „gesellschaftskritischen Elemente zu verstärken."[426] Um zu wissen, wie man dies parteigerecht bewerkstelligt, war dann wirklich zuerst ‘marxistisch-leninistisches Wissen’ gefragt. Als die DEFA 1973 zum Beispiel die Ideologie von Pal Gabors ungarischem Spielfilm „Utazas Jakabbal" unpassend fand, beriet man in der Planungsphase, das „abenteuerliche und voller phantastischer Streiche steckende Vagabundenleben"[427] der Hauptfiguren etwas anders zu gestalten. „Die beiden Hauptfiguren sollten als relativ positive akzeptable Figuren geführt werden; unter Betonung der Nützlichkeit ihrer Arbeit und ihrer menschlichen Grundhaltung," faßt die DEFA-Mitarbeiterin Wanschura-Nawroth zusammen. Die Stichworte zur „Inszenierungshaltung" lauteten: „Relativieren, leicht-, statt schwergewichtig nehmen. Gegen die uncharmante Art des Originals, besonders in Bezug auf die beiden Hauptfiguren angehen."[428]

In der Bundesrepublik galten weniger politisch-ideologische Motive als anstößig. Hier waren vor allem Deutschfeindlichkeit und kommunistische Propaganda, bzw. was man dafür hielt, ungern gesehen.

---

[424] Wanschura-Nawroth: Filmsynchronisation in der DDR. S.180.
[425] Wanschura-Nawroth: Filmsynchronisation in der DDR. S.180.
[426] Wanschura-Nawroth: Filmsynchronisation in der DDR. S.174.
[427] Lexikon des Internationalen Films. S.3091.
[428] Wanschura-Nawroth: Filmsynchronisation in der DDR. S.37.

Mit Gewaltdarstellungen wird in 70er Jahren ein weiteres Tabu neben den bereits bekannten, also Politik, Sexualität und unorthodoxe Religion aufgebaut. Auf die Gewalt in Kriegsfilmen oder Western reagierte man zuvor wenig empfindlich. In den 70er Jahren schärft sich das öffentliche Bewußtsein für Gewaltdarstellungen in den Medien. Zur gleichen Zeit werden Gewaltdarstellungen auch realistischer, tricktechnisch verfeinert, direkter und erbarmungsloser in Szene gesetzt. Als Mittel der Entschärfung der öffentlichen Wirkung werden, zum Beispiel von der FSK, nicht so sehr Synchronisationsfiguren als strenge Alterseinstufungen eingesetzt. Eine ähnliche Tendenz ist bei Sexfilmen zu beobachten. Die Absicht der Kontrolleure, weniger der Bearbeiter, ist nicht mehr die Anpassung eines Films an den sensiblen Zuschauer, sondern die Einschränkung der Aufführungssituation. Statt wie früher entschärfte deutsche Fassungen allen zu gestatten, darf das Publikum nun alles oder gar nichts sehen. Einen Zwischenweg geht das Fernsehen, das Sendezeiten an Altersfreigaben koppeln muß, also zum Beispiel ab 16 Jahre freigegebene Filme erst nach 22 Uhr senden darf. Damals wie heute werden durch Auslassungsfiguren Filme entschärft, um sie früher senden zu können. An die Wirkung von Hinzufügungsfiguren, also zum Beispiel von warnenden Tafeln am Anfang des Films, glaubte man nur kurze Zeit. „Die Regel, jugendungeeignete Sendungen besonders zu kennzeichnen [...] hat sich [...] als wirkungslos, ja als kontraproduktiv erwiesen," heißt es etwa von Seiten des ZDF dazu.[429] Statt dessen wurden zum Beispiel in einer Folge von Raumschiff Enterprise sexuelle Motive zu einer Raumkrankheit umgedeutet. Spock erlebt in „Amok Time" nämlich „eine Art Brunftzeit, die männliche Vulkanier alle sieben Jahre mitmachen."[430] Durch Auslassungen

---

[429] Friccius: Richtlinien für die Sendungen des ZDF. S.187.
[430] Sander: Das Star Trek Universum. S.62.

und Dialogaustausch wurde Spock für die Ausstrahlung im ZDF am 12.1.1974 „kurzerhand raumkrank gemacht" und die entschärfte Episode „Weltraumfieber" genannt.[431] Mehr Wirkung als von warnenden Hinweisen versprach man sich beim ZDF auch davon, aus dem Weltraumthriller „Alien" Einstellungen herauszunehmen, die zeigen, „wie das Alien aus einem menschlichen Körper ausbricht und wie sich das Opfer quält."[432] Solche Auslassungen von sexuellen Motiven und Gewaltdarstellungen sind auch heute gängige Praxis, gerade im Fernsehen.

Wenig aktuell sind dagegen die in den 60er und 70er Jahren praktizierten Ausschmückungen von Filmen. Der Schmuck wurde dabei meist durch Austauschfiguren und Hinzufügungen in den Dialogen verstärkt. Die bei Toepser-Ziegert ausführlich behandelte Serie „Die 2" ist dafür ein ebenso gutes Beispiel wie die Serie „Raumschiff Enterprise", die „mit unzähligen flotten Sprüchen, die zur jeweiligen Situation nicht im geringsten paßten," zur heiteren Kindersendung umgearbeitet wurde.[433]

Auch durch Auslassungen läßt sich ein Film „heiterer machen."[434] Garncarz' Analyse der 1966 aus Howard Hawks' „Bringing up baby" gekürzten gut sieben Minuten zeigt etwa, daß alle Auslassungen die Absicht verfolgten, „den Tempofluß des Films zu erhöhen" und „jede Ernsthaftigkeit zwischen beiden Stars (Cary Grant und Katharine Hepburn) zu vermeiden."[435] Erst im Februar 1995 wurde eine wieder an elf Stellen um sieben Minuten vierzehn Sekunden ergänzte Fassung von „Leoparden

---

[431] Sander: Das Star Trek Universum. S.63.
[432] Garncarz: Filmfassungen. S.30. Mittlerweile ist die Kürzung wieder rückgängig gemacht worden. In der Ausstrahlung des Films im ZDF am 29.04.1996 war der Ausbruch des Alien aus dem Körper zu sehen.
[433] Sander: Das Star Trek Universum. S.296.
[434] Garncarz: Filmfassungen. S.52.
[435] Garncarz: Filmfassungen. S.52.

küßt man nicht" im ZDF gesendet. In einem zur Premiere der wiederhergestellten Fassung erschienenen Artikel heißt es: „Warum an Klassikern wie 'Leoparden küßt man nicht' herumgepfuscht wurde, weiß heute niemand mehr."[436] So schlecht recherchiert dies ist, so ärgerlich ist auch das deutlich werdende Desinteresse. Da fast alle Erwachsenen nahezu täglich synchronisierte Programme ansehen und davon beeindruckt werden, ist es von großer Bedeutung zu wissen, wer warum an welchen Filmen 'herumgepfuscht' hat. Umgekehrt hat das Publikum das Recht zu erfahren, warum in seiner Unterhaltung oder in seinem Kunstgenuß 'herumgepfuscht' wurde.

Bei den meisten Synchronfassungen läßt sich allerdings keine klare Wirkungsabsicht erkennen, oder gar eine 'Variationsnorm bestimmen', wie Garncarz das anstrebte. Filme, deren potentielle Wirkung nicht als deutschfeindlich, marxistisch, sexuell anstößig, blasphemisch, gewalttätig oder langweilig eingestuft wird, werden ohne klare Linie synchronisiert. Die Figuren, die im Alltag der Studios entstehen, sind weniger eindeutig bestimmten Absichten zuzuordnen, oft haben sie pragmatische Hintergründe.

Wenig spektakulär sind etwa die Figuren in der deutschen Fassung von Howard Hawks' „The big sleep", der 1946 in den USA herauskam, in der Bundesrepublik allerdings erst 1967 bearbeitet und präsentiert wurde. Eine Reihe von Figuren diente bereits als Beispiel in der Systematik der Synchronisationsfiguren in Kapitel 12. So wurde der Umgang mit Anreden (Du, Sie) angesprochen, ausgelassene und hinzugefügte Geräusche, der Austausch der Musik sowie der neue deutsche Vorspann erörtert. Weitere Figuren finden sich vor allem bei der Übernahme von Bildern mit Texten und dem Austausch des Dialogs. Während ein Schuldschein noch übersprochen wird, werden vier weitere

---

[436] Millies: Klassiker im neuen Glanz. S.39.

Textinformationen im Bild unbearbeitet übernommen: die Steingravur „Public Library", der Buchtitel „Famous First Editions", die Lizenz im Auto und das Türschild „Private Investigator". Die Verständlichkeit dürfte in allen vier Fällen aber nicht gefährdet, sondern lediglich gedämpft worden sein.

Bei unangemessen ausgetauschten Dialogen sind drei Aspekte besonders interessant. Der General spricht nicht mehr von der „rotten sweetness of corruption", sondern von der „verdorbenen Süße einer Prostituierten,"[437] wodurch ein wichtiges Motiv der schwarzen Serie, die korrupte Gesellschaft im Hintergrund, wegfällt. In zwei Passagen wird der Dialog verdeutlicht. Aus einem „picture" wurde zunächst eine klar definierte „Aktaufnahme",[438] später antwortet Mars auf Marlowes Frage, ob er jemanden umgebracht habe, nicht mehr mit einer Gegenfrage („No, do you think I did?"), sondern deutlicher „Nein, ich bin kein Killer."[439] Schließlich wurden die Anreden, speziell zwischen Philip Marlowe (Humphrey Bogart) und Mrs. Rutledge (Lauren Bacall) geändert, was zum Teil mit deutschen Gewohnheiten des ‘Du’ und ‘Sie’ zusammenhängt, wie in Kapitel 12 bereits dargestellt wurde. Daneben wird Mrs. Rutledge in der deutschen Fassung viermal die Anrede ‘Phil’ in den Mund gelegt, wo sie in der Ursprungsfassung ‘Marlowe’ sagt oder keine Anrede benutzt. Dadurch wird auch die gegenseitige Liebeserklärung der beiden variiert. In der amerikanischen Fassung drücken sich beide vorsichtig distanziert aus:

Mrs. Rutledge: „I guess, I’m in love with you."
[...]
Marlowe: „I guess, I’m in love with you."

---

[437] "Tote schlafen fest" TC: 0.03.11ff.
[438] "Tote schlafen fest" TC: 0.31.50ff.
[439] "Tote schlafen fest" TC: 1.05.15ff.

In der deutschen Fassung heißt es dagegen:

Mrs. Rutledge: „Ich liebe Dich, Phil."
[...]
Marlowe: „Weil ich Idiot Dich liebe."[440]

Die Selbstbezichtigung als 'Idiot' soll wohl Marlowes kühle, unromantische Art dokumentieren, während Lauren Bacall in der deutschen Fassung umgekehrt eine direkte Liebeserklärung äußert. Die Ähnlichkeit der beiden Charaktere, die in der US-Fassung die exakt gleichen Worte benutzen, wird in der deutschen Fassung in zwei verschiedene Richtungen ausgetauscht, was beide Figuren subtil verändert.

Der wichtigste Unterschied der beiden Fassungen besteht aber im Austausch der Musik, der wahrscheinlich auf einer fehlenden IT-Spur basiert. Ein Versuch, die daraus entstehenden Wirkungsunterschiede verbal zu skizzieren, ist in Kapitel 12 bereits unternommen worden. Nimmt man alle Figuren zusammen, zeigt sich, daß „Tote schlafen fest" in der deutschen Fassung zwar nicht gezielt in eine Richtung bearbeitet wurde, im Detail aber durchaus andere Nuancen besitzt. Für die Filmanalyse kann dies äußerst wichtig sein, will man etwa den Umgang mit Geräuschen und Musik in der 'Schwarzen Serie' erörtern. Dafür eignet sich „Tote schlafen fest" kaum. Weil die Ursprungsfassung nicht immer greifbar ist und Studenten und Dozenten oft dem naiven Glauben anhängen, bei Synchronisationen lediglich eine Übersetzung vor sich zu haben, wird aber viel zu oft die deutsche Fassung für solche Analysen herangezogen. Vorschub geleistet wird solchen Irrtümern durch Transcripte wie das von Hans-

---

[440] "Tote schlafen fest" TC: 1.39.26ff.

Werner Ludwig zu „Tote schlafen fest", das zudem kleine Fehler enthält.[441] Mit keinem Wort wird in der Einführung zum Transcript darauf hingewiesen, daß die deutsche Fassung zum Beispiel eine andere Musik hat, Geräusche fehlen oder der Dialog verändert wurde. Daß, wie es im Vorwort zum Transcript heißt, „eine nationalspezifische Werkversion [...] in Bezug auf ein bestimmtes Publikum prinzipiell den gleichen Rang wie das 'Original'" hat, ist zwar richtig.[442] Die Unterschiede der Fassungen sind allerdings ebenso bedeutsam. Gerade bei unspektakulären Bearbeitungen neigt man dazu, Figuren erst gar nicht zu suchen. Gerade die subtilen Veränderungen aus dem Synchronisationsalltag prägen aber auf Dauer unseren Eindruck von Filmen, von der Welt, letztlich unser Sprachgefühl und damit Denken und Fühlen.

---

[441] Im Dialog der Einstellung 107 muß es heißen: "Erzählen Sie mir was über ihren Fall." (nicht 'über ihn'); in Einstellung 173 heißt es: Marlowe: "Ach, Bernie, komm' rein." Ohls: "Guten Abend, Phil." (nicht 'N'abend Bernie' und 'Guten Abend Philip.'; in Einstellung 322 muß es heißen: "Als mein Vater heute morgen (nicht 'heute nachmittag') die Zeitungen (nicht 'Zeitung') las, hat er sich sehr gefreut." In Einstellung 571 heißt es "[...] ich hätte Reagan umgebracht," (nicht 'Sean' Regan);

[442] Hawks, Howard: 'Tote schlafen fest'/'The Big Sleep'. Transcript von Hans-Werner Ludwig. Tübingen 1981. S.6.

18. 1981-1997 Der Mann, der sich selbst synchronisiert

Seit Anfang der 80er Jahre ist die Zeit der spektakulären Veränderungen von Filmen vorbei. Vom peinlichen Flirt bis zum orgiastischen Gruppensex, vom korrupten Papst bis zum schmusenden Jesus, vom Rasiermesser im Auge bis zur Zerstückelung einer Leiche konnte man alles schon auf Leinwand oder Monitor sehen. Da alle Tabus gebrochen zu sein scheinen, versuchen weder Staat noch Industrie, die anstößigen Passagen zu bearbeiten. Lediglich Kinder und Jugendliche sollen streng gestaffelt von der Flut der Bilder und Meinungen ausgeschlossen werden.

Parallel dazu wächst der kommerzielle Druck auf die Produzenten. Synchronisationen werden in immer kürzerer Zeit produziert, was die Qualität nicht hebt. Rasch expandierende, privat finanzierte Fernsehsender müssen ihr Programm füllen. Der Videomarkt, der es in wenigen Jahren schaffte, das 100jährige Kino im Umsatz zu übertreffen, eröffnete außerdem einen neuen Markt für Billigfilme. Die im Gegensatz zum Kino niedrigen Kosten einer Veröffentlichung und im Gegensatz zum Fernsehen niedrigeren kulturellen Maßstäbe des Videomarktes erlauben es, auch langweilige, dumme, gewalttätige und pornographische Filme dem Publikum zu präsentieren.

Pornographie ist dabei das einzige Genre, daß 1997 noch gänzlich vom Fernsehen ausgeschlossen ist und auch von der Filmwissenschaft prüde ignoriert wird. Für die Synchronisationsforschung sind Pornofilme vor allem in Bezug auf Bearbeitungsformen und Lippensynchronität interessant. Die Absichten der Ursprungsfilme sind so deutlich, daß eine Bearbeitung mit neuer Wirkungsabsicht unsinnig ist.

Synchronisationsfiguren in Bezug auf Musik, Geräusche, Stimmen oder die Details des Dialogs spielen in diesem Genre ebenso keine Rolle wie politische Ideologien. Völlig dominant ist das Bild, das nicht entschärft zu werden braucht, da es nur in einer dafür eingerichteten rechtlichen Nische präsentiert werden darf. Die Wirkung der Bilder durch Bearbeitung in Deutschland zu verstärken, ist umgekehrt kaum möglich. Bei den wenigen in Frage kommenden Figuren dieses Genres fällt insbesondere beim Austausch der Dialoge die ungewohnt schlechte Lippensynchronität auf. „Vokalqualität (und auch Vokallänge) ebenso wie [...] Artikulationsart und Plazierung von Labialen"[443] spielt hier keine Rolle. Der Dialogtext wird frei übersetzt und ungefähr parallel zu den im Bild sichtbaren Schauspielern gesprochen. Fehlt eine IT-Spur, sind auch die Ursprungsdialoge noch zu hören, weshalb man im Pornofilm von einer kombinierten Bearbeitungsform 'lippensynchron bis voice-over' sprechen kann. Einer schlampigen Synchronisation entgegen kommt die Tatsache, daß es im Pornofilm generell wenig Dialog gibt und viele Counter- und OFF-Passagen existieren. Unangemessener Austausch der Dialoge fällt also nicht nur selten auf, er ist auch inhaltlich oft unerheblich, da der Dialog vornehmlich aus Phrasen und Anfeuerungsrufen besteht.

Durch Satelliten, die international nur schwer zu kontrollieren sind, werden in Zukunft wohl auch Pornofilme über Decoder einem breiten Publikum zugänglich sein. Die Ausnahmesituation der Branche und der Bearbeitung wird sich dadurch aber wohl nicht ändern.

Der Fernsehalltag, der einen großen Teil der gesamten Medienindustrie, auch der Synchronbranche, bestimmt, wird quantitativ von serienmäßigen fiktiven Programmen bestimmt.

---

[443] Herbst: Linguistische Aspekte der Synchronisation. S.49.

Neben der Talkshow sind sie die am billigsten zu produzierenden Programmfüller.

Für die Synchronbranche sind die schnell gedrehten Fernsehserien, darunter viele soap operas, aber besonders schwierige Produkte. „It consists mostly of people talking to each other in relentless close-up," wie Michael Bakewell treffend zusammenfaßt.[444] Das Fernsehpublikum ist dabei einen hohen Standard von Lippensynchronität auch bei den ständigen Großaufnahmen sprechender Figuren gewöhnt, was die Synchronisation enorm erschwert. Der Zeitdruck bei den Übersetzungen führt generell zu einem Niveauverlust der Dialoge, die außerdem die Tendenz zur Harmonisierung haben.

Zur Frage, ob und wie synchronisierte ausländische Serien deutsche Sprachgewohnheiten verändern, ist in Kapitel 13 schon Einiges gesagt worden. Das Fernsehen muß dabei Kulturpessimisten oft als Sündenbock dienen, obwohl es Wesentliches zur Filmkultur in Deutschland beigetragen hat. So erlebten, wie bereits erwähnt, viele Meisterwerke der Filmgeschichte ihre deutsche Premiere nicht im Kino, sondern auf dem Fernsehmonitor. Auch ehemals im Kino unangemessen präsentierte Filme fanden im Fernsehen ungeachtet des kleineren Bildes eine angemessene, neue Bearbeitung. Eine der letzten Nachbearbeitungen dieser Art vor dem 100jährigen Geburtstag des Films war 1993 die ZDF-Fassung von Hitchcocks „Strangers on a train." Der 1951 in den USA produzierte Thriller war zunächst 1952 im Auftrag von Warner Brothers als „Verschwörung im Nordexpress" synchronisiert worden. Um die FSK- Freigabe ab 16 Jahre zu erhalten, wurden dabei zwei Minuten ausgelassen, in denen der Dialog, den damaligen

---

[444] Bakewell, Michael: Factors affecting the cost of dubbing. In: EBU review. Programmes, Administration, Law. Volume XXXVIII, Number 6, November 1987. S.16.

Verhältnissen entsprechend, für siebzehnjährige moralisch anstößig war. Das ZDF ergänzte nun vier Jahrzehnte später diese zwei Minuten, mußte die neuen Passagen aber untertiteln, weil jede Form der lippensynchronen Bearbeitung einen deutlichen Stimmbruch der Personen zur Folge gehabt hätte. Da die wieder eingefügten Originalbilder aus einer anderen Kopie des Films stammen, sind sie auch optisch als blaustichig, dunkler und körniger zu erkennen. Mehr Sorgfalt bei der Auswahl der Ergänzungskopie hätte zwar diesen Nachteil behoben, doch machte man sich bei der „aktivsten Pflegestätte des Kinofilms in Deutschland"[445] offensichtlich nicht allzuviel Mühe mit den eingefügten Passagen. Obwohl nur dreizehn neue Untertitel anzufertigen waren, ließ man doch einen dummen Übersetzungsfehler durchgehen. Als Brillenschlange Barbara den Anstifter des Mordkomplotts Bruno Antony zum ersten Mal im Tennisklub erspäht, erkundigt sie sich bei Guy Haines nach dessen Identität: „Who is this interesting looking frenchman with the Darvilles?" Der Untertitel übersetzt fatalerweise: „Wer ist der interessierte Franzose bei den Darvilles?"[446]

Für solche Nachbearbeitungen sind Untertitel, wie sie 1995 auch für die wieder eingefügten Passagen in „Die Liebenden" verwendet wurden, aber unumgänglich. Für genauso notwendig erachten Fernsehredakteure aber umgekehrt auch neue Kürzungen, um Sendeplätze einzuhalten oder die lukrativen frühen Abendstunden zu erreichen. Dafür werden Actionfilme gerne gekürzt, wofür Stephan Millies in seinem Artikel 'Diagnose: TV-Tod' viele Beispiele aus den 90er Jahren nennt. Für ältere Filme, die nicht mehr im Kino gezeigt und nur vereinzelt auf Video veröffentlicht werden, sind Fernsehanstalten aber das einzige Massenmedium, in dem sie angemessen

---

[445] Millies: Klassiker im neuen Glanz. S.39.
[446] "Der Fremde im Zug" (1995) TC: 0.47.46ff.

präsentiert werden. Dabei coproduziert das Fernsehen auch einige Rekonstruktionen und bearbeitet die im Ausland wiederhergestellten „Originale". So übernahm der WDR 1983 etwa die rekonstruierte Fassung von Griffiths „What shall we do with our old?" vom Museum of Modern Art in New York und untertitelte die Kartons deutsch, wie das dem Standard der Stummfilmbehandlung seitdem entspricht. Daß dieser einfache Stil im Umgang mit Stummfilmklassikern nicht immer gepflegt wurde, offenbart zum Beispiel ein Blick auf die Bearbeitungsgeschichte des frühen Chaplinfilms „The cure", den Charlie Chaplin 1916/17 als einen von elf Filmen für die Mutual Film Corporation in Hollywood drehte und der zu einem der erfolgreichsten Filme seiner Zeit wurde. An kaum an einem anderen Beispiel lassen sich dabei so viele verschiedene Synchronisationsfiguren und Stilphänomene beobachten wie an dieser Komödie, weshalb sie im folgenden etwas ausführlicher behandelt werden soll.

Die exemplarische Geschichte beginnt im Februar 1917, als der Zweiakter ohne Tonspur und s/w in Hollywood gedreht wird. Chaplin selbst führt Regie, ein Drehbuch gibt es nicht, das technische Team und die Hauptdarsteller Edna Purviance, Eric Campbell und Henry Bergman gehören zum festen Ensemble. Der Film wird in dreimonatiger Arbeit ausschließlich im Studio gedreht, was für damalige Verhältnisse extrem lang ist. Die vorherigen neun Filme für die Mutual drehte Chaplin von Mai 1916 bis Januar 1917 im Monatsrhythmus ab. Erst bei „The cure" kommt er ins Stocken, unter anderem deshalb, weil er zunächst einen Hauspagen spielen will und erst nach einigen Drehtagen in die Rolle des alkoholabhängigen Kurgastes schlüpft.

Die Filmhandlung ist schnell erzählt. Chaplin verkörpert einen Alkoholiker oder, wie man es damals nannte, einen 'Inebriate', einen Trunkenbold, der zur Kur in ein Heilbad kommt, wo der

216

komplette Film spielt. Nun hat Charlie keineswegs vor, dem Alkohol Ade zu sagen und nur noch vom Heilbrunnen zu trinken. Sein Kurgepäck besteht aus einer Zahnbürste und einem großen Koffer voller Schnapsflaschen. Aus diesem Koffer bedienen sich bald auch die Hauspagen. Der Direktor des Kurbades ist natürlich über seine betrunkenen Angestellten entrüstet und ordnet an, daß die Flaschen weg müssen. „Throw this liquor out" heißt es im Zwischentitel.[447] Ein Hausdiener nimmt das Werfen wörtlich, schmeißt die Pullen aus dem Fenster und natürlich landen sie in der Heilquelle. Dies hat Folgen: Das durch Charlies Alkohol angereicherte Kurwasser macht alle Kurgäste betrunken und verführt zu wilden Orgien. In diesem Chaos der Begierden kann sich Charlie nun als echter Gentleman beweisen und so das Herz einer schönen Dame gewinnen. Ihr zuliebe gibt Charlie schließlich auch den Alkohol auf.

Sich mit der deutschen Bearbeitung dieser frühen Komödie zu beschäftigen, ist aus zwei Gründen besonders reizvoll. Zum einen gibt es eine Reihe von deutschen Fassungen, von denen drei Beispiele hier analysiert werden sollen, auch wenn eine Fassung aus den 70er Jahren stammt. Zum zweiten gibt es keine von Chaplin autorisierte Originalfassung des Films, die als Vergleich dienen könnte. Zwei deutsche Fassungen behaupten zwar, auf Rekonstruktionen des Originals zu basieren, variieren aber alleine in der Laufzeit um 7 Minuten!

Für den Vergleich der Fassungen steht also am Anfang keine klar definierte Originalfassung zur Verfügung. Das liegt daran, daß Chaplin sich erst im Jahr 1918, ein Jahr nach „The cure", die Urheberrechte an seinen Werken sicherte. „Die vor diesem Zeitpunkt entstandenen über 60 Filme sind seit ihrem Entstehen

---

[447] Zwischentitel aus "Die Kur" (1994) TC: 0.13.04ff.

[...] nach dem Belieben der jeweiligen Inhaber von Rechten oder Besitzer von Kopien ausgebeutet worden."[448]

Die erste für die Analyse dieser 'Ausbeutung' relevante deutsche Fassung stammt aus dem Jahr 1973 und lief unter dem Titel „Die trunkenen Kurgäste" in der ZDF-Vorabendserie 'Spaß mit Charlie'. Der Film ist eine typische Kommentarfassung, d.h. ein Sprecher aus dem OFF, in diesem Falle Hanns Dieter Hüsch, spricht alle Dialogpartien, die den Zwischentiteln nachempfunden wurden und kommentiert das Geschehen. Darüber hinaus wurden für die „Kurgäste" auch neue Musik und Geräusche produziert.

Diese Unterschiede, nämlich das Hinzufügen einer Tonspur und das Fehlen der Zwischentitel kann man als deutscher Zuschauer feststellen, ohne je den Ursprungsfilm gesehen zu haben. Was sonst noch passiert ist, darauf stößt man beim Vergleich mit anderen Fassungen.

„Die Kur" ist eine deutsche Fassung von 1989, die vom deutschen Verleiher atlas film als „ungekürzte Originalfassung" der „Uraufführung mit deutschen Einleitungs- und Zwischentiteln in neuer Musikfassung"[449] bezeichnet wird. Die Bilder sollen also der Premiere im April 1917 entsprechen. Die Musik ist neu, wie auch die Zwischentitel und die Geräusche.

Diese 'ungekürzte Originalfassung' ist insgesamt 16'18'' lang, 5'19'' kürzer als die „Kurgäste". Dies liegt unter anderem daran, daß es in den „Kurgästen" zwei Szenen am Anfang gibt, die in der „Kur" (1989) fehlen. Geschildert wird Charlies Ehekrise mit „Rosalinde" seiner „seinerzeitigen Gattin"[450], die ihn partout nicht in die Kneipe ziehen lassen will. Mit seinem ebenso besoffenen

---

[448] Hembus: Charlie Chaplin. S.126.

[449] Karton der Videokassetten von Atlas Video 1989: Charlie Chaplin. Seine schönsten Kurzfilme.

[450] Kommentartext aus "Die Trunkenen Kurgäste" TC: 0.00.29ff. Auch alle anderen Figuren werden übrigens mit Phantasienamen ausgestattet: Heinzi Schlabberlatz, Hannes Eifrig, Kurmasseur Ambrosius Schmeisser, die schöne Belinda usw.

Nachbarn macht sich Charlie schließlich auf die Flucht vor der Frau. Beide Szenen dauern vier Minuten und haben außer dem stetigen Vollrausch der von Chaplin gespielten Hauptperson nichts mit dem anschließenden Kuraufenthalt zu tun. Auch wenn Chaplin seine Zweiakter ansonsten gerne an zwei Schauplätzen spielen ließ,[451] wäre es falsch anzunehmen, daß die Konstruktion der „Trunkenen Kurgäste" mit einem Prolog und einem Haupthandlungsort der Premierenfassung entspricht. Die Prologszenen stammen aus einem anderen Zusammenhang, sind offensichtlich Materialien aus einem von Chaplin abgebrochenen Erzählversuch. In welchem Kontext diese Szenen von Chaplin gedreht wurden, konnte nicht festgestellt werden. Daß sie nicht zu den Experimenten von „The cure" gehören, ist evident. Chaplin hat zwar viele Erzählversuche im Rahmen seiner Arbeit an „The cure" abgebrochen. Wie aus der Dokumentation von Brownlow und Gill hervorgeht, drehte Chaplin aber schon die erste Klappe auf dem Studioset des Heilbades.[452] Eine Location außerhalb des Heilbades, wie sie in den „Kurgästen" vorkommt, war zu keinem Zeitpunkt vorgesehen.

Es ist außerdem unwahrscheinlich, daß Chaplin seine Hauptfigur mit einem schönen Mädchen im Kurhotel zusammenführt, wenn vorher eine Ehefrau gezeigt wurde. Eine solche Doppelmoral durfte in einer populären Komödie 1917 keinesfalls vorkommen.

---

[451] "The fireman" (Mutual, Juni 1916) etwa spielt zunächst auf der Feuerwache, dann beim Einsatz vor einem brennenden Haus. Auch bei "The vagabond"
(Mutual Juli 1916) gibt es eine Prologszene, die die Figur einführt, in diesem Fall als Straßen- bzw. Kneipenmusikant, bevor die von Chaplin gespielte Hauptfigur in die Hauptszenerie, hier ein Wagenlager von Zigeunern, unvermittelt eingeführt wird. "The immigrant" (Mutual, Juni 1917) spielt zunächst auf dem Einwanderungsschiff, dann in einem Lokal in New York.

[452] Brownlow, Kevin u. David Gill: Der unbekannte Chaplin. Teil 1. Meine glücklichsten Jahre. Produktion: Thames Television 1983. Sendung: S 3 am 11.7.1984; TC: 0.09.00ff.

Das ZDF hat mit den „Kurgästen" also einen Chaplinfilm gezeigt, bei dem zufällig erhaltenes Schnittmaterial an einen Kurzfilm angefügt worden ist. Dies tat man beim ZDF wohl ausschließlich deswegen, um auf die gewünschte Sendezeit im Vorabendprogramm zu kommen: 22'30''.

Die in den „Kurgästen" vorkommenden 4 Minuten aus anderem Zusammenhang machen aber nicht komplett die Differenz der Laufzeiten aus. Zur Klärung kann man glücklicherweise eine dritte Fassung heranziehen, die ebenfalls verspricht, eine Rekonstruktion zu sein. „Die Kur" wurde zuerst im Januar 1994 im Kulturkanal ARTE gezeigt. Sie ist die deutsche Fassung einer amerikanischen Rekonstruktion von David Shepard aus dem Jahre 1984 mit der Musik von Michael D. Mortilla von 1989. Die deutsche Bearbeitung beschränkt sich in diesem Falle darauf, die rekonstruierten englischen Zwischentitel zu untertiteln. Gegenüber den „Kurgästen" ist diese Fassung am wenigsten bearbeitet worden. Sie ist 23'17'' lang, noch einmal 1 ½ Minuten länger als die „Kurgäste", 7 Minuten länger als die 'ungekürzte Originalfassung' von atlas film 1989.

Diese Differenzen lassen das Vertrauen schwinden, daß es sich tatsächlich um eine Rekonstruktion handelt. Um bewerten zu können, wie die einzelnen Fassungen mit dem Thema, dem Originalfilm umgehen, müssen die einzelnen Figuren der Bearbeitungen nachvollzogen werden.

Ein Austausch von Bildern findet bei keiner der drei deutschen Bearbeitungen statt und die Übernahme von Bildern verändert in diesem Fall nicht die Wirkung. Offensichtlich hinzugefügt wurden 4'3'' am Anfang der „Kurgäste". Diese Vorgeschichte macht aber die Differenz der Laufzeiten der drei Fassungen nicht alleine aus. Nach Abzug der Vorgeschichte in den „Kurgästen" ist die „Kur" (1989) weitere 1'16''kürzer als die „Kurgäste". „Die Kur" (1994) ist 2'56'' länger als die „Kurgäste". Dies liegt an

220

einer Auslassung in den „Kurgästen", einem hinzugefügten Bild in der „Kur" (1994) und vor allem an den unterschiedlichen Projektions-geschwindigkeiten.

Beim Einstieg in die Geschichte des Kurhotels werden bei der „Kur" (1994) die Becher der Kurgäste zunächst in Großaufnahme gezeigt, dann erst im aufziehenden Bild am Heilbrunnen, mit dem die anderen beiden Fassungen beginnen. Eine solch deutliche optische Betonung eines Details, damit auch der letzte Zuschauer versteht warum es geht, ist nicht untypisch für Chaplin in dieser Zeit. Bei dieser Drehweise, die einen bestimmten Schnitt nahelegt, provoziert er einen jumpcut, den Schnitt von Bilder des gleichen Objekts an verschiedenen Positionen im Bild direkt hintereinander. Das Resultat ist, daß das Objekt optisch 'springt'. Das passiert in der „Kur" (1994), entspricht aber durchaus einer möglichen Schnittfolge der Uraufführung, auch wenn ein jumpcut nach ästhetischem Stand von heute ein unsauberer Schnitt ist. In den anderen beiden Fassungen ist dieses Anfangsbild nicht zu sehen, was wahrscheinlich an den zugrunde liegenden Kopien des Ursprungsfilms liegt.

Ein anderes Bild der „Kur" (1994), welches ebenfalls nur in dieser Fassung zu sehen ist, wurde dagegen von Shepard in der amerikanischen Rekonstruktion hinzugefügt, obwohl es nicht in den Film gehört. Wir sehen nach den Kurwasser trinkenden Gästen am Brunnen einen kranken Mann im Bett liegen, bevor Charlie zum ersten Mal erscheint.[453] Das ist meiner Meinung nach unverständlich. Gedreht wurde es von Chaplin nämlich als Bild des kranken Kurdirektors, der am Heilwasser leiden sollte. Der Zuschauer sollte sehen, daß die Gesundheitsmentalität der Kuranstalt eine Farce war. „The cure" war eine Parodie auf die Gesundheitsapostel jener Tage. Chaplin entwickelte die Idee nicht

---

[453] "Die Kur" (1994) TC: 0.00.27ff.

von ungefähr, als er im Los Angeles Athletic Club lebte. Unpassend wird das Bild dadurch, daß es aus der Anfangszeit der Dreharbeiten stammt, als Chaplin noch vorhatte, die Krankheit des Personals zu thematisieren.[454] Isoliert paßt ein Bild vom kranken Kurdirektor nicht mehr in den Film, vor allem, weil im fertigen Film ein anderer Schauspieler die Rolle des Kurdirektors spielt, der nun außerdem bei voller Gesundheit ist. Da Chaplin sehr auf die Folgerichtigkeit seiner Filmerzählungen achtete, ist es unwahrscheinlich, daß er das Bild des kranken Kurdirektors an dieser Stelle ohne Zusammenhang einsetzte.

Streng genommen ist die Problematik dieses Bildes kein Thema der deutschen Bearbeitung, da die Entscheidung für das Bild in der amerikanischen Rekonstruktion gefällt wurde. Die deutsche Fassung leistet sich hier aber eine problematische Übernahme. Man hätte das Bild herausnehmen müssen, das heißt die Ursprungsfassung, das ist die Shepard-Rekonstruktion, ändern müssen, um an die Originalfassung näher heranrücken zu können.

Umgekehrt hätte man bei der atlas-Filmfassung „Die Kur" (1989) zwei Weglassungen ergänzen müssen. Es fehlt sowohl das Werben des bärtigen Kurgastes um das von Edna Purviance gespielte Mädchen wie auch Charlies artistische Pirouette, nachdem er in der Drehtür des Kurgebäudes schwindelig gedreht wurde.

Auch ohne eine Originalfassung als Vergleichsmaßstab ist die Analyse von deutschen Fassungen also nicht hoffnungslos. Im Falle von „The cure" läßt sich am Ende sogar ein Original herstellen, aufgrund der in der Analyse hervorgetretenen Phänomene. Eng an diesem Original von 1917 ist in Bezug auf die Bilder und Schnitte sicherlich „Die Kur" (1994). Ausnahme ist dabei das Bild vom kranken Kurdirektor. Außerdem ist

---

[454] Diese Idee Chaplins geht aus den bei 'Brownlow/Gill: Der unbekannte Chaplin' gezeigten Einstellungen hervor.

anzunehmen, daß in der Premierenfassung noch eine Szene im Schwimmbecken des Kurhotels enthalten war. In der Zeitschrift Photoplay heißt es nämlich einen Tag nach der Uraufführung am 16. April 1917:

„Erst angesichts der Schwimmbadszene in The cure wurde einem klar, was für ein hervorragender Schwimmer er [Chaplin] ist. In dieser Szene taucht Chaplin unter den riesigen Körper von Campbell, mit der Geschwindigkeit und Behendigkeit eines Otters, umkreist ihn im Wasser, setzt sich auf seinen Kopf und ersäuft ihn fast und ergötzt sich auch in anderer Weise als erstklassiger Wassermann."[455]

Leider ist diese Szene in keiner erhaltenen Kopie mehr vorhanden.

Nicht zu beantworten ist die Frage nach dem originalen Schlußbild des Films. Alle „erhaltenen Kopien diese Films"[456] und auch die drei hier besprochenen deutschen Fassungen enden damit, daß das Mädchen sich bei Charlie einhakt und sie gemeinsam auf den Heilbrunnen zulaufen. Wie bei Brownlow und Gill zu sehen ist, drehte Chaplin dieses Bild aber bis die von ihm gespielte Hauptfigur unabsichtlich im Heilbrunnen versinkt.[457] Da Chaplin, anders als es heute üblich ist, keinen Unterschied zwischen Proben und Aufnahmen machte und die Kamera stets laufen ließ, ist die Frage von Brownlow und Gill mehr als berechtigt, ob das Hineinfallen in den Kurbrunnen als Schlußgag

---

[455] Zitiert nach: Robinson, David: Chaplin. Sein Leben, seine Kunst. Zürich 1989. S. 238.
[456] Brownlow/Gill: Der unbekannte Chaplin. Teil 1. TC: 0.16.00ff.
[457] Brownlow/Gill: Der unbekannte Chaplin. Teil 1. TC: 0.16.00ff.

gedacht war: „Vielleicht sollte der Film ursprünglich so enden. Oder macht Chaplin nur Spaß?"[458]

Wenn man Hinzufügungen und Weglassungen von Bildern addiert und dabei einrechnet, daß zwei Fassungen Zwischentitel haben, ergibt sich trotzdem noch eine rechnerische Differenz, die zunächst unerklärlich scheint: „Die Kur" (1994) ist rund zweieinhalb Minuten länger als sie sein sollte. Des Rätsels Lösung ist eine weitere Figur: die Fassungen laufen unterschiedlich schnell. Die Fassung von 1973 „Die trunkenen Kurgäste" wird viel schneller projiziert als „Die Kur" 1994. Den Standard von 24 Bildern pro Sekunde gibt es erst seit dem Tonfilm 1927. Davor wurde lange Zeit je nach Geschmack mit der Hand gekurbelt. Was man bei den „Trunkenen Kurgästen" beobachten kann, ist bis in die späten achtziger Jahre typisch für den Umgang mit Stummfilmen. Meist wurden vor allem Slapstickkomödien überdreht, erst seit wenigen Jahren geht man dazu über, die Filme so zu projizieren, daß die menschlichen Bewegungen in der Zeit ablaufen, in der sie von den Schauspielern vollzogen wurden.

Die Untertitel der „Kur" (1994) sind vom Text her unproblematisch. Bei genauem Hinsehen fällt aber auf, daß sie nicht völlig synchron zu den englischen Zwischentiteln eingesetzt wurden. Sie sind zum Teil schon kurz vor den englischen Zwischentiteln im Bild zu sehen.

Noch eine Beobachtung kann man bei der Gegenüberstellung der deutschen Fassungen machen, die aber kein Phänomen der deutschen Bearbeitung ist. Die sehr unterschiedliche Bildqualität der Fassungen hängt damit zusammen, mit welcher Kopie die amerikanischen Fassungen hergestellt wurden.

---

[458] Brownlow/Gill: Der unbekannte Chaplin. Teil 1. TC: 0.16.00ff.

Weitere wesentliche Figuren sind die Geräusche und der Kommentar. Technisch gesehen sind alle Geräusche Hinzufügungen gegenüber dem Original der Uraufführung, das keine Tonspur besaß. Auch bei der Premiere sind aber mit großer Wahrscheinlichkeit live Geräusche mit Hilfe eines Klaviers und einer Soundbox im Kino eingespielt worden. Alle drei Fassungen rekonstruieren diese Geräusche. Speziell die Geräusche der „Trunkenen Kurgäste" sind mit Ausnahme des Wasserplätscherns unnatürliche Geräusche. Charlies Hände knirschen, wenn sie geschüttelt werden, Muskeln quietschen bei Berührung, bei Prügeleien werden Kopftreffer mit Trommelschlägen begleitet.

Nur die Geräusche der „Trunkenen Kurgäste" sind extra für die deutsche Fassung entstanden, in den beiden anderen Fällen wurden sie von den amerikanischen Fassungen übernommen. In der „Kur" (1989) beschränkt man sich dabei auf natürliche Geräusche, also Klingeln, Aufstellen des Koffers usw. Atmosphärische Geräusche, wie sie bei der Feier der Kurgäste denkbar wären, fehlen völlig.

Eine feste Vergleichsgröße für die Geräusche gibt es nicht. Jedes Kino, jeder Livemusiker der Stummfilmzeit begleitete den Film ein wenig anders. Gleiches gilt für die Musik. Die Musik der „Trunkenen Kurgäste" ist dabei in Bezug auf Instrumentalisierung und Rhythmik am weitesten von den damaligen Gewohnheiten entfernt. Daß die Musik die Bilder von der ersten bis zur letzten Sekunde des Films ohne Pause begleitet, entspricht dagegen den Gepflogenheiten der Stummfilmzeit. Der Umgang mit Geräuschen, Musik sowie der Projektionsgeschwindigkeit von Stummfilmen ist dabei auch in den Ursprungsländern von Stummfilmen problematisch, sie ist keine ausschließliche Problematik der Filmsynchronisation.

Der Kommentar gesprochen von Hanns Dieter Hüsch ist eine klare Hinzufügung gegenüber dem Original der Premiere von

1917. Meist werden kurze Dialogsätze gesprochen, wenn Lippenbewegungen im Bild zu sehen sind. In besonders turbulenten Szenen mit mehreren Sprechern wird der Dialog vom allwissenden Erzähler zusammengefaßt. Beispiel dafür ist der Streit zwischen 'Rosalinde' und 'Meta': „Jetzt reicht es Rosalinde aber. Sie muß dieser Person gehörig die Meinung sagen."[459] Durch die deutschen Namen, die den Figuren im Kommentar gegeben werden, wird die Illusion geweckt, die Geschichte spiele in einem deutschen Kurbad. Auch die Bezeichnung des leitmotivischen Kurwassers als 'Zwieblaucher Bitterbrunn' weist in diese Richtung.

Eine solche Kommentierung knüpft insgesamt an eine Tradition der deutschen Filmbearbeitung der Stummfilmzeit an. So ausführlich wie in den „Trunkenen Kurgästen" wurde allerdings in der Stummfilmzeit nicht kommentiert. Außerdem bestand die Wirkungsabsicht der Filmerklärer vor allem in der Erläuterung, nicht so sehr im Ausschmücken der Bilder wie bei Hüsch. Typisches Beispiel dieser Ausschmückungsfunktion ist die Szene mit dem Kurmasseur. Der Kommentar gibt zwar auch den damit überflüssig gewordenen Zwischentitel wieder: „Sie nehme ich rann, wenn ich den fertig habe", erfindet allerdings auch Neues: „Und nun beginnt Kurmasseur Ambrosius Schmeisser mit einer ganz typischen Alkoholentziehungsmassage. Mit diesem Griff nun werden die stark gereizten Trunksuchtdrüsen gründlich entkrampft."[460]

Ob man Kommentare wie diese albern oder witzig findet, ist eine Frage der Maßstäbe. Und obwohl die Figuren für eine Bewertung nur oberflächlich dargestellt wurden, kann eine vorsichtige Bewertung vorgenommen werden.

---

[459] "Die trunkenen Kurgäste" TC: 0.01.58ff.
[460] "Die trunkenen Kurgäste" TC: 0.15.31ff.

Was die Deutlichkeit betrifft, so leidet die deutsche Fassung der Shepardrekonstruktion „Die Kur" (1994) vor allem an der Übernahme des kranken Kurdirektors. „Die trunkenen Kurgäste" schaffen dagegen im Kommentar ein Übermaß an Verständlichkeit. Durch die Hinzufügung der beiden Szenen am Anfang wird auf der anderen Seite die Moral der Hauptfigur zweideutig. Der Trunkenbold ist am Anfang verheiratet, flüchtet aus dieser Ehe, um sich dem von Edna Purviance gespielten Mädchen zuzuwenden. Das ist zwar heute moralisch unproblematisch und war es wohl auch schon bei Produktion der „Trunkenen Kurgäste" 1973. 1917 war eine solche Konstruktion allerdings moralisch anstößig.

Die Hinzufügung der beiden Szenen ist außerdem ein Vergehen gegen die innere Angemessenheit, die sich ohne Kopie der Premierenfassung aber nicht bis ins Detail klären lassen wird. Über die Angemessenheit der Geräusche und der Musik wurde an anderer Stelle schon gesprochen.

Die äußere Angemessenheit der einzelnen Fassungen richtet sich danach, wer mit welcher Intention für welche Zuschauer synchronisierte. Bei den „Trunkenen Kurgästen" hatte das ZDF vor allem ein junges Publikum im Visier. Für das Vorabendprogramm war die von Ansagerinnen dieser Tage vielzitierte 'gute Unterhaltung' gewünscht. Diese Wirkungsabsicht erfüllen die „Trunkenen Kurgäste" auf jeden Fall. Wer außerdem als junger Fernsehzuschauer an Kommentarfassungen von Stummfilmen dieser Art gewöhnt wurde, wird die authentischeren Untertitelfassungen unweigerlich langweilig finden. Legt man dagegen die strengen Maßstäbe des Reproduktionsgebotes an Stummfilmbearbeitungen der ZDF-Serien 'Väter der Klamotte', 'Männer ohne Nerven' oder 'Spaß mit Charlie' an, so müssen die OFF-Kommentare als Verfälschungen abgelehnt werden. Dabei hat Chaplin selbst nach

Einführung des Tonfilms sich der neuen (Aufführungs-) Situation gestellt und z.B. eine vertonte Fassung seines „Goldrush" hergestellt. Ähnlich wie bei den „Trunkenen Kurgästen" wurden 1942 die Zwischentitel von ihm durch OFF-Kommentare ersetzt und der Film mit Musik von der Tonspur begleitet.

Daß die von Chaplin selber für „Goldrush" komponierte Musik und auch seine Kommentare angemessener sind als die am Fließband produzierten Hinzufügungen der Stummfilmserien des ZDF steht außer Frage. Das Prinzip der Neubearbeitung in einer veränderten Aufführungssituation bleibt allerdings gleich.

Bemerkenswert ist in diesem Zusammenhang, daß die Firma atlas es 1962 für nötig erachtete, für „Goldrush" eine eigene deutsche Musik in Auftrag zu geben und Chaplins Komposition für diesen Film von 1942 zu ignorieren.[461] Der Verleih Tobis Filmkunst versuchte 1974 noch einmal, mit einer eigenen Tonfassung Chaplin zu übertreffen.[462]

Die Wirkungsabsicht der von atlas auf Video herausgebrachten Zwischentitelfassung „Die Kur" (1989) erklärt sich aus dem Anlaß der Bearbeitung. Geschaffen wurde sie als Teil einer Jubiläumsausgabe zum 100. Geburtstag von Chaplin 1989. Publikum der über den Verlag 2001 vertriebenen Kassetten waren Chaplinliebhaber, nicht die breite Masse des Fernsehpublikums. Doch auch dem geneigten Stummfilmfreund sollte man eine Musik, wie sie atlas unter die Kurzfilme gelegt hat, ersparen. Der Komponist wird aus gutem Grund vom Verleiher nicht genannt. In Kenntnis Chaplins eigener Filmkompositionen, die sich an

---

[461] Das Lexikon des Internationalen Films bewertet diese deutsche Tonfassung als "relativ unaufdringlich" (S.1377), was auch immer mit dieser Phrase gemeint sein soll.

[462] Die Musik zur Goldrausch-Fassung von atlas film wurde 1962 von Konrad Elfers komponiert. Joe Hembus' Monographie über Chaplin zur Folge ist diese Fassung seltsamerweise mit 2720 Metern gegenüber 2150 Metern der Chaplin Tonfassung von 1942 auch um ein Viertel länger. vgl. Hembus: Charlie Chaplin. S.98.

Motiven der Varietébegleitung und der großen romantischen Orchesterwerke orientieren, hätte man Angemesseneres finden müssen, will man den Meister der frühen Filmkomödie zum 100. Geburtstag ehren.

Eine ähnlich nervensägende Pianomusik komponierte auch Michael D. Mortilla für die Rekonstruktion von Shepard. Der Kulturkanal Arte übernahm sie für „Die Kur" (1994) und sendete sie zur besten Zeit ab 19.00 Uhr. Auch hier richtet man sich an ein anspruchsvolles Publikum, das Untertitel noch ertragen kann und sie deshalb Kommentarfassungen vorzieht.

Die innere Angemessenheit der deutschen Fassungen muß vor dem jeweiligen Wissensstand der Chaplinforschung gesehen werden. 1973 existierte noch keine wissenschaftlich fundierte Rekonstruktion von „The cure", dementsprechend konnte auch die deutsche Fassung dem Kriterium der inneren Angemessenheit kaum genügen.

Daß die „Trunkenen Kurgäste" zusätzlichen Schmuck, zum Beispiel die Kommentare einbauten, ist ebenfalls mit dem fehlenden filmgeschichtlichen Bewußtsein dieser Tage zu erklären. Wie an vielen anderen Fällen beobachtet werden kann, ging die deutsche Synchronbranche in den 60er und 70er Jahren noch viel freier mit den Ursprungsfassungen um, man scheute nicht vor gewagten Interpretationen zurück, man 'beutete' ungehemmt Stummfilme aus. Erst in den 80er Jahren wächst analog zur Filmwissenschaft auch das Bemühen um historisch angemessene Filmfassungen, wovon unter anderem „Die Kur" (1994) zeugt.

Da die Filmwissenschaft im allgemeinen den Effekt hatte, beim Publikum, bei Verleihern und Fernsehanstalten, auch bei Kritikern mehr Bewußtsein für Filmfassungen zu schaffen, so ist zu hoffen, daß auch die Synchronisationsforschung bewirken kann, dem Kriterium der inneren Angemessenheit und ethischen

229

Idealen mehr Platz einzuräumen, wie auch freie Interpretationen behutsam einschätzen zu lernen.

Veränderungen der Synchronisation durch neue technische Entwicklungen sind dagegen nicht abzusehen. Denkbar ist nur, daß herkömmliche Videokassetten wie auch ihre digitalen Nachfolger einmal neben der Synchron- auch die ursprüngliche Tonspur liefern. Bei Kaufkassetten wie bei der Ausleihe von Filmen hätte der Zuschauer dann, analog zum Mehrkanalton im Fernsehen, die Wahlmöglichkeit. Konkurrenz zu den Synchronfassungen erwächst wohl zukünftig auch dadurch, daß mehr und mehr ausländische Fernsehprogramme via Satellit oder Kabel in Deutschland zu empfangen sein werden. Gerade die übliche Verzögerung der Premiere in Deutschland, die durch die Synchronisation bedingt ist, wird die Branche noch mehr unter Zeitdruck setzen. Nicht unwahrscheinlich ist es nämlich, daß bald auch die amerikanischen TV-Networks hierzulande empfangen werden können. Neue Folgen einer Serie sieht das ungeduldige Publikum dann schon vor ihrer Bearbeitung, was später die Einschaltquoten deutscher Sender sinken läßt. Die wachsende Vernetzung der Medienwelt wird so zu immer schnelleren Bearbeitungen zwingen. Die Zahl ausländischer Fernsehkanäle in Deutschland wird sich auch dadurch erhöhen, daß Staaten wie Italien oder die Türkei sich um Lizenzen für ihre nationalen Fernsehprogramme bemühen, um einer weiteren sprachlichen und kulturellen Entfremdung ihrer Emigranten entgegenzutreten.

Zusätzliche Arbeit kommt auf die Synchronbranche wohl durch den Bedarf neuer Sender und die Ausweitung der Sendezeiten bestehender Programme zu. Auch die (Nach-) Synchronisation deutscher Produktionen wird eher steigen als abnehmen. Internationale Koproduktionen werden zur Finanzierung der immer aufwendigeren Budgets wohl noch gängiger. Bei Großproduktionen ist es nicht unwahrscheinlich, daß Englisch die

230

„lingua franca of a 'European cinema'" wird.[463] Daß ein deutscher Film oder zumindest ein Film mit deutscher Beteiligung auch in deutscher Sprache gedreht wird, ist schon 1997 keine Selbstverständlichkeit mehr.

Größer werdender Zeitdruck bei steigenden Auftragszahlen, Luyken prognostizierte die jährlichen Wachstumsraten der Branche 1991 auf 5-7%,[464] führt wohl in keinem Wirtschaftszweig zur Verbesserung der Qualität des Produkts. Da bei den meisten wissenschaftlichen Untersuchungen schon heute die Qualität der Produkte der 'besten Synchronbranche Europas'[465] beklagt wird, haben einige Forscher auch Verbesserungsvorschläge formuliert. Die Unbrauchbarkeit von Fodors Notation zur Optimierung der Lippensynchronität ist an anderer Stelle schon erwähnt worden.

Eine mögliche Verbesserung ergibt sich allerdings viel eher dadurch, daß Synchronisation als schwierige, individuelle und zum Teil kreative Leistung anerkannt wird. Sobald nämlich das Publikum und dafür stellvertretend die Filmkritik vermehrt Einzelleistungen wahrnimmt und der Blick auf die Bearbeitung integraler Bestandteil jeder Filmbesprechung wird, wächst nach dem finanziellen und dem zeitlichen auch der Qualitätsdruck auf die Verantwortlichen. Wünschenswert ist deshalb zumindest die Erwähnung der beteiligten Autoren, Regisseure und Sprecher im Nachspann, wie auch die kritische Auseinandersetzung mit ihrer Arbeit im Feuilleton. Wenn ein Synchronisateur einmal einen ähnlichen künstlerischen Stellenwert erhalten würde wie ein Dirigent klassischer Musik, dann ist auch damit zu rechnen, daß

---

[463] Clarke, Timothy: The power of Babel. For European filmmakers the english language is a passport to the world's media markets. In: New Statesman and society. V.4. 1991. Nr.163. S.30.

[464] Luyken: Overcoming language barriers in television. S.17.

[465] vgl. Luyken: Overcoming language barriers in television. S.34.

zumindest für einzelne solcher Interpreten ausländischer Filme der finanzielle wie zeitliche Druck abnimmt. Durch die bisherige Geringschätzung der Synchronisation sind Höchstleistungen aber wahrscheinlich verhindert worden.

Diese Studien zu einer Rhetorik der Synchronisation möchten zu einer solchen Anerkennung der Synchronisation beitragen. Allein die Tatsache, daß jeder Bundesbürger sich, statistisch gesehen, mindestens eine Stunde jeden Tag dem Phänomen der Synchronfassungen aussetzt,[466] legitimiert die weitere wissenschaftliche Beschäftigung mit dem Thema.

Beim jetzigen Stand der Dinge ist außerdem nicht abzusehen, daß sich die gegenwärtige Situation der Synchronisation in den nächsten Jahren wesentlich ändern könnte. Die Aussicht, daß sich das Phänomen der synchronisierten Filme eines Tages erledigt, wurde dabei vor wenigen Jahren gerade einem mittelalterlichen Mönch in den Mund gelegt. Der von Ron Perlman gespielte bucklige Mönch Salvatore in „Der Name der Rose" redet nämlich englisch, französisch, italienisch und lateinisch zugleich. Auf die Frage des Novizen Adson, welche Sprache Salvatore spricht, antwortet William von Baskerville prophetisch: „Alle Sprachen und keine!"[467] Die Figur des Salvatore kann somit als die Vision des ersten Menschen gelten, der sich einst, multikulturell und international, selbständig synchronisiert.

---

[466] Bei durchschnittlich 189 Minuten Fernsehkonsum täglich ist der Anteil synchronisierter Programme mit einem Drittel noch niedrig veranschlagt. vgl. Anmerkung zu Kap. 11 Nr. 4.

[467] "Der Name der Rose": Szene im Hof der Abtei mit William und Adson nach der ersten Begegnung mit Salvatore. TC: 0.28.11ff.

IV. Zusammenfassung

19. „Ich seh' Dir in die Augen Kleines"

Seit den ersten Tagen des Films werden ausländische Spielfilme nach Deutschland importiert. Für das deutsche Kino- und Fernsehpublikum werden diese Filme bearbeitet, synchronisiert. Dabei werden nicht nur die Dialoge übersetzt und lippensynchron neu gesprochen, sondern zum Teil auch die Geräusche, die Musik, die Schnitte verändert. In vielen Fällen handelt es sich bei den deutschen Fassungen nicht um äquivalente Übertragungen der Ursprungsfassungen. Da für alle Arten der Bearbeitung, von der Live-Musik im Stummfilmkino über Untertitel und Erzählerkommentare bis zu lippensynchronen Texten, die Synchronität der neuen Ton- und Bildelemente mit dem Ursprungsfilm entscheidend ist, soll Synchronisation als Oberbegriff für alle Arten der Bearbeitung dienen.

Obwohl lippensynchrone deutsche Filmfassungen für das Publikum eine gewohnte, kaum beachtete Selbstverständlichkeit geworden sind, wird im deutschen Feuilleton beharrlich gegen diese Form der Bearbeitung argumentiert. Die Bevorzugung von Originalfassungen mit Untertiteln übersieht allerdings die Einschränkung der visuellen Wahrnehmung eines Films durch den Zwang zum Lesen der Untertitel. Die notwendige Verkürzung des Filmdialogs in Untertitelzeilen und die Übertragung von gesprochener in geschriebene Sprache sind weitere Nachteile der Untertitel, die in der einseitigen Debatte um Filmsynchronisation aber kaum berücksichtigt werden. Der in der Filmpublizistik verbreitete Glaube an die internationale Verständlichkeit der über die originale Schauspielerintonation vermittelten Informationen ist wissenschaftlich nicht haltbar. Wie unter anderem Thomas Herbst nachweist, ist die für eine authentische Wahrnehmung von Emotionen und Charaktereigenschaften aufgrund des Originaltons notwendige „Universalität suprasegmentaler und paralinguistischer Merkmale [...] nicht gegeben."[468]

Demgegenüber herrscht beim deutschen Publikum eine, auch durch Umfragen belegbare, eindeutige Bevorzugung von lippensynchronen Fassungen gegenüber Untertitelfassungen vor, die erlernt ist, wie die umgekehrten Publikumsvorlieben in Nachbarländern wie Holland zeigen.

Wünschenswert in der Debatte um Vor- und Nachteile bestimmter Bearbeitungsformen ist eine Abkehr von Pauschalurteilen und eine differenzierte Betrachtung sinnvoller Bearbeitung mit Blick auf den jeweiligen Umfang und den Charakter eines Filmdialogs.

Die wissenschaftliche Beschäftigung mit Filmsynchronisation setzt erst in den sechziger Jahren ein. Bis zu diesem Zeitpunkt tauchen Bearbeitungsphänomene in der Filmliteratur nur unter dem Aspekt der Zensur auf. In diesen Fällen handelt es sich meist um Kürzungen der Ursprungsfilme, ein Bearbeitungsphänomen, das in der bisher fast ausschließlich auf Veränderungen der Dialoge fixierten Forschung kaum Beachtung findet. Bildschnitte, Veränderungen der Geräusche oder der Musik in deutschen Fassungen werden deshalb nicht thematisiert, weil die jeweiligen Analysekategorien nicht systematisch entwickelt, sondern mit Blick auf das jeweilige Untersuchungsmaterial definiert wurden. Analysekategorien wie „verfälschte sozialkritische Anspielungen"[469] enthalten zudem bereits Wertungen, die eine klare Trennung von Datenerhebung und Interpretation verhindern.

---

[468] Herbst: Linguistische Aspekte der Synchronisation. S.20.
[469] Hesse-Quack: Der Übertragungsprozess bei der Synchronisation. S.106.

Die bisherige Forschung basiert außerdem fast durchweg auf der praxisfernen Annahme, daß die Aufgabe der Synchronisation, wie die der literarischen Übersetzung, reproduktiv sei, sich also am objektiven Maßstab des Ursprungsprodukts zu orientieren habe. Dies führt zu ausschließlich negativen Einschätzungen. So versuchten Forscher wie Müller oder Whitman-Linsen auch nur die „Fehlleistungen"[470] oder „errors"[471], nicht aber mögliche schöpferischen Leistungen der Synchronisation festzustellen. Unter der Perspektive der Reproduktion ist das Erreichen der Qualität des Ursprungsfilms nämlich das höchste Ziel der Filmbearbeitung. Es liegt somit schon vor der Analyse eine Bewertung vor, die den Befund prädestiniert.

Modell einer rhetorischen Analyse von Filmsynchronisation dagegen ist die theoretische Gleichberechtigung beider Fassungen. Die Frage, ob Ursprungs- oder synchronisierter Film qualitativ höherwertig ist, wird dabei zunächst offen gelassen. Prämisse ist statt dessen, daß sich beide Fassungen wie zwei Aussagen zum gleichen Thema verhalten. Auf diese Weise gelangt die Wirkungsabsicht der deutschen Fassung in den Blick, die durchaus anders sein kann, als die der Ursprungsfassung. Die Unterschiede, die im Vergleich sichtbar werden, sind somit nicht per se Fehler der Synchronisation. Daß Synchronfassungen zum Teil anders sind als die Ursprungsfilme, ist eine Tatsache jenseits von Gut und Böse, auch wenn die bisherige Forschung davon ausging, daß Synchronautoren werkgetreu reproduzieren sollen.

Synchronfassungen weichen aus technischen, rechtlichen und finanziellen Zwängen wie aufgrund freiwilliger Entscheidungen von den Ursprungsfilmen ab. Der Ursprungsfilm steht zwar zeitlich immer vor der Synchronfassung, nicht unbedingt aber qualitativ darüber. Die deutsche Fassung eines ausländischen

---

[470] Müller: Die Übertragung fremdsprachigen Filmmaterials. S.iii.
[471] Whitman-Linsen: Through the dubbing glass. S.15.

Films kann schlechter, ähnlich aber auch besser sein, sie ist immer eine Interpretation. Mit Hilfe der Rhetorik, deren Praktiken laut Walter Jens „ursprünglich dazu dienten, dem Redner [...] die parteiische Darstellung des zur Debatte stehenden Falles zu ermöglichen,"[472] soll die Arbeit von Synchronfirmen an ihrem eigenen Anspruch gemessen werden. Und dieser Anspruch beschränkt sich keinesfalls auf die Reproduktion fremdsprachlicher Dialoge ins Deutsche. So sind zum Beispiel bei Kurzfilmen von Chaplin in den deutschen Fassungen Kommentare, neue Geräusche und Musik hinzugefügt worden, die den Gesamteindruck der Filme völlig verändern. Eine angemessene Bewertung solcher Filmfassungen ist nach dem bisher in der Forschung angenommenen Reproduktionsgebot kaum möglich. Das Urteil müßte nämlich schlicht lauten, daß der Ursprungsfilm verfälscht wurde. Der rhetorische Ansatz zur Synchronisationsforschung unter der Prämisse, daß jede Bearbeitung eine Interpretation darstellt, will also nicht von einem theoretischen Vorurteil ausgehen, sondern die Bewertung von Synchronfassungen aus der Analyse erst entwickeln.

Eine rhetorische Analyse von Synchronfassungen kann auch nichtsprachliche Elemente wie Bilder und Musik erfassen. Die Anfänge einer nicht nur auf das Wort ausgerichteten rhetorischen Theorie liegen dabei schon in der systematischen Darstellung Quintilians begründet. Seitdem haben sich zwar die Formen der Kommunikation stark gewandelt, nicht aber die Absichten der Produzenten von Massenmedien. Ein Filmverleiher oder Fernsehsender versucht wie ein Redner der Antike zu informieren (docere), Emotionen zu wecken (movere) und zu unterhalten (delectare). Der Blick auf diese grundsätzlichen Wirkungsabsichten der Produzenten unterscheidet die Rhetorik

---

[472] Jens: Rhetorik. S.439.

der Filmsynchronisation vor allem von auf das fertige Produkt fixierten linguistischen Ansätzen. Die Wirkung einer Synchronfassung wird nämlich auch von Komponenten beeinflußt, die am Film selbst nicht nachweisbar sind. Dazu gehört etwa die Zeit, die zwischen der Aufführung des Ursprungsfilms und der Synchronfassung liegt, bei Chaplins „Der große Diktator" waren das zum Beispiel achtzehn Jahre.

Verantwortet wird eine deutsche Filmfassung und der Zeitpunkt ihrer Veröffentlichung von Filmverleihern, Fernsehsendern und den ausführenden Synchronisationsfirmen. Seit Beginn der Filmgeschichte bestehen dabei enge geschäftliche Beziehungen zwischen den Produzenten von ausländischen Spielfilmen und ihren Vermarktungsfirmen in Deutschland. Auch die Konzentrationstendenzen bzw. die Marktdominanz einzelner Länder und Firmen existieren seit den ersten Importen von Filmen der Gebrüder Lumière. Die Zahl der in Deutschland aktiven Verleiher und Synchronisationsfirmen ist dabei schwer zu ermitteln. Die Synchronisationsbranche ist dafür zu sehr mit anderen audiovisuellen Produktionsbetrieben verwachsen.

In der 100jährigen Geschichte des ausländischen Spielfilms in Deutschland ist dabei verschiedentlich versucht worden, den Import durch Verbote oder Kontingente einzuschränken. Ziel dieser staatlichen Eingriffe war es, die Marktchancen deutscher Filme aus wirtschaftlichen oder ideologischen Gründen zu stärken. Trotzdem dominieren ausländische Filme den deutschen Markt weitgehend. Selbst während der Nazidiktatur machen Importe noch ein Drittel aller gezeigten Filme aus.

Nach dem 2. Weltkrieg gerät der Filmmarkt verstärkt unter den Einfluß des Ost-West-Konflikts. In die DDR werden vornehmlich Ostblockfilme importiert, in der Bundesrepublik werden umgekehrt 122 Importverbote gegen Filme aus kommunistischen Ländern ausgesprochen.

Die von Verleiher und Fernsehsendern importierten Filme stellen unterschiedliche Anforderungen an die deutsche Bearbeitung. Der zeitliche und finanzielle Aufwand für eine deutsche Fassung richtet sich nach einer Reihe von Gesichtspunkten, die der Importeur abzuwägen hat. Im systematischen Überblick dieser Gesichtspunkte ergibt sich eine Art Topik des Filmimports. Zu beachten sind vor allem die Charakteristika der in den Filmen gesprochenen Sprachen, zu bearbeitende Texte in den Bildern, Sex- und Gewaltdarstellungen, politische Inhalte, schwer verständliche Kulturbesonderheiten, Schauspieler, die an deutsche Synchronsprecher gebunden sind, die Vollständigkeit der Musik und der Geräusche, schließlich die Verwendbarkeit des Vor- und Nachspanns sowie die Laufzeit des Films.

Je nach Zeitpunkt und Ort der geplanten Aufführung einer deutschen Fassung führen diese Gesichtspunkte zu höchst unterschiedlichen Entscheidungen der Bearbeiter. Gerade die Toleranz gegenüber Sex- und Gewaltdarstellungen hat sich in 100 Jahren Filmgeschichte erheblich verändert und wird bei Kino-, Fernseh- oder Videoproduktionen unterschiedlich weit gehen können. Entscheidend für die jeweilige Aufführungssituation sind auch die politischen und rechtlichen Umstände. Schon 1906 wurde dabei in Berlin eine Kinematographenzensur polizeilich verordnet, die vielfach Einfluß auf den ausländischen Film nahm. In der Weimarer Republik war die Zensur durch das Reichslichtspielgesetz geregelt. 1920 verabschiedet, erfuhr das Gesetz mehrere Novellierungen und wurde von den Nationalsozialisten 1934 geringfügig erweitert. Rechtssicherheit ergab sich daraus für die Importeure und Bearbeiter ausländischer Filme nicht. Wie die Analyse von historischen Fällen zeigt, war die Zensurpraxis stark von Willkür geprägt.

Auch die Militärgouverneure der Nachkriegszeit gebrauchten ihr Zensurrecht gemäß den eigenen wirtschaftlichen und ideologischen Interessen. Ein Fortsetzung fand dies in der Synchronisationspraxis der DDR, deren wichtigstes Kriterium die Konformität mit sozialistischen Prinzipien war.

In der Bundesrepublik wurde eine staatliche Zensur durch die Einführung der Freiwilligen Selbstkontrolle der Filmwirtschaft 1948 vermieden. Durch Vertreter des Bundes und der Länder in den Gremien der FSK sah der Staat aber auch hier bis Anfang der 70er Jahre seine Interessen vertreten.

Einfluß auf ausländische Filme nahm der Staat auch über die steuervergünstigenden Prädikate der Filmbewertungsstelle Wiesbaden und durch einen Interministeriellen Ausschuß, der in den 50er und 60er Jahren ohne Verfahrensregeln kommunistische Filme zensierte und verbot. Die äußeren Grenzen der Filmfreiheit sind zudem durch das Strafgesetzbuch festgelegt. Für die Bearbeitung von ausländischen Filmen relevant sind vor allem die Verbote nazistischer Tendenzen (§ 80 StGB), von exzessiven Gewaltdarstellungen (§ 131 StGB), Pornographie (§ 184 StGB) und schließlich der in § 166 StGB festgeschriebene Schutz religiöser Bekenntnisse.

Die Bedeutung der FSK, wie der Filmbewertungsstelle und den staatlichen Gesetzesschranken ist dabei nicht so sehr an den Fällen zu messen, in denen Eingriffe vorgenommen wurden. Sie liegt vor allem in der erfolgreichen Prävention von mißliebigen Synchronisationen. Verleiher, Fernsehsender wie auch die ausführenden Synchronisationsfirmen orientieren sich bei der Planung einer Bearbeitung an der Spruchpraxis von Gremien und Gerichten, um teure und zeitraubende Auseinandersetzungen zu vermeiden.

In der Planungsphase einer Synchronisation, die dem rhetorischen Arbeitsschritt der dispositio entspricht, müssen nicht

239

nur mögliche Konflikte mit Kontrollgremien und Gerichten beachtet werden. Auch die Form der Bearbeitung muß strukturiert werden. Grundsätzlich lassen sich fünf verschiedene Formen der Bearbeitung unterscheiden. Lippensychrone Fassungen sind die beim Publikum beliebtesten, aber auch die teuersten Bearbeitungen. Voice-over Fassungen, bei denen deutsche Sprecher zeitversetzt aufgenommen werden, finden sich fast nur noch im Dokumentarfilmbereich. Nur noch die Ausnahme bilden auch Untertitelfassungen, die beim Gros der deutschen Zuschauer unbeliebt sind. Stummfilme wurden viele Jahrzehnte mit einem deutschen Kommentar versehen, seit den 80er Jahren werden Stummfilme immer häufiger als deutsche Zwischentitelfassungen aufgeführt. Im Spielfilmbereich selten sind Kooperationsfassungen, bei denen nur Teile des Ursprungsfilms übernommen und mit deutschen Passagen ergänzt werden. Dies ist etwa bei der „Sesamstraße" der Fall.

Rund 90% aller Spielfilmimporte werden in Deutschland lippensynchron bearbeitet. Reine Untertitelfassungen sind selten, schon häufiger werden Untertitel mit synchronisierten Passagen kombiniert. Dies ist bei fremdsprachlichen Texten im Bild, bei Liedern oder bei zweisprachigen Originalen sinnvoll. Videotext-Untertitel richten sich ausschließlich an gehörschwache bzw. gehörlose Fernsehzuschauer und werden parallel zur lippensynchronen Fassung gesendet.

Durch Synchronisation können andere Wirkungsabsichten verfolgt werden als in den Ursprungsfilmen intendiert. Typische Verschiebungen der Wirkungsabsichten sind die stärkere Ausrichtung von Filmen auf Kinder und die Eliminierung von Nationalsozialisten aus den Ursprungsfilmen. Die Produktion einer authentischen deutschen Fassung ist die schwierigste Wirkungsabsicht, da die gestalterischen Spielräume besonders eng sind.

Für die Produktion von Synchronfassungen haben sich in der Praxis eine Reihe von handwerklichen Regeln herausgebildet, die zum Beispiel die Lesbarkeit von Untertiteln optimieren können. Kaum reglementierbar ist die Gestaltung von enger Synchronität des deutschen Textes zu den Lippen- und Körperbewegungen der Originalschauspieler. Wie die Studien von Thomas Herbst zeigen, wird die vom Zuschauer erwartete Lippensynchronität meist überschätzt. Sein Optimierungsvorschlag für die Synchronisationsarbeit, nämlich die Übersetzung szenenweise und nicht Satz für Satz vorzunehmen, kann durch die hinzugewonnene gestalterische Freiheit größere Natürlichkeit in den Dialogen hervorbringen. Sein pragmatischer Übersetzungsansatz ist allerdings vornehmlich in bewegungsarmen Filmszenen umsetzbar. Die in der Branche übliche Trennung von wörtlichen Rohübersetzungen und anschließenden Korrekturen des Synchronregisseurs läuft dem Vorschlag Herbsts außerdem zuwider. Aus wissenschaftlicher Sicht ist es allerdings gerade diese zweistufige Übersetzungspraxis, die die Qualität von Synchrontexten beeinträchtigt. Die meist nur als Vorbereitung gedachten Rohübersetzungen charakterisieren den späteren Synchrontext nämlich bereits weitgehend und sind für eine Reihe von typischen Sprachunreinheiten verantwortlich. Eine Umstellung der Arbeitsweise ist aufgrund des enormen ökonomischen Drucks auf die Branche aber unwahrscheinlich.

Wichtigste Kunden der Synchronstudios sind Fernsehanstalten und Videoverleiher. Das Kino wird seit Einführung des Fernsehens in den 50er Jahren und dem Videoboom der 80er Jahre mit Blick auf die Zahl der Produktionen und dem damit erzielten Umsatz als Auftraggeber der Synchronbranche immer weniger bedeutsam. Je nach Präsentationssparte ergeben sich für die Synchronarbeit leicht abweichende Prioritäten. Genaue

Lippensynchronität etwa ist vor allem auf Kinoleinwänden wichtig. Im Fernsehen werden umgekehrt oft Anpassungen des Filmformats notwendig.

Obwohl jede Synchronisationsarbeit auf größtmögliche Zuschauer-akzeptanz ausgerichtet ist, soll die Bearbeitung dem Publikum nicht auffallen. Die beabsichtigte Illusionswirkung einer deutschen Fassung verlangt die Unsichtbarkeit der Produktionsmittel, ein Paradox, das auch bei der Filmproduktion besteht. Da eine bewußte Wahrnehmung der Bearbeitung durch den Zuschauer vermieden werden soll, ist es schwierig, den Publikumszuspruch für eine Bearbeitung zu ermitteln. Wahrscheinlich unterscheiden die meisten Zuschauer nicht zwischen der Bewertung des bearbeiteten Ursprungsfilms und der Bearbeitung selbst. Eine Differenzierung wird meist nur bei deutlichen Asynchronitäten oder unangemessenen Untertiteln vorgenommen. Ansonsten kann eine Synchronisation nur jeweils den Erfolg des Ursprungsfilms teilen.

Für die wissenschaftliche Bewertung einer Synchronisation kann der Publikumszuspruch entsprechend nicht herangezogen werden. Für eine praxisnahe Bewertung sind statt dessen Kenntnisse über die Produktions- und Rezeptionsbedingungen erste Voraussetzung. Nur vor dem Hintergrund der jeweiligen Aufführungssituation und den spezifischen Problemen und Möglichkeiten der einzelnen Arbeitsphasen bei der Produktion kann eine präzise Analyse einer Synchronfassung vorgenommen werden. Die Analysekategorien sollten zudem möglichst umfassend und wertneutral sein, um eine Vermischung von Befund und Interpretation zu vermeiden. Die Analysen der bisher in der linguistischen und soziologischen Forschung vorgestellten Studien arbeiteten allerdings mit Kategorien, die nur für das anvisierte Material verwendbar sind und vornehmlich negative Befunde im Blick haben.

Die Unterschiede zwischen Ursprungs- und Synchronfassungen können dabei nur in den Bildern, auf der Tonspur und im Ton-Bild-Verhältnis offenbar werden. Differenziert man diese drei Analysefelder weiter, erhält man sechs mögliche Orte, in denen Unterschiede von zwei Filmfassungen möglich sind: in den gesprochenen oder gesungenen Worten und Stimmen, den Geräuschen, der Musik, den Bildern, den Bildausschnitten, schließlich beim Ton-Bild-Verhältnis. Eine vergleichende Analyse dieser sechs Elemente wird vor allem bei den Worten bzw. Dialogen Unterschiede finden, weil alle Dialoge in der Regel ins Deutsche übertragen wurden. Äquivalent übersetzte Dialoge können an dieser Stelle allerdings vernachlässigt werden, weil sie sich in der Wirkung auf den Zuschauer kaum unterscheiden. Für die vergleichende Analyse relevant sind ausschließlich die möglichen Wirkungsunterschiede auf den Zuschauer.

Mögliche Wirkungsunterschiede an den genannten sechs Orten können durch drei Vorgänge hervorgerufen werden. Der Produzent einer deutschen Fassungen hat dem Ursprungsfilm entweder etwas hinzugefügt, etwas weggelassen oder er hat etwas ausgetauscht. Das entspricht weitgehend der Figurentheorie der Rhetorik, die als Prinzip jeder uneigentlichen Redeweise den Austausch, die Hinzufügung oder die Auslassung von Worten feststellte. Nach dem gleichen Prinzip funktionieren auch die Wirkungsunterschiede einer deutschen Filmfassung. Ein synchronisierter Film stellt somit zunächst wertneutral eine uneigentliche, also eine sich zunächst nicht anbietende Art und Weise der Kommunikation dar. Der Ursprungsfilm ist theoretisch mit der eigentlichen Redeweise gleichzusetzen. Der deutsche Bearbeiter kann diese auch potentiell an den deutschen Zuschauer weitergeben. Neue Wirkungsabsichten deutscher Filmfassungen offenbaren sich allerdings nur durch die Analyse von

Auslassungen, Hinzufügungen und dem Austausch von einzelnen Elementen.

Bei drei analyserelevanten Vorgängen an potentiell sechs Orten ergeben sich insgesamt 18 Analysekategorien. Wirkungsunterschiede können darüber hinaus auch durch die Übernahme von Elementen des Ursprungsfilms hervorgerufen werden, die das deutsche Publikum anders versteht als das Publikum des Ursprungslandes. Dies ist immer dann der Fall, wenn das Publikum des Ursprungslandes mit einer Handlung, einer Person oder einer Idee Gedanken oder Emotionen verbindet, die nicht universell verständlich sind. Die Übernahme von Baseballfilmen oder von Darstellungen buddhistischer Meditation mag beim deutschen Publikum gänzlich anders wirken als in den USA oder Japan. Auch dieses Phänomen findet seine Parallele in der Rhetorik. Ironische Bemerkungen zum Beispiel werden ebenfalls als uneigentliche Redeweise eingestuft, obwohl sie von der Form her eigentlichen Redeweisen gleichen. Ihre Wirkung entspricht aber häufig dem genauen Gegenteil des wörtlich Gesagten. Mit der Kategorie der Übernahme, die wiederum an allen sechs Orten andere Wirkungen hervorbringen kann, ergeben sich insgesamt 24 mögliche Synchronisationsfiguren, wie sie in Kapitel 12 ausgeführt und exemplifiziert worden sind. Die Vorteile dieses Kategorienschemas gegenüber den bisherigen Forschungsansätzen liegt in der Anwendbarkeit auf potentiell jeden Film, sowie der möglichen lückenlosen Erfassung aller Unterschiede zwischen zwei Filmfassungen. Bei gleichen Analysekategorien ist außerdem die Vergleichbarkeit verschiedener Untersuchungen gewährleistet, die bisher nicht bestand.

Eine Wertung der Unterschiede ist durch die Feststellung einer Figur noch nicht gegeben. Eine Analyse der Synchronisationsfiguren stellt zunächst fest, wo und auf welche

244

Weise mögliche Wirkungsunterschiede hervorgerufen werden. Synchronisationsfiguren sind keine Fehler der Synchronisation, sie können der Verständlichkeit genauso dienen, wie sie den Ursprungsfilm unangemessen verfremden können.

Mit Verständlichkeit und Angemessenheit sind zwei entscheidende rhetorische Beurteilungskriterien genannt. Die Verständlichkeit einer deutschen Filmfassung kann jeweils nur potentiell festgestellt werden und obwohl sie die Grundmotivation jeglicher Synchronisation darstellt, sollte sie nicht absolut gesetzt werden. Ausführliche Erläuterungen zu kulturspezifischen Motiven können dem Stil des Ursprungsfilms gegenüber nämlich unangemessen sein. Das Ziel, einen ausländischen Film für das deutsche Publikum verständlich zu machen, stößt so an seine Grenzen. Angemessen sollte eine deutsche Filmfassung sowohl gegenüber dem Ursprungsfilm als auch gegenüber dem deutschen Publikum sein, zwei Kriterien, die leicht miteinander in Konflikt geraten können. Im deutschen Feuilleton wird meist einseitig die Angemessenheit oder Authentizität gegenüber dem Original gefordert, während die Synchronisateure zu unterschiedlichen Zeiten stärker das eine oder das andere Ziel verfolgten. Die Angemessenheit einer deutschen Filmfassung ist entsprechend nur im Einzelfall zu klären.

Als weniger problematisch erweist sich die Überprüfung des dritten Kriteriums der sprachlichen Richtigkeit, das entweder erfüllt wird oder nicht. Typische Verletzungen dieses Kriteriums sind zum Beispiel die im Synchrontext vorkommende Anglizismen, die in unbedachten wörtlichen Übersetzungen wurzeln. Umgekehrt lassen sich gekonnte Formulierungen im Synchrontext als schmuckvoll herausheben. Der Schmuck in einer deutschen Fassung bezieht sich auf besondere, nicht unbedingt notwendige gestalterische Leistungen der Synchronisateure. Sie sind als Austausch- oder Hinzufügungsfiguren zu entdecken und können im Dialog, in einem Erzählerkommentar oder in hinzugefügter Musik vorkommen. Solche möglichen schöpferischen Leistungen der Synchronisation sind in der bisherigen Forschung völlig ignoriert worden.

Ebenfalls einer rhetorischen Perspektive verpflichtet sind die Fragen nach der Ethik einer Synchronisation und der Einlösung der angestrebten Wirkungsabsicht. Ansonsten wird in Feuilleton und Forschung fast ausschließlich nach der Angemessenheit gegenüber dem Original gefragt, unabhängig vom Charakter des Ursprungsfilms selbst. Eine solche reduzierte Beurteilung befreit die Synchronbranche fatalerweise von jeglicher moralisch-ethischer Verantwortung und müßte eine äquivalente Übertragung eines Neonazifilms als gelungen einstufen. Die Produktion einer deutschen Fassung mit neuer Wirkungsabsicht kann allerdings ethisch durchaus legitim sein und sollte theoretisch nicht ausgeschlossen werden. Neue Wirkungsabsichten werden in der Praxis zudem nicht selten angestrebt, auch wenn sie übersetzungstheoretisch als Fehler gelten. Ein rhetorisches Analysemodell kann solche Wirkungsabsichten integrieren und entsprechend die Umsetzung beurteilen, ohne den Vorgang vorab und pauschal zu verurteilen.

Bei einer historischen Betrachtung der Synchronisation fällt trotz aller technischen, rechtlichen und ästhetischen Veränderungen in 100 Jahren Filmgeschichte die große Kontinuität der Bearbeitungen auf. Der in dieser Arbeit vorgelegte Versuch einer Skizze der wesentlichen geschichtlichen Phasen der Filmsynchronisation in Deutschland ist bisher noch nicht unternommen worden. Die Anfänge der Filmgeschichte von 1895 bis in die Weimarer Republik sind dabei allgemein noch wenig erforscht. Über den Austausch von Zwischentiteln, über Zensurschnitte, Filmerklärer und improvisierte Livemusik im Kino gibt es auch nur vereinzelt Hinweise. So schrieb Bertold

Brecht 1926: „Ich habe Chaplins Film Goldrausch erst ziemlich spät gesehen, weil die Musik, die in dem Haus, wo er läuft, gemacht wird, so überaus scheußlich und unkünstlerisch ist."[473] Was Brecht hier beschreibt, ist ein möglicher Wirkungsunterschied der deutschen Fassung durch die Livemusik. Musik und Erzählerkommentare der Stummfilmzeit sind allerdings nicht aufgezeichnet worden und entziehen sich einer direkten Analyse. Erst mit der Schallplattenbegleitung und anderen Verfahren der technischen Reproduktion eines zum Film synchronen Tons verlieren die Filmaufführungen ihren einzigartigen Charakter und öffnen sich so stärker einer wissenschaftlichen Untersuchung.

Schon bei den ersten Importen der Gebrüder Lumière wird allerdings die Absicht vieler Importeure und der von ihnen vorgenommenen Bearbeitungen deutlich, Fremdes in ihren Filmprogrammen heimisch wirken zu lassen. Was bei den Gebrüdern Lumière durch die Einfügung von jeweils lokalen Bildern in ihr Filmprogramm erreicht wurde, strebten auch die Filmerklärer durch einen erläuternden deutschen Kommentar an.

Die seit 1906 aktive polizeiliche und später staatliche Filmzensur versuchte umgekehrt, fremde Einflüsse durch Filme in Deutschland nicht heimisch werden zu lassen und unterband zum Beispiel die positive Darstellung amerikanischer Erziehungsmethoden, wie auch die Aufführung von Kriminalfilmen, bei denen sie Nachahmungstäter befürchtete.

Die auf dem Reichslichtspielgesetz von 1920 basierenden Zensurmaßnahmen der Weimarer Republik offenbaren den wachsenden Glauben des Staates an die Wirkungsmächtigkeit des Films. Gleichzeitig wird durch zahlreiche Schnittauflagen auch der Glaube an die Wirksamkeit von Bearbeitungen deutlich.

---

[473] zitiert nach Hembus, Joe: Charlie Chaplin. Seine Filme - sein Leben. München 1972. S.99.

Durch die Einführung des Lichttonverfahrens ab 1929 ändert sich die wirtschaftliche und ästhetische Situation des Films allgemein und der Synchronisation erheblich. Hollywood reagiert auf die geringeren Absatzchancen seiner Dialogfilme zunächst durch die parallele Produktion mehrerer Fassungen eines Films. Dieses umständliche Verfahren wird schon bald durch Untertitel und durch lippensynchrone Bearbeitungen abgelöst. Obwohl gerade lippensynchrone Fassungen Anfang der 30er Jahre mit größter Skepsis aufgenommen werden, setzt sich diese Bearbeitungsform in Deutschland rasch durch. Kleinere Länder entwickeln aufgrund des zu kleinen Marktes für teure Synchronisationen dagegen eine stärkere Untertitelkultur.

Während der Diktatur der Nationalsozialisten wird die Filmzensur verschärft, was den Import ausländischer Filme einschränkte, aber nicht gänzlich stoppte. Detailveränderungen in ausländischen Filmen werden selten, da als anstößig empfundene Filme in der Regel ganz verboten werden. Nach dem 2. Weltkrieg erreichen entsprechend eine ganze Reihe von Filmen der 30er Jahre Deutschland mit erheblicher Verspätung. Die Synchronisationsbranche wird anders als die deutsche Filmproduktion von den Alliierten gefördert und gewinnt auch durch die ansonsten wenig beschäftigten Filmschauspieler an Präzision und Ausdruck.

In der jungen Bundesrepublik werden nur wenige Importverbote ausgesprochen, der Interministerielle Ausschuß der Bundesregierung (IMA) versucht auf diese Weise kommunistische Propaganda zu bekämpfen. Vermeintliche oder tatsächliche Anstößigkeiten in ausländischen Filmen werden ansonsten gezielt bearbeitet. Besonders auffällig sind die vielen Auslassungsfiguren, die den Nationalsozialismus betreffen. Die Auslassung oder den Austausch solcher Filmmotive, wie es sich an Curtiz` „Casablanca" und Hitchcocks „Notorious"

248

exemplarisch zeigt, wurde nicht zuletzt von amerikanischen Verleihfirmen betrieben. Dem deutschen Publikum sollten auf diese Weise Erinnerungen an die Nazigreuel erspart bleiben. Neben kommunistischen und nationalsozialistischen Motiven wurden in den 50er Jahren vor allem sexuelle Anspielungen in ausländischen Filmen bearbeitet. Gewaltdarstellungen werden zu dieser Zeit kaum als anstößig betrachtet. Tendenziell wird die Angemessenheit gegenüber dem Publikum in vielen Bearbeitungen der 50er Jahre höher gewichtet als die Angemessenheit gegenüber dem jeweiligen Ursprungsfilm. Für diese Wirkungsabsicht eignen sich sowohl Auslassungsfiguren wie bei „Casablanca" (1952) als auch Hinzufügungen wie etwa bei „Rom offene Stadt" oder auch der Austausch von Dialogen wie im Falle von „Weißes Gift."

Parallel dazu ist die Tendenz zur Eindeutschung von Kulturbesonderheiten in den deutschen Filmfassungen zu beobachten. Diese als Alemannitis bezeichnete Sprachgewohnheit deutscher Synchronisateure verfolgt wiederum die Absicht, Fremdes nicht heimisch werden zu lassen. Da die deutsche Gesellschaft sich gleichzeitig begeistert zu amerikanischer Musik, Tänzen und Essgewohnheiten hinwendet, darf die Alemannitis der 50er und 60er Jahre als Anachronismus betrachtet werden.

Seit Anfang der 60er Jahre entstehen auch Zweitbearbeitungen ausländischer Filme. Meist wird dabei die Wirkungsabsicht zugunsten einer größeren Angemessenheit gegenüber dem Ursprungsfilm verändert. Dies ist auf die engagierte Filmkritik und Filmwissenschaft wie auch auf das Fernsehen zurückzuführen, das eine Reihe von neuen Bearbeitungen in Auftrag gab. Die 1975 im Auftrag der ARD entstandene zweite deutsche Fassung von „Casablanca" etwa machte die Auslassungen der Nazis um Major Strasser rückgängig. In dieser figurenarmen und deshalb dem einfachen Synchronisationsstil

249

zuzurechnenden Fassung fällt auch der berühmte Satz „Ich seh'
Dir in die Augen Kleines," der zum wahrscheinlich bekanntesten
Satz der deutschen Synchrongeschichte geworden ist. Eine
äquivalente Übersetzung stellt der Satz allerdings nicht dar, weil
die ursprüngliche Zeile auf einen Trinkspruch anspielt. Der
deutsche Synchronsatz stellt keine Verbindung mehr zur Geste
des Zuprostens her, in der er im Film zunächst ausgesprochen
wird. Der Text-Bild-Bezug der deutsche Fassung ist entsprechend
weniger eng als im Ursprungsfilm, was eine grundsätzliche
Problematik vieler deutscher Bearbeitungen darstellt.

Im Gegensatz zu früheren deutschen Filmfassungen sind die
Bearbeitungen der 80er Jahre tendenziell weniger figurenreich
und deshalb weniger spektakulär. Die Mehrzahl der Fassungen
wird dabei ohne eindeutige Wirkungsabsicht produziert.
Synchronisationsfiguren sind in diesen Fällen nicht unbedingt
seltener, aber schwerer einzuschätzen. Wirkungsabsichten und
Synchronisationsstile sind dabei besonders gut an Stummfilmen
nachvollziehbar, die zu verschiedenen Zeiten immer wieder für
den deutschen Markt bearbeitet wurden.

Art und Weise sowie die Absichten deutscher Filmfassungen
prägen die Wahrnehmungsmöglichkeiten ausländischer Filme,
letztlich unseren Eindruck von großen Filmwerken und den
Themen, mit denen sie sich beschäftigen. Einen deutlichen
Widerspruch zu dieser heimlichen Bedeutung der
Filmsynchronisation stellt die Geringschätzung dar, die ihr
entgegengebracht wird. Dieser Geringschätzung aber kann nur
durch präzise und praxisnahe Analysen entgegengewirkt werden,
wie sie in dieser Arbeit angestrebt wurden.

V. Anhang

20. Literaturliste

A. Literatur

Bakewell, Michael: Factors affecting the cost of dubbing. In: EBU review. Programmes, Administration, Law. Volume XXXVIII, Number 6, November 1987. S.16-17.

Becker, Wolfgang und Norbert Schöll: Methoden und Praxis der Filmanalyse. Untersuchungen zum Spielfilm und seinen Interpretationen. Opladen 1983.

Beller, Hans: Aspekte der Filmmontage. In: Beller, Hans (Hg.): Handbuch der Filmmontage. Praxis und Prinzipien des Filmschnitts. München 1993. S.9-32.

Berghahn, Wilfried: Gekürzt und gelogen. In: Filmkritik. 2/62. S.50.

- Im Fernsehen. In: Filmkritik. 2/63. S.49f.

Blum, Heiko R.: 30 Jahre danach. Dokumentation zur Auseinandersetzung mit dem Nationalsozialismus im Film 1945 bis 1975. Köln 1975.

Bornscheuer, Lothar: Topik. Zur Struktur der gesellschaftlichen Einbildungskraft. Frankfurt a.M. 1976.

Clarke, Timothy: The power of Babel. For European film-makers the english language is a passport to the world's media markets. In: New Statesman and society. V. 4. 1991. Nr.163. S. 29-30.

Donner, Wolf: Die Kino Killer 3. In: tip. Berlin Magazin. 12/92. S.64-73.

- Medienkrieg. Teil 3. Europa der Eitelkeiten. In: tip. Berlin Magazin. 20/93. S.72-79.

Dries, Josephine: Dubbing and subtitling. Guidelines for production and distribution. Düsseldorf 1995. (Schriftenreihe des European Institute for the Media)

d'Ydewalle, Gery: Watching subtitled television. Automatic reading behavior. In: Communication research. V. 18. Okt. 1991. Nr.5. S.650-666.

Filmkritiker Kooperative: Offener Brief an den Intendanten des Bayerischen Rundfunks. In: Filmkritik. 9/73. S.391-392.

Fodor, Istvan: Film dubbing. Phonetic, Semiotic, Esthetic and Psychological Aspects. Hamburg 1976.

Fraenkel, Heinrich: Unsterblicher Film. Die große Chronik. Vom ersten Ton bis zur farbigen Breitwand. München 1957.

Friccius, Enno: Richtlinien für die Sendungen des ZDF. In: ZDF Jahrbuch 1989. S.185-189.

Fürstenau, Theo: Probleme der Freiwilligen Selbstkontrolle der Filmwirtschaft. In: Publizistik 2. Jg. H. 5. Sept./Okt. 1957. S.259-267.

Gansera, Rainer: Offener Brief an den Intendanten des Bayerischen Rundfunks. In: Filmkritik. 9/73. S.390.

Garncarz, Joseph: Filmfassungen. Eine Theorie signifikanter Filmvariation. Diss. Köln 1990. Frankfurt a.M., Bern, New York, Paris 1992.

Geißler, Dieter: Filmzensur im Nachkriegsdeutschland. Diss. Osnabrück 1986.

Godard, Jean-Luc: Einführung in eine wahre Geschichte des Kinos. München, Wien 1983.

Göckenjan, Gunter: Haben und sehen. In: tip. Berlin Magazin. 6/92. S.76.

Götz, Dieter u. Thomas Herbst: Der frühe Vogel fängt den Wurm: Erste Überlegungen zu einer Theorie der Synchronisation. (Englisch-Deutsch). In: Arbeiten aus Anglistik und Amerikanistik Jg.12. H.1 (1987). S.13-26.

Götz, W.: Schneiden für die Kirche. In: Filmkritik. 1/62. S.1.

Grafe, Frieda u. Enno Patalas: Warum wir das beste Fernsehen und deshalb das schlechteste Kino haben. In: Filmkritik. 9/70. S.471-475.

Gricksch, Gernot: Kastrierte Bilder. In: TV today. 4/95. S.54.

Groves, Don: Yank pix mine b.o. gold as Euro dubbers get in synch. In: Variety. 10. August 1992. S.1 und 72.

Gunske, Volker: Ausser Betrieb. In: tip. Berlin Magazin. 21/91. S.54.

- Indiana Jones im Wohnzimmer. In: tip. Berlin Magazin. 20/93. S.50-52.

- Die Männer fürs Grobe. Mel Brooks' Parodie Robin Hood - Helden in Strumpfhosen ist im Synchronstudio unter die Räder gekommen. In: tip. Berlin Magazin. 25/93. S.40.

Harig, Ludwig: Gelingt immer und klebt nicht! Vom Segen und Fluch der Synchronisation. In: Hoven, Herbert (Hg.): Guten Abend: Hier ist das deutsche Fernsehen. Zur Sprache der Bilder. Darmstadt und Neuwied 1986. S.101-109. Erstabdruck in „Die Zeit" 26.9.1986. S.65f.

Hawks, Howard: 'Tote schlafen fest'/'The Big Sleep'. Transcript von Hans-Werner Ludwig. Tübingen 1981.

Hembus, Joe: Charlie Chaplin. Seine Filme - sein Leben. München 1981.

Herbst, Thomas: A pragmatic translation approach to dubbing. In: EBU review. Volume XXXVIII. Number 6. November 1987. S.21-23.

Herbst, Thomas: Linguistische Aspekte der Synchronisation von Fernsehserien. Phonetik, Textlinguistik, Übersetzungstheorie. Tübingen 1994. (Linguistische Arbeiten 318)

Hesse-Quack, Otto: Der Übertragungsprozess bei der Synchronisation von Filmen. Eine interkulturelle Untersuchung. Diss. München, Basel 1969.

Hochheiden, Gunar: Filmzensur. In: Kienzle, Michael u. Dirk Mende (Hg.): Zensur in der BRD. Fakten und Analysen. München 1980. S.149-169.

Hochkeppel; Willy: Warum ist John Wayne Lino Ventura? In: Süddeutsche Zeitung 7./8. April 1990.

Hünninghaus, Ralf: Schall + Rauch = Atmo. In: TV tip. 4.11-17.11.1993. S.5. (Beilage zu tip. Berlin Magazin. 23/93)

Hughes, Kathleen A.: You don't need subtitles to know foreign films have the blues. In: Wall Street Journal. 5. März 1991. S.B1.

Ilott, Terry: Look who's talking too much: Euro pix long on lingo, study says. In: Variety. 9. September 1991. S.1 und 110.

Jancke, Oldwig: Erfahrungen mit Videotext. In: ZDF Jahrbuch 1982. S.94-98.

Jary, Micaela: Traumfabriken made in Germany. Die Geschichte des deutschen Nachkriegsfilms 1945-1960. Berlin 1993.

Jens, Walter: Rhetorik. In: Reallexikon der deutschen Literaturgeschichte. Begr. von P. Merker u. W. Stammler. Hrsg. von Werner Kohlschmidt und Wolfgang Mohr. Berlin, New York 1977. Band III. S.432-456.

Kaemmerling, Ekkat: Rhetorik als Montage. In: Knilli, Friedrich (Hg.): Semiotik des Films. München 1971. S.94-109.

Kanzog, Klaus: Einführung in die Filmphilologie. München 1991. (diskurs film; Münchner Beiträge zur Filmphilologie. Bd.4)

Kilborn, Richard: „They don't speak proper english." A new look at the dubbing and subtitling debate. In: Journal of Multilingual and multicultural development. V. 10 1989. Nr.5. S.421-434.

Kob, Janpeter: Lehren aus Sesamstraße. In: Fernsehen und Bildung. Internationale Zeitschrift für Medienpsychologie und Medienpraxis. Jahrgang 10 (1976) H.1/2. Sesame Street - International. S.115-122.

Kowalsky, Ulrike: Via Kopernikus. In: TV tip. 4.6.-17.6.'92. S.5. (Beilage zu tip. Berlin Magazin. 12/92)

Kracauer, Siegfried: „Im Westen nichts Neues." Zum Remarque-Tonfilm. In: Frankfurter Zeitung. 6.12.1930. S.1.

- Theorie des Films. Die Errettung der äußeren Wirklichkeit. Frankfurt 1964.

Krueger, Gertraude: Roh-Übersetzungen sind eher Blind-Übersetzungen. Über das Synchronisieren von Filmen. In: Zeitschrift für Kulturaustausch. 36.4 (1986)
S.611-613.

Kuchenbuch, Thomas: Filmanalyse. Theorien, Modelle, Kritik. Köln 1978.

Lakotta, Beate: Ausgeflimmert. In: Spiegel special. TV Total. Macht und Magie des Fernsehens. Nr.8 1995. S.134-136.

Lausberg, Heinrich: Elemente der literarischen Rhetorik. München 1984.

Laussmann, Sabine: Strategien visueller Verrätselung im film noir. In: Bauer, Ludwig; Elfriede Ledig; Michael Schaudig (Hg.): Strategien der Filmanalyse. München 1987. S.47-58. (diskurs film; Münchner Beiträge zur Filmphilologie. Bd.1)

Luyken, Georg-Michael: Overcoming language barriers in television. Dubbing and subtitling for the European audience. Manchester 1991.

Maiwald, Klaus-Jürgen: Filmzensur im NS-Staat. Dortmund 1983.

Maschmann, Einar: Anarmorphot-Objektive, Überwinkler, Wiederformer, gequetschte Bilder. In: Film & TV Kameramann. Fachzeitschrift für Bildaufnahme, Ton- und Fernsehtechnik. Jg. 42. Nr. 9. September 1993. S.133-142.

Mathews, Jack: The battle of Brazil. New York 1987.

Miller, Frank: Casablanca. As time goes by. Mythos und Legende eines Kultfilms. München 1992.

Millies, Stephan: Geschlossene Gesellschaft. Die geheimen Stimmen der Filmstars. In: TV Spielfilm. 21/92. S.222-226.

- Klassiker im neuen Glanz. In: TV today. 3/95. S.38f.

- Diagnose TV-Tod: Kinofilme bis aufs Blut gequält. In: TV today. 16/95. S.24-26.

Monaco, James: Film verstehen. Kunst, Technik, Sprache, Geschichte und Theorie des Films. Reinbek 1980.

Moths, Eberhard: Film und Wirtschaft. Bonn, Bundesministerium für Wirtschaft 1978.

Mounin, Georges: Die Übersetzung. Geschichte, Theorie, Anwendung. München 1967.

Müller, J. Dietmar: Die Übertragung fremdsprachigen Filmmaterials ins Deutsche. Diss. Regensburg 1982.

Müller-Sanders, Hans: Die Kinematographenzensur in Preußen. Leipzig 1912.

Müller-Schwefe, Gerhard: Zur Synchronisation von Spielfilmen. In: Literatur in Wissenschaft und Unterricht. Heft 2. Juni 1983. Bd. XVI. S.131-143.

Nelson, Thomas Allen: Stanley Kubrick. Spartacus, 2001: Odyssee im Weltraum, Uhrwerk Orange, Shining. München 1984.

Nennst du mich Schiller, nenn ich dich Goethe. Pressespiegel. In: Filmkritik. 4/61. S.223.

Nettelbeck, Uwe: Filmzensur. In: Filmkritik. 7/63. S.306.

Patalas, Enno: Politische Zensur. In: Filmkritik. 1/61. S.1-2.
- Schneiden für Deutschland. In: Filmkritik. 6/61. S.273.
- Schöpferische Synchronisation. In: Filmkritik. 11/63. S.510-512.
Petzet, Wolfgang: Verbotene Filme. Eine Streitschrift. Frankfurt a.M. 1931.
Quintilianus, Marcus Fabius: Ausbildung des Redners. 12 Bücher. Lat. u. dt. Übers. u. hrsg. von Helmut Rahn. Darmstadt 1988. 2 Bde.
Rabanus, Gert: Shakespeare in deutscher Fassung: Zur Synchronisation der Inszenierungen für das Fernsehen. In: Deutsche Shakespeare-Gesellschaft West. Jahrbuch 1982. S.63-78.
Reid, Helen: The semiotics of subtitling, or Why don't you translate what it says? In: EBU review. Programmes, Administration, Law. Volume XXXVIII, Number 6, November 1987. S.28-30.
Robinson, David: Chaplin. Sein Leben, seine Kunst. Zürich 1989.
Sander, Ralph: Das Star Trek Universum. München 1990.
Shulevitz, Judith: Subtitles have the last word in foreign films. In: New York
Times. 7. Juni 1992. S.H24.
Steinkopp, Rolf: Synchronisation in Hamburg. In: Hoffmann-Riem, Wolfgang (Hg.): Projekt Medienplatz Hamburg. Baden-Baden, Hamburg 1987. Bd.5.
Sudendorf, Werner: Rekonstruktion oder Restauration? Zur Problematik des filmischen Originals. In: Ledig, Elfriede (Hg.): Der Stummfilm. Konstruktion und Rekonstruktion. München 1988. S.209-220. (diskurs film; Münchner Beiträge zur Filmphilologie; Bd.2)

Synchronisation: völlig zerstört. In: Der Spiegel. Nr.18. 26. April 1971. S.186f.

Toepser-Ziegert, Gabriele: Theorie und Praxis der Synchronisation - dargestellt am Beispiel einer Fernsehserie. Diss. Münster 1978. (Arbeiten aus dem Institut für Publizistik. Bd.17)

Ueding, Gert u. Bernd Steinbrink: Grundriß der Rhetorik. Geschichte, Technik, Methode. Stuttgart 1986.

Umard, Ralph: Made in Hongkong. In: TV tip. 11.8.- 24.8.1994. S.4. (Beilage zu tip. Berlin Magazin. 16/94)

Ungureit, Heinz: Filmpolitik in der Bundesrepublik. In: Filmkritik. 1/64. S.9-16.

Vöge, Hans: The translation of films: Sub-Titling versus dubbing. In: Babel. International Journal of translation. V. 23 1977. Nr.3. S.120-125.

Walleij, Sylvia: Teletext subtitling for the deaf. In: EBU review. Programmes, Administration, Law. Volume XXXVIII, Number 6, November 1987. S.26-27.

Wanschura-Nawroth, Dagmar: Funktion, Systematik und Methode der Filmsynchronisation in der entwickelten sozialistischen Gesellschaft der DDR. Diss. Berlin 1976.

Whitman-Linsen, Candace: Through the dubbing glass. The Synchronization of American Motion Pictures into German, French and Spanish. Diss. Frankfurt a.M., Berlin, Bern u.a. 1992.

Yvane, Jean: The treatment of language in the production of dubbed versions. In: EBU review. Programmes, Administration, Law. Volume XXXVIII, Number 6, November 1987. S.18-20.

Zglinicki, Friedrich von: Der Weg des Films. Hildesheim 1979.

B. Fernsehsendungen

Beller, Hans: Geschundenes Zelluloid. Das Schicksal des Kinoklassikers Im Westen nichts Neues. Sendung: ZDF 15.11.1984.

Bense, Georg: Die geliehene Stimme oder Warum Liz Taylor so gut deutsch spricht. Produktion: SR 1992. Sendung: SDR 16.5.1993.

Brownlow, Kevin u. David Gill: Der unbekannte Chaplin. Teil 1. Meine glücklichsten Jahre. Produktion: Thames Television 1983. Sendung: S 3 11.7.1984.

Pradetto, Wilma: Das schwarze Gewerbe. Ein Hollywoodfilm wird synchronisiert. Produktion: SFB 1994. Sendung: N3 17.8.1994.

C. Nachschlagewerke, Lexika

ARD Jahrbuch 1978ff. Hrsg. von der Arbeitsgemeinschaft der öffentlich-rechtlichen Rundfunkanstalten der Bundesrepublik Deutschland (ARD). Hamburg 1978ff.

Bawden, Liz-Anne (Hg.): rororo Filmlexikon. Reinbek 1978. 6 Bde.

- (Hg.): The Oxford Companion to Film. London, New York, Toronto 1976.

Birett, Herbert: Das Filmangebot in Deutschland. 1895-1911. München 1991.

Birett, Herbert (Hg.): Verzeichnis in Deutschland gelaufener Filme. Entscheidungen der Filmzensur 1911-1920. Berlin, Hamburg, München, Stuttgart. München, New York, London, Paris 1980.

Boussinot, Roger (Hg.): L'encyclopédie du cinéma. Paris 1967.

Goble, Alan (Hg.): The International Film Index 1895-1990. München 1992.

Hartlieb, Horst v.: Handbuch des Film-, Fernseh- und Videorechts. München 1984.

Internationales Handbuch für Rundfunk und Fernsehen. Hrsg. vom Hans-Bredow-Institut für Rundfunk und Fernsehen an der Universität Hamburg. Baden-Baden, Hamburg 1990.

Just, Lothar R. (Hg.): Filmjahrbuch 1987ff. Alle Erstaufführungen im Kino, Fernsehen, Video in Deutschland, Schweiz, Österreich. München 1987ff.

Filmstatistisches Taschenbuch 1990ff. Hrsg. von der Spitzenorganisation der Filmwirtschaft e.V. Wiesbaden 1990ff.

Lexikon der Fernsehspiele 1991. Herausgegeben vom Deutschen Rundfunkarchiv. München, New Providence, London, Paris 1993.

Lexikon des Internationalen Films. Das komplette Angebot in Kino und Fernsehen seit 1945. 21 000 Kurzkritiken und Filmographien. Hrsg. vom Katholischen Institut für Medieninformation e.V. und der Katholischen Filmkommission für Deutschland. Reinbek 1987. 10 Bde.

Roeber, Georg u. Gerhard Jacoby: Handbuch der filmwirtschaftlichen Medienbereiche. Pullach 1973.

Sadoul, Georges: Dictionary of Films. Translated, edited, and updated by Peter Morris. Berkeley and Los Angeles 1972.

ZDF Jahrbuch 1978ff. Jahrbuch des Zweiten Deutschen Fernsehens. Herausgegeben von der Hauptabteilung Information und Presse. Mainz 1979ff.

21. Filmregister

Das Filmregister dient zur Identifizierung der im Text erwähnten Filme. Die alphabetische Ordnung richtet sich nach dem ersten Wort des Titels ohne Berücksichtigung des bestimmten oder unbestimmten Artikels. Wenn nicht anders gekennzeichnet, handelt es sich um Fassungen mit lippensynchronen deutschen Sprechern. Für die Titel der Ursprungsfilme wurden Großbuchstaben verwendet.

Folgende Abkürzungen werden verwandt:
SB = Synchronbuch
SR = Synchronregie
DS = Deutsche Sprecher
P = Produktion der dt. Fassung
DV = Deutscher Verleih bzw. Fernsehsender der Erstaufführung
ED = Erstaufführung in Deutschland
R = Regie des Ursprungsfilms
D = Darsteller

African Queen. BRD 1958. 100 Min. DV: Columbia ED: 1958
  Ursprung: THE AFRICAN QUEEN. USA 1951. 101 Min.
  R: John Huston D: Humphrey Bogart, Katharine Hepburn.
Alexander Newsky. BRD 1963. 78 Min.
  Ursprung: ALEKSANDER NEWSKIJ. UdSSR 1938. 111 Min.
  R: Sergej Eisenstein D: N. Tscherkassow, A. Abrikossow.
Alf. BRD 1988-90. je 25 Min. SR: Siegfried Rabe DS: Tommy
  Piper (Alf) DV: ZDF ED: 1988 (27 Folgen)
  Ursprung: ALF. USA 1986ff. je 25 Min. R: Burt Brinkerhoff,
  Nick Havinga, Gary Shimokawa u.a. D: Max Wright, Anne
  Schedeen, Andrea Elson.

Alien. Das unheimliche Wesen aus einer fremden Welt. BRD
1979. 116 Min. DV: 20th Century-Fox ED: 25.10.1979
Ursprung: ALIEN. GB 1979. 116 Min. R: Ridley Scott D: Tom
Skerritt, Sigourney Weaver.

ALL QUIET ON THE WESTERN FRONT siehe Im Westen
nichts Neues

Am Anfang war das Feuer. BRD 1981. 100 Min. (Mit Original-
dialogen in Kunstsprachen) DV: Neue Constantin ED: 4.3.1982
Ursprung: LA GUERRE DU FEU/QUEST OF FIRE.
F/Kananda 1981. 100 Min. R: Jean-Jacques Annaud D: Everett
McGill, Rae Dawn Chong, Ron Perlman.

Amadeus. BRD 1984. 160 Min. DV: Tobis ED: 26.10.1984
Ursprung: AMADEUS. USA 1984. 160 Min. R: Milos Forman
D: Tom Hulce, F. Murray Abraham.

LES AMANTS siehe Die Liebenden

Anna Christie. USA 1930. Deutsche Version. Buch: Walter
Hasenclever D: Greta Garbo, Theo Shall, Salka Steuermann.
Engl. Version: ANNA CHRISTIE. USA 1930. R: Jacques
Feyder D: Greta Garbo.

ANNIE HALL siehe Der Stadtneurotiker

L`ARROSEUR ARROSE siehe Der begossene Rasensprenger

ARSENIC AND OLD LACE siehe Arsen und Spitzenhäubchen
1952 und 1962.

Arsen und Spitzenhäubchen. BRD 1952. 115 Min. ED: 1952
Ursprung: ARSENIC AND OLD LACE. USA 1941. 115 Min.
R: Frank Capra D: Cary Grant, Priscilla Lane, Josephine Hull,
Raymond Massey, Peter Lorre.

Arsen und Spitzenhäubchen. BRD 1962. 115 Min. SB: Fritz A. Köeniger SR: Klaus von Wahl P: Berliner Synchron GmbH Wenzel Lüdecke DV: Atlas ED: 21.12.1962
Ursprung: ARSENIC AND OLD LACE. USA 1941. 115 Min. R: Frank Capra D: Cary Grant, Priscilla Lane, Josephine Hull, Raymond Massey, Peter Lorre.

L'AVVENTURA siehe Die mit der Liebe spielen

Le Bal. Der Tanzpalast. BRD 1983. 112 Min. (Film ohne Dialoge) DV: Concorde ED: 25.2.1984
Ursprung: LE BAL. F/I/Algerien 1983. 112 Min. R: Ettore Scola D: Christophe Allwright, Aziz Arbia.

Batman. BRD 1989. 126 Min. DV: Warner ED: 26.10.1989
Ursprung: BATMAN. USA 1989. 126 Min. R: Tim Burton D: Michael Keaton, Kim Basinger, Jack Nicholson.

Der begossene Rasensprenger. D 1896. 1 Min. DV: Stollwerck ED: 16.4.1896
Ursprung: L`ARROSEUR ARROSE. F 1895. 1 Min. R: Lumière.

Berüchtigt. BRD 1969. 97 Min. DV: ZDF ED: 11.8.1969
Ursprung: NOTORIOUS. USA 1948. 97 Min.
R: Alfred Hitchcock D: Cary Grant, Ingrid Bergman.
siehe auch Weißes Gift

THE BIG HOUSE siehe Menschen hinter Gittern

THE BIG SLEEP siehe Tote schlafen fest

Brazil. BRD 1985. 142 Min. DS: Christian Brückner (Robert de Niro) DV: Fox ED: 26.4.1985
Ursprung: BRAZIL. GB 1984. 142 Min. R: Terry Gilliam D: Jonathan Pryce, Katherine Helmond, Robert de Niro.

BRINGING UP BABY siehe Leoparden küßt man nicht

BRONENOSEC POTEMKIN siehe Panzerkreuzer Potemkin

Cabaret. BRD 1972. 117 Min. DV: Centfox ED: 15.9.1972
Ursprung: CABARET. USA 1971. 117 Min. R: Bob Fosse
D: Liza Minelli, Michael York, Helmut Griem.

Casablanca. BRD 1952. 82 Min. DV: Nobis ED: 29.8.1952
Ursprung: CASABLANCA. USA 1942. 105 Min. R: Michael
Curtiz D: Humphrey Bogart, Ingrid Bergman.

Casablanca. BRD 1975. 105 Min. SR: Wolfgang Schick DS:
Joachim Kemmer (Humphrey Bogart) DV: ARD ED: 5.10.1975
Ursprung: CASABLANCA. USA 1942. 105 Min. R: Michael
Curtiz D: Humphrey Bogart, Ingrid Bergman.

Charlie Chaplins Lachparade. BRD 1956. 85 Min. DV: Neue
Filmkunst
Ursprung: 5 Kurzfilme USA 1916-1918. R: Charles Chaplin D:
Charles Chaplin

Citizen Kane. BRD 1940. 117 Min. SR: Manfred R. Köhler DV:
Constantin ED: 1940
Ursprung: CITIZEN KANE. USA 1940. 117 Min. R: Orson
Welles D: Orson Welles, Joseph Cotten.

A CLOCKWORK ORANGE siehe Uhrwerk Orange

CRIMES AND MISDEMEANORS siehe Verbrechen und
andere Kleinigkeiten

THE CURE siehe Die Kur BRD 1989, Die Kur BRD 1994 und
Die trunkenen Kurgäste

DANCES WITH WOLVES siehe Der mit dem Wolf tanzt

DEAD MEN DON'T WEAR PLAID siehe Tote tragen keine
Karos

Detektiv Rockford: Anruf genügt. BRD 1977ff. je 43 Min.
P: Studio Hamburg DV: ARD ED: 1977
Ursprung: ROCKFORD'S FILES. USA 1976ff. je 45 Min.
R: Lou Antonio u.a. D: James Garner, Lou Gosselt, Dick Dava
los.

Der mit dem Wolf tanzt. BRD 1990. 180 Min. SR: Beate
Klöckner DV: Neue Constantin ED: 21.2.1991
Ursprung: DANCES WITH WOLVES. USA 1990. 180 Min.
R: Kevin Costner D: Kevin Costner, Mary McDonnell, Graham
Greene.

Der mit dem Wolf tanzt. (Spezial Edition) BRD 1992. 235 Min.
DV: Neue Constantin ED: 14.5.1992
Ursprung: DANCES WITH WOLVES. (Special Edition) USA
1992. 235 Min. R: Kevin Costner D: Kevin Costner, Mary
McDonnell.

DIE HARD siehe Stirb langsam

Die mit der Liebe spielen. (auch Das Abenteuer) BRD 1960. 102
Min. DV: Gloria ED: 7.2.61
Ursprung: L'AVVENTURA. I/F 1959. 145 Min. R:
Michelangelo Antonioni D: Gabriele Ferzetti, Monica Vitti.

DROWNING BY NUMBERS siehe Verschwörung der Frauen

Duell. BRD 1973. 85 Min. DV: CIC ED: 7.8.1973
Ursprung: DUEL. USA 1971. 85 Min. R: Steven Spielberg
D: Dennis Weaver, Jacqueline Scott.

Easy Rider. Die wilden jungen Männer. BRD 1969. 95 Min.
DV: Columbia ED: 19.12.1969
Ursprung: EASY RIDER. USA 1969. 95 Min. R: Dennis
Hopper D: Dennis Hopper, Peter Fonda, Jack Nicholson.

THE ENFORCER siehe Der Tiger

ESCAPE FROM ABSOLOM siehe Flucht aus Absolom

Die Eselin Fary. BRD 1991. 19 Min.(Voice-Over) SR: Bernd
Liebner DS: P.C. Schmidt (Erzähler), Monika Barth (1. Frau),
Reinhilt Schneider (2.Frau) P: Studio Hamburg. DV: ZDF ED:
9.6.1991
Ursprung: FARY L'ANESSE. Senegal 1989. 19 Min.
R: Mansour Sora Wade D: Daouda Lam, Seynabou Niang,
Dienaba Diallo.

FARY L'ANESSE siehe Die Eselin Fary

Flatliners. BRD 1990. 114 Min. DV: Columbia Tri-Star ED: 22.11.1990
Ursprung: FLATLINERS. USA 1990. 114 Min. R: Joel Schumacher D: Kiefer Sutherland, Julia Roberts, Kevin Bacon.

Forrest Gump. BRD 1994. 142 Min. DV: UIP ED: 13.10.1994
Ursprung: FORREST GUMP. USA 1994 142 Min. R: Robert Zemeckis D: Tom Hanks, Robin Wright.

Flucht aus Absolom. BRD 1994. 118 Min. DV: Columbia TriStar ED: 14.7.1994
Ursprung: ESCAPE FROM ABSOLOM. USA 1994 118 Min. R: Martin Campbell D: Ray Liotta, Lance Henriksen.

Der Fremde im Zug. BRD 1993. 95 Min. DV: ZDF ED: 11.8.1994
Ursprung: STRANGERS ON A TRAIN. USA 1951. 95 Min. R: Alfred Hitchcock D: Farley Granger, Robert Walker.

GESU DI NAZARETH siehe Jesus von Nazareth

Goldrausch. BRD 1942. 78 Min. DV: atlas ED: 1942
Ursprung: THE GOLD RUSH. USA 1942 (Tonfassung) R: Charles Chaplin D: Charles Chaplin, Mack Swain, Georgia Hale.

GONE WITH THE WIND siehe Vom Winde verweht

THE GREAT DICTATOR siehe Der große Diktator

Green Card. Scheinehe mit Hindernissen. BRD 1991. 108 Min. DV: Warner ED: 7.3.1991
Ursprung: GREEN CARD. USA 1990. R: Peter Weir D: Gérard Depardieu, Andie McDowell.

Der große Diktator. BRD 1958. 126 Min. DV: United Artists. ED: September 1958
Ursprung: THE GREAT DICTATOR. USA 1940. 126 Min. R: Charles Chaplin D: Charles Chaplin, Paulette Godard.

LA GUERRE DU FEU siehe Am Anfang war das Feuer

GIULETTA E ROMEO siehe Romeo und Julia

Hair. BRD 1979. 121 Min. DV: United Artists ED: 12.7.1979
  Ursprung: HAIR. USA 1977. 121 Min. R: Milos Forman
  D: John Savage, Treat Williams, Annie Golden.

A HARD DAY'S NIGHT siehe Yeah! Yeah! Yeah!

HOMBRE siehe Man nannte ihn Hombre

Howards Fall. BRD 1989. 90 Min. DV: ARD ED: 16.4.1990
  Ursprung: HOWARDS FALL. Schweiz 1989. 90 Min. R: Urs
  Egger D: Mathias Gnädinger.

Hudson Hawk-Der Meisterdieb. BRD 1991. 100 Min.
  DV: Columbia TriStar ED: 25.7.1991
  Ursprung: HUDSON HAWK. USA 1991. 100 Min. R: Michael
  Lehmann D: Bruce Willis, Danny Aiello, Andie McDowell.

Illumination. DDR 1973. 91 Min. DV: DEFA.
  Ursprung: ILUMINACJA. Polen 1972. 91 Min. R: Krzystof
  Zanussi D: Stanislaw Latallo, Malgorzata Pritulak.

Illumination. BRD 1975. 91 Min. DV: ZDF ED: 7.7.1975
  Ursprung: ILUMINACJA. Polen 1972. 91 Min. R: Krzystof
  Zanussi D: Stanislaw Latallo, Malgorzata Pritulak.

Im Westen nichts Neues. D 1930. 135 Min. ED: 4.12.1930
  Ursprung: ALL QUIET ON THE WESTERN FRONT. USA
  1930. 135 Min. R: Lewis Milestone D: Lew Ayres, Louis
  Wolheim.

Im Würgegriff der schwarzen Hand. BRD 1964. 92 Min.
  DV: Pallas ED: 24.4.1964
  Ursprung: LE SCORPION. I/F 1962. 92 Min. R: Serge Hanin
  D: Daniel Sorano, Elga Andersen.

Jesus Christ Superstar. BRD 1974. 107 Min. DV: CIC
  ED: 1.3.1974
  Ursprung: JESUS CHRIST SUPERSTAR. USA 1972. 107
  Min. R: Norman Jewison D: Ted Neeley, Carl Anderson.

Jesus von Nazareth. BRD 1978. 270 Min. DV: ZDF ED: 19.-
24.3.1978 (vier Teile)
Ursprung: GESU DI NAZARETH/JESUS OF NAZARETH.
Italien/GB 1976. 270 Min. R: Franco Zeffirelli D: Robert
Powell, Olivia Hussey, Anne Bancroft, James Mason.

Katanga. BRD 1968. 100 Min. DV: MGM ED: 11.4.1968
Ursprung: THE MERCENARIES. GB 1967. 100 Min. R: Jack
Cardiff D: Rod Taylor, Yvette Mimieux.

Die Kur. BRD 1989. 16 Min. (Mit dt. Kartons) DV: Atlas Video
ED: 1989
Ursprung: THE CURE. USA 1917. 559 Meter. R: Charles
Chaplin D: Charles Chaplin, Edna Purviance.
Siehe auch Die trunkenen Kurgäste.

Die Kur. BRD 1994. 23 Min. (Mit Untertiteln) DV: ARTE ED:
1994
Ursprung: THE CURE. USA 1917. Rekonstruktion 1984 von
David Shepard. R: Charles Chaplin D: Charles Chaplin, Edna
Purviance.
Siehe auch Die trunkenen Kurgäste, Die Kur BRD 1989.

THE LAST TEMPTATION OF CHRIST siehe Die letzte
Versuchung Christi

Leoparden küßt man nicht. BRD 1966. 90 Min. SB: Hans-
Bernd Ebinger SR: Ingeborg Grunnewald DV: CS Film
ED: 18.3.1966 Ergänzte Fassung: ZDF 26.2.1995 97 Min.
Ursprung: BRINGING UP BABY. USA 1938. 97 Min.
R: Howard Hawks D: Cary Grant, Katharine Hepburn.

Die letzte Versuchung Christi. BRD 1988. 163 Min. DV: UIP
ED: 10.11.1988
Ursprung: THE LAST TEMPTATION OF CHRIST. USA
1988. 163 Min. R: Martin Scorsese D: Willem Dafoe, Harvey
Keitel.

Die Liebenden. BRD 1959. 85 Min. DV: Pallas ED: 13.3.1959
Ursprung: LES AMANTS. F 1958 88 Min. R: Louis Malle
D: Jeanne Moreau, Alain Cuny, José Luis de Villalonga.

LIFEBOAT siehe Rettungsboot

Mach's noch einmal Sam. BRD 1973. 85 Min. DV: CIC
ED: 19.4.1973
Ursprung: PLAY IT AGAIN, SAM. USA 1991. 85 Min.
R: Herbert Ross D: Woody Allen, Diane Keaton.

Mad Dog. BRD 1977. 91 Min. (OmU) DV: Abaton
ED: 14.4.1978
Ursprung: MAD DOG. Australien 1975. 91 Min. R: Philippe
Mora D: Dennis Hopper, David Gulpilil.

Magnolien aus Stahl. BRD 1990. 118 Min. DV: Columbia Tri-
Star. ED: 15.3.1990
Ursprung: STEEL MAGNOLIAS. USA 1989. 118 Min. R:
Herbert Ross D: Sally Field, Shirley MacLaine, Julia Roberts.

Magnum. BRD 1984ff. je 43 Min. SR: Peter Kirchberger DS:
Norbert Langer (Tom Selleck) P: Studio Hamburg DV: NDR
ED: 1984 (ARD)
Ursprung: MAGNUM. USA 1982ff. je 45 Min. R: Burt
Brinkerhoff, Ivan Dixon, Bernard L. Kowalski u.a. D: Tom
Selleck, John Hillerman, Roger E. Mosley.

Man nannte ihn Hombre. BRD 1995. 98 Min. DV: ZDF
ED: 11.2.1995
Ursprung: HOMBRE. USA 1966. 98 Min. R: Martin Ritt
D: Paul Newman, Fredric March.

Mel Brooks letzte Verrücktheit: Silent Movie. BRD 1976.
87 Min. DV: 20th Century Fox ED: 29.10.1976
Ursprung: SILENT MOVIE. USA 1976. 87 Min. R: Mel
Brooks D: Mel Brooks, Marty Feldman, Dom DeLuise.

Menschen hinter Gittern. Deutsche Version. D: Heinrich George.

Engl. Version: The big house. Regie: George Hill D: George Bancroft.

THE MERCENARIES siehe Katanga

Mondsüchtig. BRD 1988. 102 Min. DV: UIP ED: 17.3.1988
Ursprung: MOONSTRUCK. USA 1987. 102 Min. R: Norman Jewison D: Cher, Nicolas Cage, Vincent Gardenia.

MOONSTRUCK siehe Mondsüchtig

Mrs. Doubtfire. BRD 1994. 125 Min. DV: 20th Century Fox ED: 27.1.1994
Ursprung: MRS. DOUBTFIRE. USA 1993. 125 Min. R: Chris Columbus D: Robin Williams, Sally Field.

Die Muppets-Show. BRD 1977-82. je 30 Min. SR: Eberhard Storeck DV: ZDF ED: 3.12.1977
Ursprung: THE MUPPETS SHOW. USA 1977ff. je 30 Min. R: Jim Henson.

My fair lady. BRD 1964. 173 Min. DV: Warner ED: 23.12.1964
Ursprung: MY FAIR LADY. USA 1963. 173 Min. R: George Cukor D: Audrey Hepburn, Rex Harrison.

Die Nacht mit dem Teufel. D 1942. 121 Min.
Ursprung: LES VISITEURS DU SOIR. F 1942. 121 Min. R: Marcel Carné D: Arletty, Maire Déa, Alain Cuny.

Der Name der Rose. BRD/I/F 1985/86. 131 Min. P: Bavaria DV: Neue Constantin ED: 16.10.1986
Ursprung: Koproduktion BRD/I/F 1985/86. 131 Min. R: Jean-Jacques Annaud D: Sean Connery, Murray F. Abraham, Christian Slater, Ron Perlman.

Night on earth. (OmU) BRD 1991. 128 Min. DV: Pandora
ED: 5.12.1991
Ursprung: NIGHT ON EARTH. USA 1991. 128 Min. R: Jim
Jarmusch D: Winona Ryder, Gena Rowlands, Armin Mueller-
Stahl.
NOTORIOUS siehe Weißes Gift und Berüchtigt
THE NUTTY PROFESSOR siehe Der verrückte Professor
Panzerkreuzer Potemkin. D 1925. 75 Min.
Ursprung: BRONENOSEC POTEMKIN. UdSSR 1925.
75 Min. R: Sergej Eisenstein D: Alexander Antonow,
Wladimir Barski.
THE PERSUADORS siehe Die 2
PLAY IT AGAIN, SAM siehe Mach's noch einmal Sam
Pretty Woman. BRD 1990. 119 Min. DS: Daniela Hoffmann
(Julia Roberts) DV: Warner ED: 5.7.1990
Ursprung: PRETTY WOMAN. USA 1990. 119 Min. R: Garry
Marshall D: Richard Gere, Julia Roberts.
PRIDE AND PREJUDICE siehe Stolz und Vorurteil
Prinzessin Aline und die Groblins. BRD 1993. 84 Min.
ED: 1993
Ursprung: THE PRINCESS AND THE GOBLIN. GB/Ungarn
1991. 84 Min. R: Joszef Gemes.
Pulp Fiction. BRD 1994. 149 Min. DV: Scotia ED: 3.11.1994
Ursprung: PULP FICTION. USA 1994. 149 Min. R: Quentin
Tarantino D: John Travolta, Bruce Willis, Uma Thurman.
QUEST OF FIRE siehe Am Anfang war das Feuer
Das Quiller memorandum: Gefahr aus dem Dunkel. BRD
1967. 100 Min. DV: Rank ED: 24.2.1967
Ursprung: QUILLER MEMORANDUM. GB 1966. 100 Min.
R: Michael Anderson D: George Segal, Alec Guinness, Max
von Sydow.

Raumschiff Enterprise. BRD 1972ff. je 45 Min.
  DS: G.G. Hoffmann (William Shatner) DV: ZDF ED: Mai 1972
  Ursprung: STAR TREK. USA 1964ff. je 45 Min. R: Marc Daniels, Lawrence Dobkin, James Goldstone u.a. D: William Shatner, Leonard Nimoy.
Reise mit Jacob. DDR 1973. 85 Min. DV: DEFA/ARD ED: ARD 16.12.1974
  Ursprung: UTAZAS JAKABBAL. Ungarn 1972. 85 Min. R: Pal Gabor D: Peter Huszti, Ion Borg.
Das Rettungsboot. BRD 1974. 90 Min. DV: ZDF ED: 2.8.1974
  Ursprung: LIFEBOAT. USA 1943. 90 Min. R: Alfred Hitchcock D: Tallulah Bankhead, William Bendix.
ROCKFORD'S FILES siehe Detektiv Rockford
Rom, offene Stadt. BRD 1952. 100 Min. DV: prokino ED: 1952 geschlossene Gesellschaften/21.2.1961
  Ursprung: ROMA CITTA APERTA. I 1945. 100 Min. R: Roberto Rossellini D: Aldo Fabrizi, Anna Magnani.
Romeo und Julia. BRD 1967. 138 Min. DV: Paramount
  Ursprung: GIULETTA E ROMEO. I/GB 1967. 138 Min. R: Franco Zeffirelli D: Olivia Hussey, Leonard Whiting.
Rosemaries Baby. BRD 1968. 137 Min. DV: Paramount ED: 17.10.1968
  Ursprung: ROSEMARY'S BABY. USA 1967. 103 Min. R: Roman Polanski D: Mia Farrow, John Cassavetes.
LE SCORPION siehe Im Würgegriff der schwarzen Hand
Sein oder Nichtsein. BRD 1960. 98 Min. P: Berliner Synchron GmbH Wenzel Lüdecke DV: DFH ED: 12.8.1960
  Ursprung: TO BE OR NOT TO BE. USA 1942. 98 Min. R: Ernst Lubitsch D: Jack Benny, Carole Lombard.

Sesamstraße. BRD 1972ff. je 30 Min. P: NDR DV: ARD
ED: 8.1.1973
Ursprung: SESAMESTREET. USA 1971ff. je 30 Min.
THE SEVEN YEAR ITCH siehe Das verflixte siebente Jahr
Shining. BRD 1980. 113 Min. DV: Warner-Columbia
ED: 16.10.1980
Ursprung: THE SHINING. GB 1979. 113 Min. R: Stanley
Kubrick D: Jack Nicholson, Shelley Duvall, Danny Lloyd.
SILENT MOVIE siehe Mel Brooks letzte Verrücktheit
Spartacus. BRD 1960. 193 Min. DV: UIP ED: 16.12.1960
Ursprung: SPARTACUS. USA 1960. 193 Min. R: Stanley
Kubrick D: Kirk Douglas, Laurence Olivier, Jean Simmons.
Der Stadtneurotiker. BRD 1977. 93 Min. DV: United Artists
ED: 9.6.1977
Ursprung: ANNIE HALL. USA 1977. 93 Min. R: Woody Allen
D: Woody Allen, Diane Keaton.
STAR TREK siehe Raumschiff Enterprise
STAR TREK IV: THE VOYAGE HOME siehe Zurück in die
Gegenwart
STEEL MAGNOLIAS siehe Magnolien aus Stahl
Sterne. BRD 1960. 89 Min. DV: Europa ED: 3.6.1960
Ursprung: STERNE. DDR/Bulgarien 1958. 89 Min. R: Konrad
Wolf D: Sascha Kruscharska, Jürgen Frohriep.
Stirb langsam. BRD 1988. 132 Min. DV: 20th Century Fox
ED: 10.11.1988
Ursprung: DIE HARD. USA 1987. 132 Min. R: John
McTiernan D: Bruce Willis, Bonnie Bedelia.
Stolz und Vorurteil. BRD 1945. 116 Min. ED: 1945
Ursprung: PRIDE AND PREJUDICE. USA 1940. 116 Min.
R: Robert Z. Leonard D: Laurence Olivier, Greer Garson.
STRANGERS ON A TRAIN siehe Verschwörung im
Nordexpress und Der Fremde im Zug

Tarzan und die Nazis. BRD 1971. 78 Min. DS: Michael
Chevalier (Tarzan) Udo Wachtveitl (Boy) Renate Pichler
(Zandra) DV: ZDF ED: 15.1.1971
Ursprung: TARZAN TRIUMPHS. USA 1942. 78 Min.
R: William Thiele D: Johnny Weissmüller, Johnny Sheffield.

Taxi Driver. BRD 1976. 114 Min. SR: Joachim Kunzendorf
DS: Hansi Jochmann (Jodie Foster) DV: Warner-Columbia
ED: 7.10.1976
Ursprung: TAXI DRIVER. USA 1975. 114 Min. R: Martin
Scorsese D: Robert de Niro, Peter Boyle, Jodie Foster.

Der Tiger. BRD 1951. 85 Min. DV: Die Lupe ED: 1951
Ursprung: THE ENFORCER. USA 1951. 85 Min. R: Bretaigne
Windust D: Humphrey Bogart, Zero Mostel.

TO BE OR NOT TO BE siehe Sein oder Nichtsein

Tote schlafen fest. BRD 1967. 113 Min. SR: Wolfgang Schick
DS: Arnold Marquis (Humphrey Bogart) DV: Eckelkamp
ED: 29.9.1967
Ursprung: THE BIG SLEEP. USA 1946. 113 Min. R: Howard
Hawks D: Humphrey Bogart, Lauren Bacall.

Tote tragen keine Karos. BRD 1982. 88 Min. (OmU) DV: UIP
ED: 20.8.1982
Ursprung: DEAD MEN DON'T WEAR PLAID. USA 1981. 88
Min. R: Carl Reiner D: Steve Martin, Rachel Ward.

Die trunkenen Kurgäste. BRD 1973. 22 Min.
(Kommentarfassung) SR: Fred Strittmatter, Quinin Amper jr.
DS: Hanns Dieter Hüsch DV: ZDF ED: 14.9.1973
Ursprung: THE CURE. USA 1917. 559 Meter. R: Charles
Chaplin D: Charles Chaplin, Edna Purviance.
Siehe auch Die Kur.

Uhrwerk Orange. BRD 1972. 137 Min. SR: Wolfgang Staudte
DV: Warner-Columbia ED: 23.3.1972
Ursprung: A CLOCKWORK ORANGE. GB 1970-71.
137 Min. R: Stanley Kubrick D: Malcolm McDowell, Paul
Farell.

Um sechs Uhr abends nach dem Krieg. UdSSR 1945. ED: 1945

Der Untertan. BRD 1957. 85 Min. DV: Europa ED: 8.3.1957
Ursprung: DER UNTERTAN. DDR 1951. 97 Min.
R: Wolfgang Staudte D: Werner Peters, Renate Fischer.

UTAZAS JAKABBAL siehe Reise mit Jacob

Verbrechen und andere Kleinigkeiten. BRD 1990. 104 Min.
DV: 20th Century Fox ED: 1.3.1990
Ursprung: CRIMES AND MISDEMEANORS. USA 1989.
104 Min. R: Woody Allen D: Martin Landau, Woody Allen,
Mia Farrow.

Das verflixte siebente Jahr. BRD 1955. 100 Min. SR: Konrad
Wagner P: Elite Film Franz Schröder DV: Centfox ED: 1955
Ursprung: THE SEVEN YEAR ITCH. USA 1955. 100 Min.
R: Billy Wilder D: Tom Ewell, Marilyn Monroe.

Der verrückte Professor. BRD 1963. 107 Min. DV: Paramount
ED: 23.8.1963
Ursprung: THE NUTTY PROFESSOR. USA 1962. 107 Min.
R: Jerry Lewis D: Jerry Lewis, Stella Stevens.

Verschwörung der Frauen. BRD 1988. 118 Min. SR: Jürgen
Neu. DS: Joachim Kerzel (Bernhard Hill) Bettina Schön (Joan
Plowright) P: Interopa Film GmbH DV: Pandora
ED: 17.11.1988
Ursprung: DROWNING BY NUMBERS. GB/NL 1988.
118 Min. R: Peter Greenaway D: Bernhard Hill, Joan
Plowright.

Verschwörung im Nordexpress. BRD 1952. 93 Min.
　DV: Warner ED: 1.2.1952
　Ursprung: STRANGERS ON A TRAIN. USA 1951. 95 Min.
　R: Alfred Hitchcock D: Farley Granger, Robert Walker.
　siehe auch Der Fremde im Zug
Viridiana. BRD 1962. 88 Min. DV: Die Lupe ED: 27.4.1962
　Ursprung: VIRIDIANA. Spanien 1961. 90 Min. R: Luis Bunuel
　D: Francisco Rabal, Silvia Pinal.
Viridiana. BRD 1970. 90 Min. DV: ZDF ED: 1970
　Ursprung: VIRIDIANA. Spanien 1961. 90 Min. R: Luis Bunuel
　D: Francisco Rabal, Silvia Pinal.
LES VISITEURS DU SOIR siehe Die Nacht mit dem Teufel
Vom Winde verweht. BRD 1952. 230 Min. DV: MGM
　ED: Jan.1953
　Ursprung: GONE WITH THE WIND. USA 1939. R: Victor
　Fleming D: Vivian Leigh, Clark Gable.
Was sollen wir tun mit unseren Alten? BRD 1983.
　(Voice-Over) 14 Min. SR: Helmut Färber DV: WDR ED: 1983
　Ursprung: WHAT SHALL WE DO WITH OUR OLD? USA
　1911/Rekonstruktion 1982. 14 Min. R: David Wark Griffith.
Weißes Gift. BRD 1951. 97 Min. DV: RKO ED: 1951
　Ursprung: NOTORIOUS. USA 1948. 97 Min.
　R: Alfred Hitchcock D: Cary Grant, Ingrid Bergman.
　siehe auch Berüchtigt
Wen kümmert's. Kurzfilm F 1961. (Nähere Angaben zu diesem
　Film konnten nicht ermittelt werden)
WHAT SHALL WE DO WITH OUR OLD? siehe Was sollen
　wir tun mit unseren Alten?
Yeah! Yeah! Yeah! BRD 1964. 87 Min. DV: United Artists
　ED: 23.7.1964
　Ursprung: A HARD DAY'S NIGHT. GB 1964. 87 Min.
　R: Richard Lester D: 'The Beatles'.

Yes Minister. BRD 1987ff. je 25 Min. SR: Heinz Freitag
DS: Jürgen Thormann, Peter Aust, Friedhelm Ptok. P: Interopa
Film GmbH DV: ARD ED: 27.2.1987
Ursprung: YES MINISTER. GB 1980ff. je 25 Min. R: Sydney
Lotterby D: Paul Eddington, Nigel Hawthorne, Derek Fowlds.

Zurück in die Gegenwart. Star Trek IV. BRD 1987. 122 Min.
(incl. Anfangs-Zusammenfassung) DV: UIP ED: 26.3.1987
Ursprung: STAR TREK IV: THE VOYAGE HOME. USA
1986. 119 Min. R: Leonard Nimoy D: William Shatner,
Leonard Nimoy, DeForest Kelley.

Zwei Soldaten. Kurzfilm Nordvietnam. (Nähere Angaben zu
diesem Film konnten nicht ermittelt werden)

Die 2. BRD 1972-73. je 45 Min. SR: Rainer Brandt, Karlheinz
Brunnemann DS: Rainer Brandt (Tony Curtis), Lothar
Blumenhagen (Roger Moore) P: Deutsche Synchron. Karlheinz
Brunnemann DV: ZDF ED: Juli 1972
Ursprung: THE PERSUADORS. GB 1971. je 45 Min. R: Roy
Ward Baker, Basil Deardon, David Green u.a. D: Roger Moore,
Tony Curtis.

2001: Odyssee im Weltraum. BRD 1968. 148 Min. DV: UIP (70
u.35mm) ED: 11.9.1968
Ursprung: 2001: A SPACE ODYSSEY. GB 1965-68. 141 Min.
R: Stanley Kubrick D: Keir Dullea, Gary Lockwood. (Der Film
wurde nach der New Yorker Premiere am 3.4.68 von Kubrick
von 160 auf 141 Min. gekürzt.)

Danksagung

Diese Arbeit ist meinen Eltern gewidmet.

Für vielfältige Hinweise und kritische Anmerkungen bedanke ich mich bei Prof. Dr. Gert Ueding und den Mitarbeitern des Seminars für Allgemeine Rhetorik der Universität Tübingen sowie bei Stephen Zierhut, Volker Steinmaier und Mikela Steinberger.

Für die technische Unterstützung bei der Aufzeichnung und Analyse von Filmen danke ich den Technikern, Hilfskräften und dem Leiter der Medienabteilung der Neuphilologischen Fakultät der Universität Tübingen, Dr. Norbert Hofmann, bei dem ich 1986 eine erste kleine Arbeit über Filmsynchronisation verfaßt habe.

Köln, im November 2009   Guido Marc Pruys